物理 改訂版
授業の実況中継
[熱・電磁気・原子]

2

語学春秋社

はしがき

みなさんの物理に対する印象はいかがですか。難しい，堅苦(かたくる)しいと思っていませんか。物理は考え方・物(もの)の見方(みかた)をとても大切にしている学問です。そのカン所をつかめば，自由で創意(そうい)あふれる世界が広がっていきます。カン所をつかむのは難しいことではありません。たいていは**「なんだ。こんなことだったのか」**と言いたくなるぐらい単純なことなんです。

物理の世界はいくつかの法則に基づいてピラミッドの如く積み重なってできています。その構造には所々に急所というかポイントになる部分があって，その理解を誤ると，世界は崩壊(ほうかい)してしまいます。まぁ，簡単に言えば「分からなぃー！」となるわけです。

これから始まる講座では，そんなポイントになる所を取り上げ，**みなさんの物理の世界に命を吹き込んでみたい**のです。分かりにくいところ，誤りやすいところに重点をおいてお話しします。そして，**入試問題が「解ける」という実戦力**につなげたいと思っています。

物理が得意だという人も結構大きな思い違いをしているものです。ただ，公式で解ける計算問題ではそれが現れてこないだけです。そして応用問題に出会(であ)ったとき，ハタと困ることになります。**我流(がりゅう)(思い込み)は禁物**です。**正しい理解こそ応用問題を解く力につながっていく**のです。

元にしたのは河合塾で行った衛星放送による授業(サテライト授業)ですが，ライブの単なる文字化，記録ではなく，本という世界の中で，その特色を活かした新しい授業を創造(そうぞう)してみたいと思っています。

教室はもはや架空(かくう)の空間ですが，あなたには最前列の席が用意されています。さあ，身(み)を乗(の)り出して受講してください。

授業の内容

物理授業の実況中継1

〈本書での約束〉

特に断りがない限り，次のように考えて読んでいってください。

熱
- ■気体は理想気体とする。

電磁気
- ■重力は考えなくてよい状況とする。
- ■コンデンサーははじめ帯電していないとする。
- ■電池の内部抵抗は0とする。
- ■電気素量は e とする(電子の電荷は $-e$ とする)。

原　子
- ■真空中の光速は c とする。
- ■プランク定数は h とする。

第19回 熱と分子運動論

圧力と温度をミクロに理解する

「熱」の分野に入ります。公式がたくさん出てくるので目を回す人が多いんですが，慣れると扱いやすい分野なんですよ。

■ 比熱と熱容量

比熱(ひねつ)と**熱容量**(ねつようりょう)の区別はちゃんとつけられますか？　物質1gの温度を1℃（または1K)上昇させるのに必要な熱量 c〔J/(g·K)〕が比熱でしたね。物質ごとに決まった値をもっています。一方，熱容量というのは，ある物体の温度を1℃上げるのに必要な熱量で，質量の大きな物体ほど大きくなる。世の中に，「比熱の表」はありますが，熱容量の表は存在しません。物理としては比熱の方が大切です。

さて，**比熱 c，質量 m の物体の温度を ΔT 上げるのに必要な熱量 Q は，$Q = mc\Delta T$ と表せます。mc の部分が熱容量です。**熱容量の大きな物ほど温まりにくく，冷めにくい。

月や火星に比べ，地球の昼と夜の温度の差が小さいのは海のおかげです。水の比熱は，いろいろな物質の中でもずば抜けて大きい上に，海水の質量は巨大だからね。それでも，海から離れた内陸部の砂漠(さばく)の夜は，とても寒いんですよ。

熱量 Q の公式で「ΔT 上げる」と言いましたが，ΔT だけ(たとえば10℃だけ)温度が下がる場合は Q の熱量を放出します。それから，慣用的に質量の単位は〔g〕を用いることが多いのですが，〔kg〕を用いることもあります。もしも比熱の単位が〔J/(kg·K)〕となっていたら，m は〔kg〕で対応します。

問題 36 熱量と温度変化

容器の中に-40℃の氷 200 g を入れ，一定の割合で熱を加えていくと，時間とともに図のように温度が変化した。容器と氷(または水)の温度は常に等しいものとし，氷の融解熱を 320 J/g，水の比熱を 4.2 J/(g·K)とする。

(1) 加えた熱量の割合 q〔W〕はいくらか。

(2) 容器の熱容量 C〔J/K〕はいくらか。

(3) 氷の比熱 c〔J/(g·K)〕はいくらか。

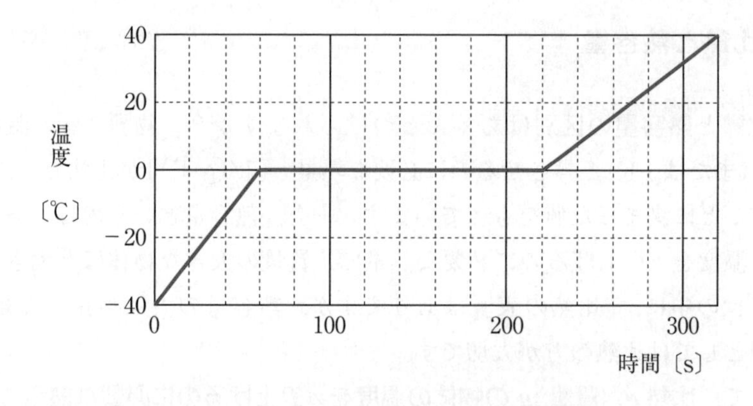

(1) 一般に，固体を加熱すると液体になり，やがて気体へと変わっていきます。固体，液体，気体を**物質の三態**とよぶんでしたね。まず，60 秒から 220 秒までの 160 秒間に注目。この間，0℃で一定なのは，氷が溶けて水になっている段階だね。**固体から液体に変わるとき(融解)とか，液体から気体に変わるときには，温度は一定に保たれる**のです。**融解熱は 1 g の固体を液体にするのに必要な熱量**。200 g の氷を水にするには，200×320 J の熱量が必要であり，〔W(ワット)〕=〔J/s〕を考えて，

$$q \times 160 = 200 \times 320 \qquad \therefore \quad q = \mathbf{400}〔\mathrm{W}〕$$

この間は容器は 0℃のままで，いっさい熱を吸収していないから，コトが簡単なんだ。

(2)　220 秒から 320 秒までの 100 秒間は，0℃の水と容器が 40℃まで温められているので，$q=400$〔W〕を用いて，

$$400\times100=200\times4.2\times40+C\times40 \qquad \therefore\ C=\mathbf{160}\text{〔J/K〕}$$

(3)　はじめの 60 秒間で氷と容器の温度が 40℃上昇しているので，

$$400\times60=200c\times40+160\times40 \qquad \therefore\ c=\mathbf{2.2}\text{〔J/(g·K)〕}$$

右辺は$(200c+160)\times40$といきなり書く手もあります。$200c+160$の部分が全体としての熱容量という意識ですね。

もつれたひもをほどくようなもので，どこから手をつけるかがポイントの問題でした。もう１つやっておきたいパターンがあります。

「いま用いた熱容量 160 J/K の容器が 10℃になっていて，中は空っぽ。ここへ 60℃の水 200 g を注(そそ)ぐと何℃になる？」

こんな場合は，次のように考えると解きやすいんです。

高温物体が失った熱量＝低温物体が得た熱量

これ，熱量保存の法則とよんでいるけど，エネルギー保存則ですよ。力学でやった「**失ったエネルギー＝現れたエネルギー**」と同じ見方だね。このケースなら，求める温度 t〔℃〕は 10℃と 60℃の間にあるから，

水が失った熱量　　**容器が得た熱量**

$$200\times4.2\times(60-t)=160\times(t-10) \qquad \therefore\ t=52\text{〔℃〕}$$

固体や液体の熱の話は，これぐらいでいいでしょう。これから先は気体についての話です。頭を 180° とはいかないけれど，90° ぐらいは切り替えてください。**物理基礎**を超えて**物理**に入ります。

■ 気体を支配する法則——状態方程式

化学の発達とともに，気体についていろいろな法則が発見されてきました。温度が一定のとき，気体の体積 V は圧力 P に反比例する $(PV=$ 一定$)$ という**ボイルの法則**。体積を半分に圧縮すると，圧力は 2 倍になる。また，圧力が一定のとき，体積 V は絶対温度 T に比例するという**シャルルの法則**$\left(\dfrac{V}{T}=\text{一定}\right)$。そしてそれらをまとめたのが，**ボイル・シャルルの法則**でした。「$\dfrac{PV}{T}=\text{一定}$」と表されます。

あっそうそう，温度と言えばこれから先は**絶対温度** T〔K〕を用います。t〔℃〕との関係は，$T=273+t$ です。1 K の差は 1℃の差と同じだから，比熱や熱容量の話はどちらを用いてもよかったんですが，これからはそうはいきません。

さて，**ボイル・シャルルの法則をさらに進化させたのが状態方程式**です。結局のところ，これだけ知っておけば十分。

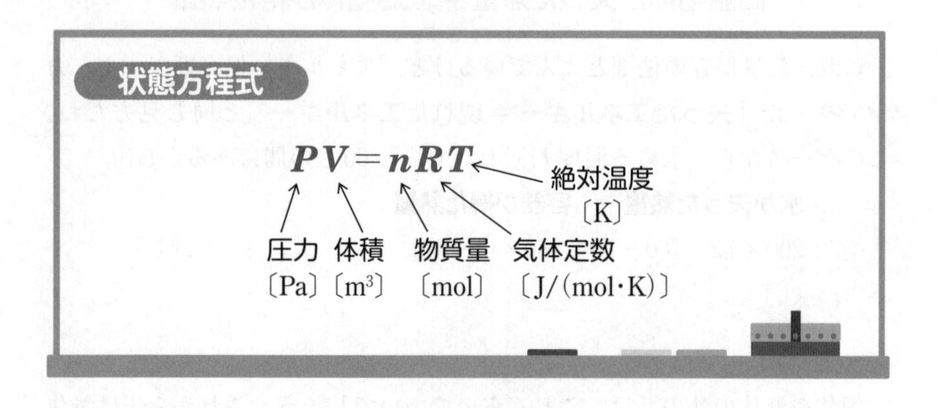

圧力 P は単位面積あたりの力のことだから，単位は〔N/m^2〕ですが，〔Pa〕(パスカル)と表します。R は**気体定数**とよばれる定数ですが，数値まで覚えることはありません。**物質量** n は気体分子の数につながる量です。

分子の数を N，**アボガドロ定数を** N_A **とすると**，$n=\dfrac{N}{N_A}$ となります。

簡単な話が，N_A 個の分子があれば1モル。$2N_A$ 個の分子なら2モルというわけです。鉛筆の本数を数えるとき，12本なら1ダース，24本なら2ダースというのと同じようなものだね。アボガドロ定数 $N_A \fallingdotseq 6\times10^{23}$ は，覚えておいた方がいいかもしれません。

現実の気体は，この状態方程式に厳密に従うわけではなく，多少のズレがでます。そこで，状態方程式 $PV=nRT$ が完全に成り立つ気体を**理想気体**とよんでいますが，これから先，気体と言えばすべて理想気体です。物理ではそう思ってくれていいんです。**分子の大きさが無視でき，分子間で働く力が無視できる気体**です。

■ 気体分子運動論とその威力

気体を分子というミクロな立場から考えてみようというのが，**気体分子運動論**です。教科書では立方体容器の中に入れられた気体について書いてあるので，ここでは少し高度になるけど，球形容器を用いてみよう。問題を通して，分子運動論をマスターしていきましょう。

問題 37 分子運動論

半径 r の球形容器の中に理想気体が入っていて，気体分子は器壁と弾性衝突をする。分子どうしの衝突はないものとし，分子の質量を m とする。ある分子の速さは v，入射角は図のように θ であった。

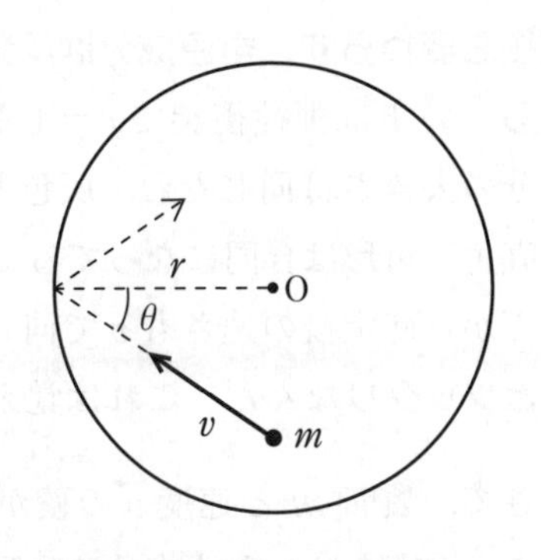

(1) 1回の衝突で，この分子が器壁に与える力積の大きさを求めよ。

(2) この分子が器壁と衝突してから，次に衝突するまでに進む距離を求めよ。また，時間 t の間に，器壁に衝突する回数を求めよ。

(3) 時間 t の間に，この分子が器壁に与える力積の大きさを求めよ。
(4) 球内の分子数を N，分子の速さの 2 乗平均を $\overline{v^2}$ とする。気体分子全体が器壁に及ぼす力の大きさを求めよ。また，球の体積を V とすると，気体の圧力はどのように表されるか。
(5) 理想気体の状態方程式と比較することにより，分子の運動エネルギーの平均値 $\frac{1}{2}m\overline{v^2}$ を絶対温度 T を用いて表せ。ただし，気体定数を R，アボガドロ定数を N_A とする。

■ まずは力学の問題から

(1) 力積(りきせき)は力と時間の積でしたね。でも，衝突の際の力も，瞬間に近い時間も分からない。そこで……カラメ手から攻める。「**力積＝運動量の変化**」という定理があったでしょ。突如(とつじょ)，力学に戻るけどね。分子の運動量の変化を調べてみる。球面との衝突といっても，**衝突点 A に接する平面との斜め衝突と同じことです**。

第 2 回でやったことを思い出してほしいんだけど，**速度を面に平行な成分と垂直な成分に分けて扱うんだったでしょ。平行成分は衝突後も変わらず，垂直成分は反発係数 e 倍になる**。いまは弾性衝突で $e=1$ だから，垂直成分の大きさは同じだね。灰色と赤色の 2 つの直角三角形は合同になってるでしょ。

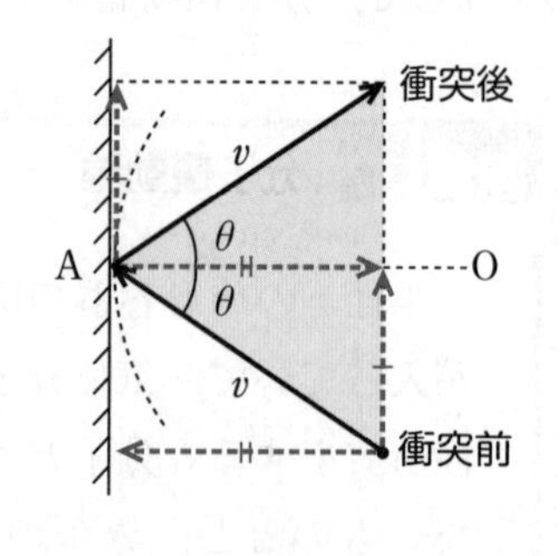

だから衝突後の速さも v で同じだし，角度 θ も同じ。**弾性衝突は光の反射とソックリ**なんだ。これは覚えておくといいよ。

さて，質量 m と速度 $\vec{v}$ の積が，運動量 $m\vec{v}$ でベクトル量だったけど，いま，速度をせっかく成分に分解したんだから，それを利用したい。

まず，面に平行な方向での変化はないね。次に垂直方向。「こちらも変化なし」なんて早合点(はやがてん)してはいけない。図で右向き($\overrightarrow{AO}$ の向き)を正とす

ると，速度成分は$-v\cos\theta$から$v\cos\theta$へと変化しているんです。だから，

力積＝運動量の変化

$$=mv\cos\theta-(-mv\cos\theta)=\mathbf{2}\boldsymbol{mv}\ \mathbf{cos}\,\boldsymbol{\theta}$$

これは本当は，分子が受けた力積を求めたんです。でも**作用・反作用の法則によって，分子が受けた力の大きさは，壁に与えた力の大きさと同じだから，力積の大きさは同じ**なんですね。そして，壁に与えた力積は$\overrightarrow{\mathrm{OA}}$の向きです。

■ 次は幾何学の問題

⑵　点A以後の分子の動きを追って，図にしてみよう。次にBで衝突するときの入射角もθになる。なぜって，△OABは二等辺三角形だから。そして光の反射のようにはね返るから，またθの方向へ動いて行ってCで衝突する。灰色と赤色の2つの二等辺三角形は合同でしょ。だからAB＝BC，つまり**衝突から衝突までに飛ぶ距離は，いつも一定**なんだ。赤い点線のような補助線を入れてみると，

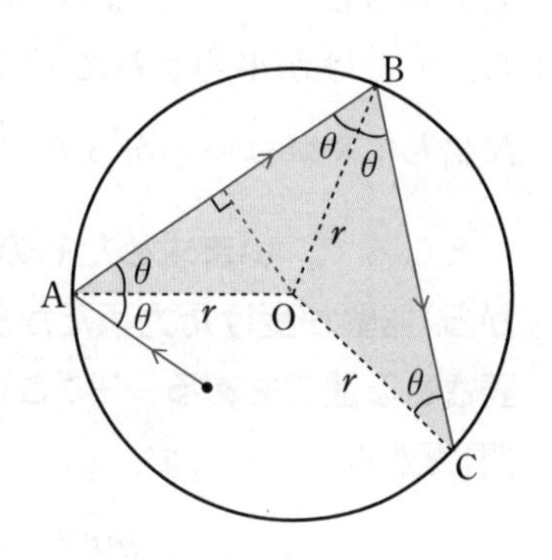

$$\mathrm{AB}=\mathrm{OA}\cos\theta+\mathrm{OB}\cos\theta=\mathbf{2}\boldsymbol{r}\,\mathbf{cos}\,\boldsymbol{\theta}$$

t秒間に分子はvtの距離を動く。もちろんジグザグに動いたトータルの距離だよ。そして$2r\cos\theta$ごとに衝突を起こすから，t〔s〕間の衝突回数は$\boldsymbol{\dfrac{vt}{2r\cos\theta}}$となる。

……なんかスットンキョウな顔をしてるね。分かりにくいなら，たとえで話そう。いま酔っぱらいが盛り場をフラフラ歩いていて，人にぶつかるたびに別の方向に歩き出す。2m歩くごとに人にぶつかるとして，100mふらついたら何人にぶつかる？……100÷2＝50で50人でしょ。同じことなんです。

■ 力積から力へ，そして力から圧力へ

(3)　1つの分子は1回衝突するたびに，壁に$2mv\cos\theta$の力積を与え，t秒間には$\dfrac{vt}{2r\cos\theta}$回衝突するから，その間に壁に与える力積は，

$$2mv\cos\theta\times\frac{vt}{2r\cos\theta}=\frac{mv^2t}{r}$$

面白いことにθは消えてしまったね。つまりθに関係なく，速さvの分子は同じだけの力積を与えるんですね。

(4)　分子の速さvは速いのも遅いのもあるだろうから，いまの結果を平均してみると$\dfrac{m\overline{v^2}t}{r}$となる。定数$m$や$r$，それに$t$は平均に関係しないから，$v^2$だけが平均されて$\overline{v^2}$となっています。$N$個の全分子の力積なら，$N$倍してやればいいから$N\dfrac{m\overline{v^2}t}{r}$だね。

ところで，**いま求めたものはt秒間に全分子から(言いかえれば，気体から)器壁(きへき)が受けた力積だから，器壁が受ける力をFとすると，$F\times t$と表される量でもある**――ここがポイント。**力積の本来の意味は，(力)×(時間)だからね。**そこで，

$$F\times t=N\times\frac{m\overline{v^2}t}{r}\qquad\therefore\quad F=\frac{Nm\overline{v^2}}{r}$$

Fが時間tによらない一定値となってホッとするところです。これで峠は越えました。

さて，圧力Pは(力F)÷(面積S)のことだし，球の表面積Sは$S=4\pi r^2$だから，

$$P=\frac{F}{S}=\frac{Nm\overline{v^2}}{4\pi r^3}$$

力積はベクトルだから，単純に和をとったことが気になっているかもしれません。いまは球面を平面のように見なして扱っているんです(次図)。そして，球の体積Vは$V=\dfrac{4}{3}\pi r^3$だから，$4\pi r^3=3V$で，

$$P=\frac{Nm\overline{v^2}}{3V} \quad \cdots ①$$

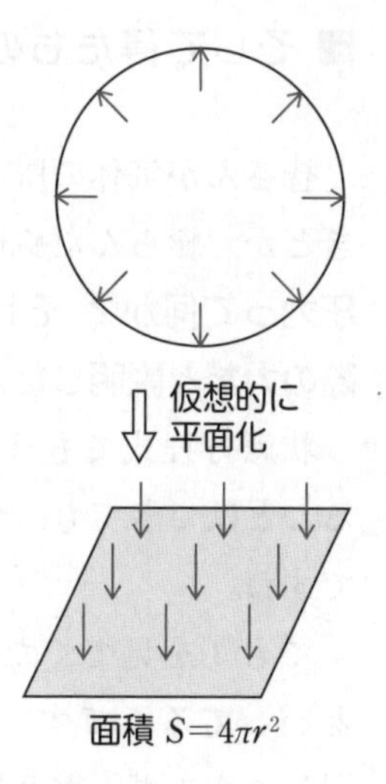

公式に詳(くわ)しい人なら，ここで「アッ！」と思うところですね。$P=\frac{Nm\overline{v^2}}{3V}$ **は1つの公式になっています。**普通は立方体の容器で導くんだけどね。容器の形なんかどうでもいいんです。

結局，分子運動論の出口はここになるんです。だから覚えておくといいのかも知れないけど，何しろヤッカイな式だから，平素(へいそ)は忘れていていいでしょう。試験の直前ぐらいに見ておくといいかな，という程度の公式です。

■ 状態方程式とドッキングすると

(5) 状態方程式は $PV=nRT$ で，物質量 n は $n=\frac{N}{N_A}$ だったから，

$$P=\frac{(N/N_A)RT}{V} \quad \cdots ②$$

①，②の右辺が等しいから，

$$\frac{Nm\overline{v^2}}{3V}=\frac{NRT}{N_A V} \qquad \therefore \ \frac{1}{2}m\overline{v^2}=\frac{3}{2}\frac{R}{N_A}T \quad \cdots ③$$

運動エネルギーにするために，ムリヤリ $\frac{1}{2}$ を付けたんです。$\overline{\frac{1}{2}mv^2}=\frac{1}{2}m\overline{v^2}$ だから，左辺は分子の運動エネルギーの平均値といっていい。

この③は重要公式ですよ。$\frac{R}{N_A}$ は1つの定数なので，まとめて k と書いて**ボルツマン定数**といっています。すると，

$$\frac{1}{2}m\overline{v^2}=\frac{3}{2}\cdot\frac{R}{N_A}\cdot T=\frac{3}{2}kT \quad \cdots ③$$

ですね。ボルツマンは分子運動論に大きな足跡(そくせき)を残した人です。

■ そして得たものは……

皆さんが気体の圧力を実感するのは，自転車のタイヤに空気を入れたときとか，膨(ふく)らんだ風船を押し縮めようとしたときなんかでしょう。**気体の圧力って何か？ それを分子運動論は，1個1個の分子が器壁に衝突する際の力だと説明したんですね。**

状態方程式でもう1つよく分からない量が温度Tでした。温度計で測ることはできても，つまるところ，熱い，冷たいの目安に過ぎなかったんですね。

でも③を見てください。**Tは分子の運動エネルギーの平均値で決まる**といってるんです。しかも，**運動エネルギーに比例する** ── とまでね。運動エネルギーが2倍になれば，Tも2倍になるというように，**絶対温度の目盛(めも)りは，実は分子の運動エネルギーの目盛りだったんですね。**大げさに言えば，こうして人類は初めて，「温度とは何か」を知ったわけです。

さらに③を見ていると，Tには最低値があることにも気づく。$\frac{1}{2}m\overline{v^2}$は0以上の値だから,$T$の最低値は0ですね。絶対温度0Kは−273℃です。これ以下の温度は，世の中に存在しないんです。何か不思議な気もするけどね。

一方，温度に上限はないんです。いくらでも高い温度があり得ます。太陽の内部は1000万度にもなっているし，ビッグバンで宇宙が誕生した頃の温度は，途方もない値でした。億，兆，京(けい)などでは表しようもない高温だったのです。

■ 分子の速さ

分子の速さは，平均としてはほぼ $\sqrt{\overline{v^2}}$ に等しいのです。では，

> **「27℃の窒素(ちっそ)気体の N_2 分子の速さはいくら？」**
> N_2 の分子量は 28，$R = 8.4$〔J/(mol·K)〕とします。

$$\frac{1}{2}m\overline{v^2} = \frac{3}{2}\frac{R}{N_A}T \quad \text{より} \qquad \sqrt{\overline{v^2}} = \sqrt{\frac{3RT}{N_A m}}$$

ここで **$N_A m$ は 1 モルの気体の質量**で，N_2 1 モルは 28 g だから，……
分子量が M なら，1 モルは M〔g〕でしょ。

$$\sqrt{\overline{v^2}} = \sqrt{\frac{3 \times 8.4 \times (273 + 27)}{28 \times 10^{-3}}}$$

$$= 3\sqrt{3} \times 10^2 \fallingdotseq 5.2 \times 10^2 \text{〔m/s〕}$$

温度は〔K〕で，m は〔kg〕単位であることに注意，いいですね。時速にすると 2000 km/h 近い速さです。今みんなのまわりの空気分子がそんなスピードで飛んでるなんて，ちょっと信じ難(がた)いことですね。

■ 気体の内部エネルギー

理想気体の内部エネルギーは，分子の運動エネルギーの総和です。N 個の単原子分子からなる気体の内部エネルギー U は，

$$U = N \times \frac{1}{2}m\overline{v^2} = N \times \frac{3}{2} \cdot \frac{R}{N_A} \cdot T = \frac{3}{2}nRT$$

ここで $n = \dfrac{N}{N_A}$ を用いたよ。**単原子分子からなる，理想気体 n モルの内部エネルギーは $U = \dfrac{3}{2}nRT$** と表せるのです。

何か変だと思わなかった？　突然“単原子分子”なんて制限が付いてきたでしょ。単原子分子は，1 原子で 1 分子となっているもの。周期表では第 18 族の He（ヘリウム），Ne（ネオン），Ar（アルゴン）などです。**式③までは，単原子の条件は不要**なんです。

じゃあ，なぜ $U=\frac{3}{2}nRT$ は単原子に限られるのかというと，2原子分子――たとえば酸素 O_2 とか窒素 N_2 ――では，分子の回転の運動エネルギーも含めなければいけないんですが，③の v は分子全体の動き，つまり器壁に衝突する v だったんですね。だから③の $\frac{1}{2}m\overline{v^2}$ には，回転の分が含まれていないんです。2原子分子の U の表記もありますが，入試としては単原子の場合だけでよいでしょう。

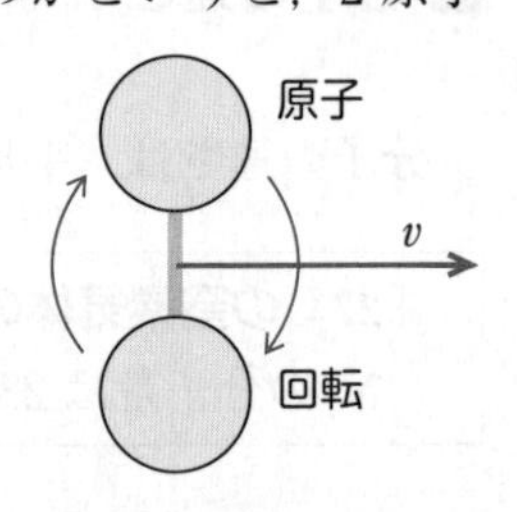

何原子分子であろうと，内部エネルギー U は絶対温度 T に比例します。これは大切です。強調したいことは，圧力 P や体積 V はどうでもいい，T が U を決めるんだということ。**温度と内部エネルギーは，直結した量だということだね。**

> **内部エネルギー U は T に比例する**

■ アボガドロ数の驚異

アボガドロ定数 N_A は，約 6×10^{23} という値です。**1モルの理想気体は標準状態，つまり0℃，1気圧のとき，22.4 L の体積となる**から，まあ1辺が30 cm 弱の立方体ですね。椅子の上にでも乗るような小さな箱です。この中にアボガドロ数個の分子が入っているんです。

試みに，分子の数を数えてみよう。もちろん分子が見えるとしての話だけど，バードウオッチャーが鳥の数を数える道具があるでしょ。あれで1秒間に――そうですね――10カウントできるとしよう。天才的スピードです。全部数え終わるのにどれぐらいの時間がかかると思いますか？“直感”で答えてください。計算しちゃダメだよ。

………………

ハイッ，君。――「10 時間」ですか。あなたは？ ――「1 週間」。「3 カ月」という声も聞こえたね。じゃあ，アルバイトで全部数え終わったら，100 万円あげると言われたら飛びつきそうだね。……みんな命を落としますよ(笑)。一生かかったって数え切れないんだ。ここにいる全員でやってもダメ。

1 秒間に 10 個。1 年は約 3×10^{7} 秒だから，1 年で 3×10^{8} 個。そこで，$6\times10^{23}\div3\times10^{8}=2\times10^{15}$ でしょ。これ，単位は〔年〕ですよ！

猿から別れて人間になったのが，ざっと 700 万年ぐらい前です。7×10^{6} 年。人類誕生以来，飲まず，食わず，眠らず，カシャカシャ押し続けて，まだ 3 億分の 1 しか数え終えていないんだ(笑)。たった 30 cm に満たない，小さな容器の中の分子がですよ。アボガドロ数がどんなにドでかい数か，分かってくれたかな。

第20回 熱力学(1)

第1法則のマスターが鍵

■「気体の仕事」は膨張か圧縮かを意識して

一定圧力 P のもとで気体を温めると膨張(ぼうちょう)します。シリンダー——本来は円筒(えんとう)容器という意味ですが，断面はどんな形でもOK——の中の気体が，面積 S のピストンを l だけ押し出したとすると，気体がピストンに加えている力は PS だから，この力のした仕事 W' は $W'=PS\times l$ ですね。そして Sl は体積の増加分 ΔV に等しいから，$W'=P\Delta V$ と表せます。圧縮される場合は負の仕事になるけど，ΔV を体積の「変化」としておけば，それも含まれます。

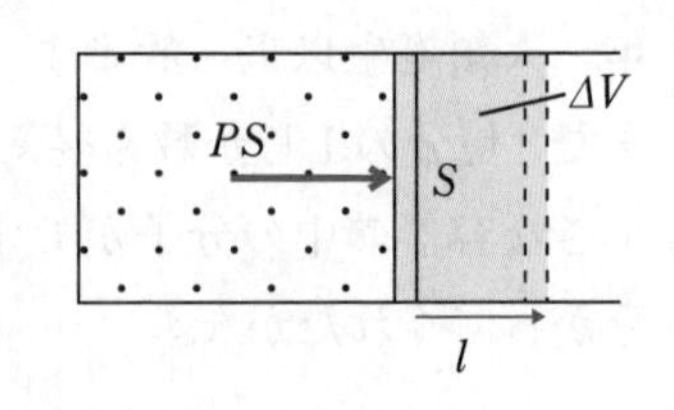

これから先，**熱力学の分野で Δ が現れたら“変化”と考えてください。**変化といえば **‘後’−‘前’** の計算になるんだったね。

気体が圧縮されるときは，仕事をされる状況です。「仕事をする」と「仕事をされる」，どちらの場合を正(プラス)として扱うかで符号が入れ変わるので，ちょっとワズラワシイんですが，たとえば膨張で200 Jの仕事をしたとき，「された仕事は？」と尋ねられたら，−200 Jと答えることになります。

した仕事 W' とされた仕事 W は，+・−が逆の関係になります。$W'=-W$ ですね。**定圧変化で気体がされた仕事は，$W=-P\Delta V$** と表せます。マイナスが煩(わずら)わしいので「**した仕事＝ $P\Delta V$**」と覚えてはどうでしょう。

膨張：仕事をする
圧縮：仕事をされる

定圧変化でなくても，**膨張の際には気体は仕事をし，圧縮の際は仕事をされます。膨張**

して仕事をすると，気体はピストンを通じて外部にエネルギーを与え，圧縮されて仕事をされると，エネルギーをもらうことになります。

■ P-V グラフで仕事が分かる

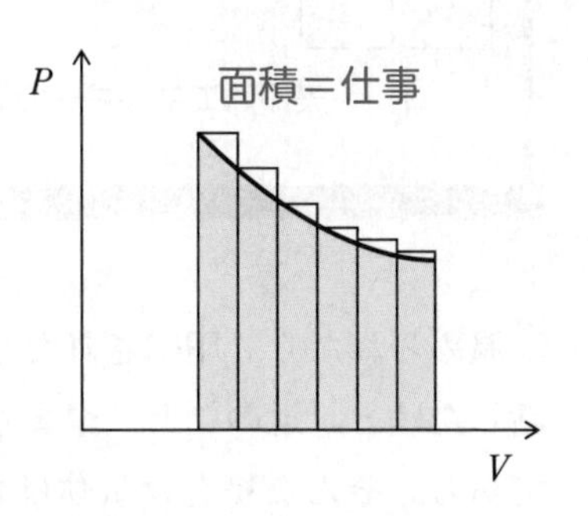

$W'=P\varDelta V$ は定圧変化で成り立つ式ですが，圧力が変わっていく場合は，P-V（圧力-体積）グラフの面積（赤色部）が仕事の大きさを表してくれます。

細かく分割してみると，1つ1つの棒グラフの間は圧力が一定とみなせ，その間の仕事 $P\varDelta V$ は，縦が圧力 P で横が $\varDelta V$ だから，「縦×横」で棒グラフの面積になっているでしょ。あとは分割を小刻みにしていけば，赤色部になるという次第（しだい）。

この手法，物理ではよく見かけますね。$v-t$（速度－時間）グラフの面積が「距離」を表したのも，似た論理だったけど，覚えているかな。数学の積分の要領です。気体が仕事をしたかされたかは，**膨張なのか，圧縮なのかで判断する**んですよ。

■ 第１法則はイメージをもって扱うもの

「熱力学の第１法則が表している内容は何か？」――これ，慶應大学の問題です。どうです？　答えられるかな。

……………………

気体についてのエネルギー保存則を表しているんですね。まず，気体がもっているエネルギーは内部エネルギー U です。分子の運動エネルギーのトータルだったね。U を増やすには2つの方法がある。

1つは気体を温めてやる――つまり熱量 Q を与えること。もう1つは気体を圧縮してやる――つまり仕事 W としてエネルギーを与えることですね。だから内部エネルギーの変化 $\varDelta U$ は，次のようになる。

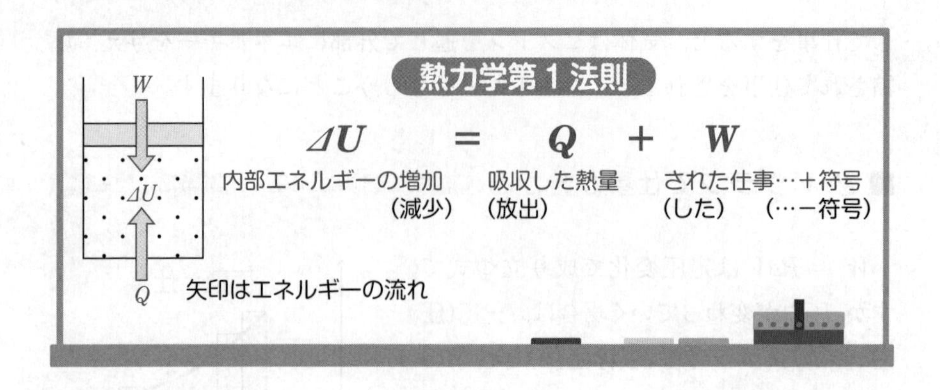

温められたり，圧縮されたりと，気体がエネルギーをもらえるケースで話したけど，逆のこと，つまり冷やされたり，膨張したりということだってある。そんな場合は気体はエネルギーを失っていくので，QやWをマイナスで扱ってやればいいんです。**黒板の式の各項は符号つき**なんです。**＋符号のケースをしっかり覚えておけばいい**でしょう。

第１法則は，「$Q = \Delta U + W'$」のように習った人もいるでしょう。**W'は気体がした仕事で，膨張の場合を正**とします。エネルギーの流れのイメージは，右の図のようになりますね。気体は吸収した熱量Qをどのように使ったかという観点で，内部エネルギーの増加ΔUと外へした仕事W'に使ったとみているのです。

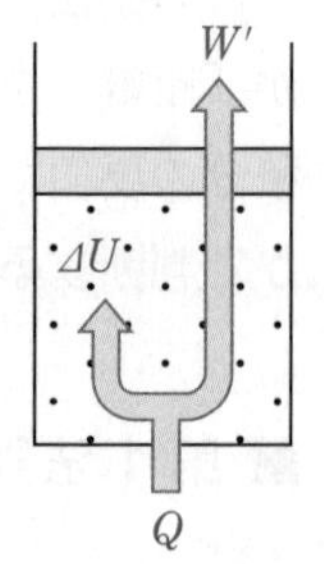

QとΔUの符号の扱いは同じで，熱を吸収する場合はQが正で，内部エネルギーが増加する場合はΔUが正です。この流派（りゅうは）の人はWにダッシュなんか付（つ）けないはずですが，この講義では混乱を避けるために，される仕事はWで，する仕事はW'で表していきます。

「$\Delta U = Q + W$」か「$Q = \Delta U + W'$」か，**どちらかに決めてください。** 両方を使いこなそうなんて無理です。ほとんどの教科書が「$\Delta U =$……」になっているので，ここではそれに合わせますが，「$Q =$……」の人はそれで押し通してください。移項してみて同じ式になれば大丈夫です。

■ 第１法則を実感で理解する

状態方程式はみんな何の迷いもなく使えるんだけど，第１法則になるとハチャメチャになる人が多い。そこで，たとえで本質をつかんでほしいんだ。

エネルギーをお金にたとえると，内部エネルギー U は貯金額だと思ってください。みんなにとって貯金を増やすのに２通りの方法がある。１つはおこづかいとしてもらうこと，これが熱量 Q。もらえばフトコロが温まるでしょ。たとえとしてもぴったりだね(笑)。もう１つの方法はアルバイトで稼(かせ)ぐこと，それが仕事 W，こちらも分かりやすいね。

たとえば，今月(こんげつ)１ヶ月でおこづかいを──どうせたとえだから大きくいこう──１万円もらったとする。さらにアルバイトで２万円稼いだとする。すると，貯金額は３万円増える。$3=1+2$。これ，$\Delta U=Q+W$ でしょ。現在の貯金額 U は関係なくて顔を出していないことに注意。この１ヶ月の変化を追っているんです。だから U だけに Δ がつく。

気体の場合も，ある状態から別の状態に移って行く際のエネルギーの出入りを表記しているんです。状態方程式がある１つの状態を扱っているのと違って，第１法則は２つの状態間を扱っているんです。

でも，いつもお金が入ってくるとは限らない。アルバイトを休んで遊びに３万円使ったとしたら……$-2=1+(-3)$ となって，貯金を２万円おろしているはず。

おこづかい Q だって負になることがあるよ。模試の成績が悪くて，今月のこづかいは差し止め。アア，$Q=0$ だと思っているところに，親戚(しんせき)の中学生がやって来た。つい兄貴分(あにきぶん)の貫禄(かんろく)を見せるため，おこづかいとして５千円やってしまった。結局，$Q=-0.5$ となる(笑)。

……とまあ，第１法則もそれほどのものではないんですね。「$Q=\Delta U+W'$」派の人は，Q をおこづかい，ΔU を貯金の変化，W' を遊びとしておけば，ちゃんと成り立ちますよ。左辺が収入で，右辺が支出だね。アルバイトで稼いだ分は“マイナスの支出”として扱えばいい。

■ 特殊な４つの状態変化

第１法則は３つの量の間の関係だからヤヤコシイこともあって，どれか１つを０にするような変化がよく登場してきます。

体積を一定にして，気体を温めたり冷やしたりするのが，**定積変化**です。その**特徴は $W=0$（$W'=0$）**ですね。ピストンに力を加えてもピストンが移動しないから，仕事は０という次第（しだい）。

温度一定の変化が**等温変化**で，**特徴は $\varDelta U=0$** です。なぜって，前回話したように U は絶対温度 T に比例するでしょ。T が変わらなければ U も変わらないから，$\varDelta U=0$ です。**$\varDelta U$ は温度変化に対応していること**は，しっかり認識しておいてください。とても大切なことです。

さて，気体への熱の出入りを断つのが**断熱変化――特徴はもちろん $Q=0$** です。残る１つが**定圧変化**。何かが０になるわけではないけれど，**$W=-P\varDelta V$（$W'=P\varDelta V$）が使えるのが特徴**です。これら４つの変化で，出題される問題の大半を占めてしまいますね。

問題 38 気体の比熱

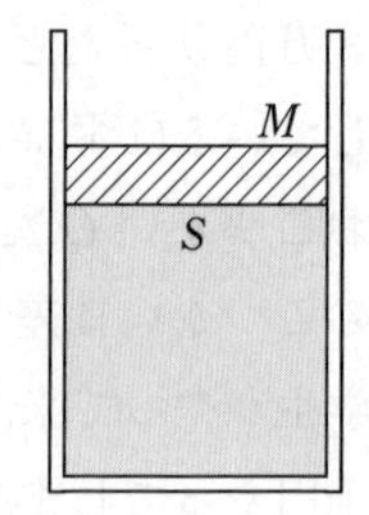

滑らかに動く質量 M〔kg〕，面積 S〔m^2〕のピストンをもつシリンダーを鉛直に立て，中に定積モル比熱 C_V〔J/(mol·K)〕の理想気体を n〔mol〕入れる。ピストンが静止している状態をＡとし，そのときの気体の温度を T〔K〕，大気圧を P_0〔Pa〕，気体定数を R〔J/(mol·K)〕，重力加速度を g〔m/s^2〕とする。

(1) 状態Ａでの気体の体積 V〔m^3〕を求めよ。

(2) ピストンを固定し，気体にゆっくりと熱を加え，温度を $T+\varDelta T$〔K〕に上昇させた（状態Ｂ）。このときの内部エネルギーの変化 $\varDelta U$〔J〕を第１法則を用いて求めよ。

(3) ピストンを自由にし，状態Aから気体にゆっくりと熱を加え，温度を(2)と同じ $T+\Delta T$〔K〕にした(状態C)。このとき気体がした仕事〔J〕を求めよ。また，第1法則を用いて気体が吸収した熱量〔J〕を求めよ。

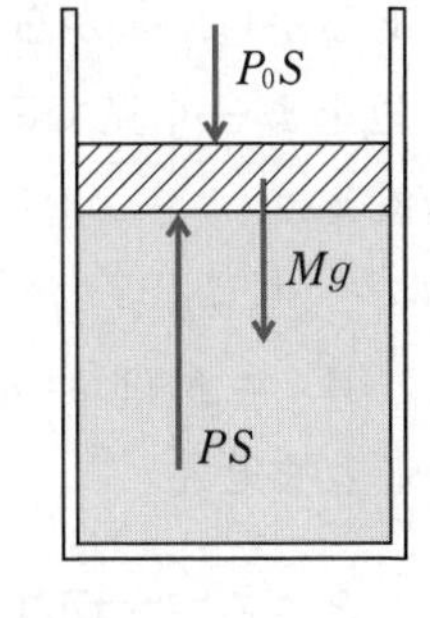

(1) まず，Aでの圧力 P をピストンのつり合いから調べてみることです。**"滑らかに動くピストン"**ときたら，「アッ，**力のつり合いが使えるゾ**」って思えるようになってほしいね。それから大気圧による分 P_0S を忘れないこと，いいですね。図から分かるように，

$$PS = P_0S + Mg \qquad \therefore \quad P = P_0 + \frac{Mg}{S} \quad \cdots ①$$

Aの状態方程式は，

$$\left(P_0 + \frac{Mg}{S}\right)V = nRT \qquad \therefore \quad V = \frac{nRTS}{P_0S + Mg}$$

(2) **「ピストンを固定」**は**定積変化**のことだね。**定積モル比熱 C_V** というのは，定積変化で1モルの気体の温度を1K上げるのに必要な熱量のことだから，2モルならその2倍の熱量が必要だし，3K上げるなら1K上げる場合の3倍の熱量が必要……というわけで，**定積変化で n モルの気体の温度を ΔT 上げるのに必要な熱量 Q は，$Q = nC_V\Delta T$** これは公式として覚えておくべきですよ。

さて，定積だから仕事は $W=0$ よって第1法則は，

$$\Delta U = Q + 0 = nC_V\Delta T$$

(3) **「ピストンが自由」なら定圧変化が起こります。**ピストンがゆっくり上昇していく間，たえず力のつり合いが成り立つでしょ。そして，式①の右辺はみんな一定値だから，P も一定というわけ。**もしもシリンダーが水平に置かれていたら，1気圧での定圧変化**だなと見抜けるようにね。

> **ピストン**
> **固定 ⇨ 定積**
> **自由 ⇨ 定圧**

A，C の状態方程式は，C での体積を $V+\Delta V$ とすると，

$$\text{A}：\quad PV=nRT \qquad \cdots②$$

$$\text{C}：\quad P(V+\Delta V)=nR(T+\Delta T) \quad \cdots③$$

③－②と辺々で引き算すると， $P\Delta V=nR\Delta T \quad \cdots④$

定圧変化だから，気体のした仕事は $W'=P\Delta V$ で，P はすでに求めてあるから，④から ΔV を出して代入するつもりだったんだけど……④の左辺をよーく見てみよう。求めたい $P\Delta V$ そのものじゃないか！ よって，答えは，

$$W'=P\Delta V=nR\Delta T$$

$W'=P\Delta V=nR\Delta T$，ここまでを定圧での公式にしておくといいかもしれません。

ところで**大切なことは，この定圧変化の場合も** ΔU **は** $\Delta U=nC_V\Delta T$ なんです。「エッー！」と驚くというか，アッケにとられるでしょうね。でも，**「内部エネルギーは温度で決まる」**のでした。

いま，B も C も同じ温度 $T+\Delta T$ なんです。だから，同じ内部エネルギーでしょ。体積は関係ないよ。そして，はじめの A が共通だから，AB 間も AC 間も同じだけ内部エネルギーが変化しているんです。分かった？ハトが豆鉄砲（まめでっぽう）を食らったような顔をしている人が多いね(笑)。後で落ちついて考えてみてください。

さて，第 1 法則ですが，気体が W' だけ仕事をしたのだから，された仕事は $-W'$ と負にして，

$$\Delta U=Q+(-W') \qquad \therefore \quad Q=\Delta U+W'$$

「$Q=$……」派の人は，スタートからこの式ですよ。ΔU と W' を代入して，

$$Q=nC_V\Delta T+nR\Delta T=n(C_V+R)\Delta T$$

定圧変化でのモル比熱を**定圧モル比熱**といって C_P と表します。そして，$Q=nC_P\Delta T$ となるんですが，上の結果と見比べると，$C_P=C_V+R$ の関係があることが分かります。これも重要公式ですよ。

「C_P の方が C_V より大きいのはなぜか？」……論述問題としてときどき見かける問いですが，みんな大丈夫？

……………

いままでやってきたことを振り返ってみれば……定積変化なら，もらった熱量はぜーんぶ内部エネルギーに回せる，つまり温度を上げるのに利用できるのに対し，**定圧変化では気体が膨張するため，熱量の一部を仕事に使ってしまう**からだね。だから同じ1Kだけ上げるのにも，定圧の方が余分に熱量が必要なんだ。

■ $\Delta U = nC_V\Delta T$ はオールマイティー

気体の温度が ΔT だけ変わるときの ΔU は，定積変化から $\Delta U = nC_V\Delta T$ となったんだけど，これ，定圧でも使えたでしょ。そのとき「定圧」という条件は用いてなかったことに要注意。だから任意の変化で $\Delta U = nC_V\Delta T$ は成立するんです。C_V が顔を出すから，つい定積に限ると思ってしまいがちなんだね。

でも，この $\Delta U = nC_V\Delta T$ **は無条件で使えます**。トランプでいえば，オールマイティー。いつ切り出しても負ける心配のないカードです。

一方，$Q = nC_V\Delta T$ は“定積モル比熱”の文字どおり，定積でしか通用しない式ですから，混同(こんどう)しないようにしてください。

■ 単原子分子という条件がつけば……

単原子分子の場合は $U = \frac{3}{2}nRT$ でした。一般に**変数 y が x に比例して，$y = ax$ と表されるときには，$\Delta y = a\Delta x$ が成り立つ**ので，$\Delta U = \frac{3}{2}nR\Delta T$ となります。これと $\Delta U = nC_V\Delta T$ を見比べてみると…そうだね，$C_V = \frac{3}{2}R$ となることが分かります。C_P は $C_P = C_V + R = \frac{3}{2}R + R = \frac{5}{2}R$ ですね。

熱力学では，無条件で使える公式と条件つきのとを，しっかり区別してほしいんです。$U=\frac{3}{2}nRT$，$C_V=\frac{3}{2}R$，$C_P=\frac{5}{2}R$ は単原子条件つきだからね。

問題 39　P-V グラフ

単原子分子からなる理想気体を，圧力 $3P_0$，体積 V_0 の状態Aから図のようにⅠ，Ⅱ，Ⅲの過程を経て一巡させた。Ⅲは等温変化で，その際気体がされた仕事を W_0 とする。各過程で気体は熱を吸収したのか，それとも放出したのかを答えよ。また，その大きさを求め，P_0，V_0，W_0 のうち必要な文字で表せ。

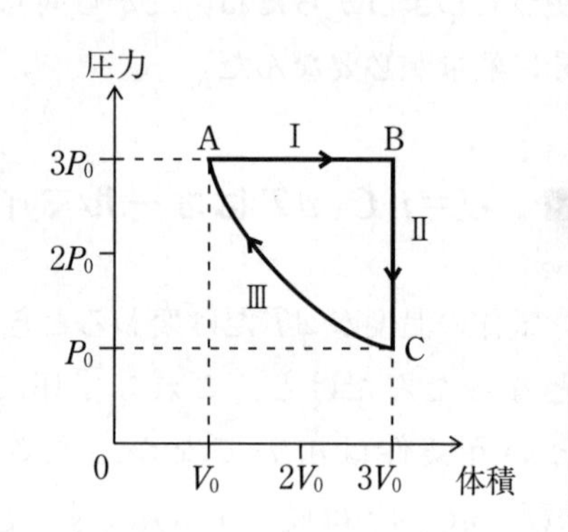

過程Ⅰは定圧変化だから $Q=nC_P\varDelta T$ が使える。しかも単原子だから $C_P=\frac{5}{2}R$ です。**n や R は与えられていないけど，自分で用意すること。それが式を動かして考えを進める際の鉄則**です。A，B，Cの温度を T_A，T_B，T_C としよう。

$$Q_{\rm I}=n\cdot\frac{5}{2}R(T_B-T_A)=\frac{5}{2}(nRT_B-nRT_A)$$
$$=\frac{5}{2}(3P_0\cdot3V_0-3P_0\cdot V_0)=\mathbf{15P_0V_0}$$

状態方程式 $PV=nRT$ を考えて，「nRT」をセットで「PV」に置き換えたのが，味わってほしいテクニック。T_A や T_B を求めることなく，すんでしまっているんです。$Q_{\rm I}$ は正の値だから**熱を吸収した**ことも分かります。

本当は計算なんかしなくても，Ⅰでは熱を吸収したことが分かるんです。$Q=nC_P\varDelta T$ より $\varDelta T$ が正，つまり温度が高くなるケースは，熱の吸収です。

一方，状態方程式 $PV=nRT$ は「PV は T に比例する」とも読み取れる。つまり **PV の積が大きいほど，温度は高い**んです。A より B の方が PV の積が大きいでしょ。だから吸収と分かるんですよ。

もっといえば，A の $3P_0V_0$ に対して B は $3P_0 \cdot 3V_0$ だから，$T_B=3T_A$ とまで一見して読み取れてしまうんだ。

なお，Q_I を熱力学第 1 法則を用いて求めた人も多いのでは？　確かに，$\varDelta U=\dfrac{3}{2}nR\varDelta T$ と気体がした仕事 $P\varDelta V$ を調べてから，$Q_I=\varDelta U+P\varDelta V$ として求めることはできるんですが(それはそれで立派な実力ですが)，$Q=nC_P\varDelta T$ という直通ルートがあるのに，ずい分な回り道となってしまいます。$C_P=\dfrac{5}{2}R$ を覚えているだけで使わないのは宝の持ち腐れですよ。

Ⅱは定積変化。こんどは $Q=nC_V\varDelta T$ の登場ですね。B から C へは温度が下がるから，$\varDelta T$ は負。よって Q も負で，**熱を放出した**ことは明らか。では，計算をやってみよう。

$$Q_{II}=n\cdot\frac{3}{2}R(T_C-T_B)=\frac{3}{2}(nRT_C-nRT_B)$$

$$=\frac{3}{2}(P_0\cdot 3V_0-3P_0\cdot 3V_0)=-9P_0V_0$$

マイナスは“放出”を表しているから，放出した熱量は $9P_0V_0$ です。

さあ，Ⅲに入ろう。定積と定圧以外は熱量 Q の公式はない。そこで，いよいよ第 1 法則の出番となる。まず，Ⅲは等温だから $\varDelta U=0$　よって，

$$\varDelta U_{III}=0=Q_{III}+W_0 \qquad \therefore\ Q_{III}=-W_0$$

この過程は圧縮であり，された仕事 W_0 は正の値です。すると，Q_{III} は負の値だから**熱を放出**していて，その量は W_0 と分かりますね。

じゃ，最後に質問を 1 つ。

「この 1 サイクルで気体が実質的にした仕事はいくら？」

「P-Vグラフの面積は仕事を表す」という性質の利用です。Ⅰで斜線部の仕事をし，Ⅱは仕事0で，Ⅲで灰色部(W_0)の仕事をされる。すると，実質的にした仕事は赤色部になるでしょ。だから，

$$3P_0(3V_0 - V_0) - W_0 = 6P_0V_0 - W_0$$

ですね。Ⅰの定圧での仕事は $W' = P\varDelta V = 3P_0(3V_0 - V_0)$ として求めてもいいよ。

1サイクルでの実質の仕事は囲まれた面積になる——これもチョット役立つ知識ですよ。実質的に「した」か「された」かは，最も大きな面積を作る過程で決まる。この場合ならⅠで，膨張だから「した」と分かるんです。

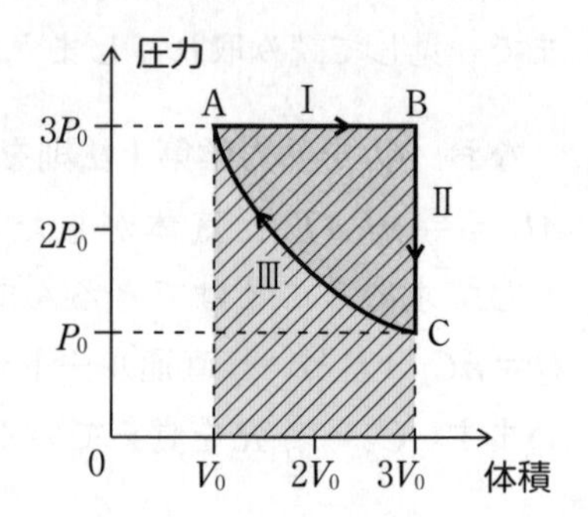

今回は多くの公式が登場してきました。復習では，第1法則など無条件で成り立つものと，定積や定圧という条件つきで成り立つものとをしっかり区別し，整理しておいてください。「熱力学が苦手(にがて)」という声をよく聞きます。でも，問題パターンが限られていて，慣(な)れてくると，使うべき公式が決まってしまうので，意外と攻略しやすい分野なんです。やはり，何といっても「慣れ」が肝心(かんじん)だね。

まだ，断熱変化など話したいことがあるんですが，時間がきたから次回に回しましょう。

第21回 熱力学(2)

熱力学での目のつけどころ

■ 断熱変化の特徴

前回は定積，定圧，等温変化を扱ったから，代表的変化の残りの1つ，**断熱変化**(だんねつ)から始めましょう。

断熱変化は，文字通り気体への熱の出入りを断(た)っての変化だから，$Q=0$ですね。それでも**気体の温度は変わる**のです。熱を与えると温度が上がり，奪うと下がるというのは‘常識’だし，事実，定積や定圧ではそうなっていた —— $Q=nC_V\varDelta T$ や $Q=nC_P\varDelta T$ を思い出してほしい —— のですが，**他の変化となると，そう単純ではないん**ですね。まず，

「**断熱変化で気体を圧縮(断熱圧縮)すると，気体の温度は上昇します。なぜか，説明できますか？**」

第1法則は $\varDelta U=0+W$ となっていて，圧縮だから W は正。よって $\varDelta U$ も正。U は T に比例したので，$\varDelta U>0$ は温度の上昇を意味しているからだね。自転車のタイヤに空気を入れると，断熱圧縮が起こる。空気入れが少し熱くなっているのは，冬ならよく分かりますよ。

一方，**断熱膨張させると**…… $\varDelta U=0+W$ で，W が負だから $\varDelta U<0$ よって**温度は下降する**のです。

空に浮かんでいる雲は，断熱膨張でできます。湿(しめ)った空気 —— といっても，水蒸気(すいじょうき)は気体だから目に見えない —— が上昇気流によって上空に上がると，上空ほど圧力が低いから，空気は膨張します。空気は断熱性がいいので，実質的に断熱膨張となって，温度が下がる。すると水蒸気が冷えて露(つゆ)となり，

- **断熱圧縮** ⇨ **温度上昇**
- **断熱膨張** ⇨ **温度降下**

小さな水滴がいっぱいできる――それが雲ですね。

白く見えるのは，たくさんの小さな水滴が太陽の光を乱(らん)反射するから。透明な氷を砕いて欠(か)き氷(ごおり)にすると白くなるでしょ。雪が白いのも同じ理由なんだ。

■ 熱効率(効率)は何のために

気体を順に状態変化させ，元の状態に戻すという**1サイクル**を考えます。**この間に気体が高熱源から吸収した熱量を** Q_{IN} とし，**実質的にした仕事(正味(しょうみ)の仕事)を** $W'_{正味}$ として，$e=\dfrac{W'_{正味}}{Q_{IN}}$ **を(熱(ねつ))効率(こうりつ)**といいます。自動車のエンジンなら，ガソリンを燃やして Q_{IN} を発生させる。そのうち運動エネルギーに回せたのが $W'_{正味}$ なんですね。

だから，できることなら $e=1$ にしたいんですが，それは無理だということが，**熱力学第2法則**という法則によって示されています。

1サイクルすると元の状態に戻るから，**1サイクルを通して見れば，内部エネルギーの変化はなく，** $\Delta U=0$ です。この間に低熱源に放出した熱量を Q_{OUT} とすると，第1法則は，

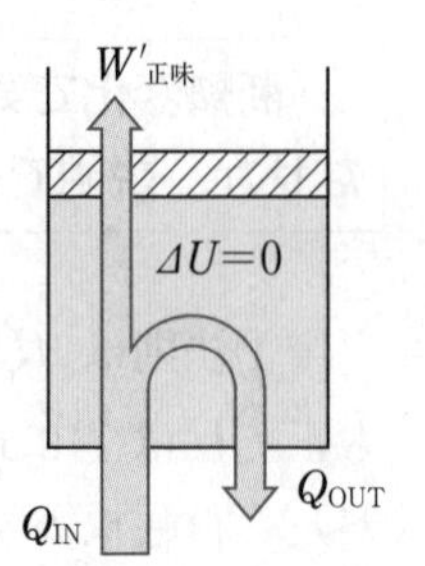

$$\Delta U=0=(Q_{IN}-Q_{OUT})+(-W'_{正味})$$

$$\therefore \quad Q_{IN}=W'_{正味}+Q_{OUT}$$

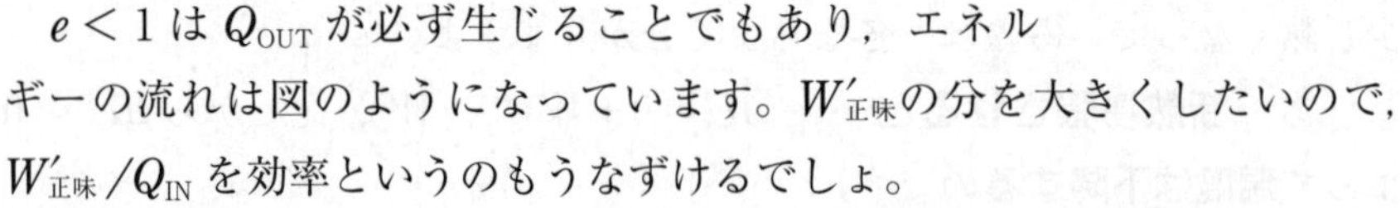

$e<1$ は Q_{OUT} が必ず生じることでもあり，エネルギーの流れは図のようになっています。$W'_{正味}$ の分を大きくしたいので，$W'_{正味}/Q_{IN}$ を効率というのもうなずけるでしょ。

自動車のエンジン内ではガソリンを燃やして熱を発生させ，ピストンを上下に運動させることによって，タイヤの回転運動へと変換していくんです。いかに効率のいいエンジンを作るか，それが熱力学を発展させてきた原動力(げんどうりょく)ともいえるでしょう。みんなにとっては学習分野が増えて，ハタ迷惑な話かもしれないけどね(笑)。

熱力学第2法則というのは，熱い物と冷たい物を接触させておくと，熱い物が冷え，冷たい物が温まるという，“ごく当たり前”のことをいっている法則です。熱エネルギーは熱い物から冷たい物へと流れる。エネルギー保存則からは逆が起こってもいいけど，それは決して起こらないというんですね。

あまりに当たり前なんですが，なぜそうなるのかを分子運動論的に追究していくと，大変難しい問題なんです。ついにはボルツマンを自殺にまで追い込んだといわれるほど，悪魔的な難問だったんです。

問題 40 断熱変化と熱効率

単原子分子からなる理想気体があり，圧力 P_0，体積 V_0，絶対温度 T_0 の状態Aから，断熱変化Iにより体積 $8V_0$ の状態Bに移し，以下，図のようにAに戻す1サイクルを考える。ただし，断熱変化では気体の圧力 P と体積 V の間には，$PV^{\frac{5}{3}}=$一定 の関係が成り立つ。

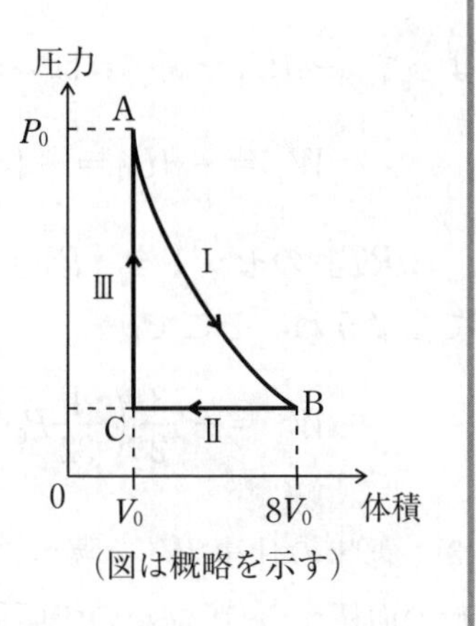

(図は概略を示す)

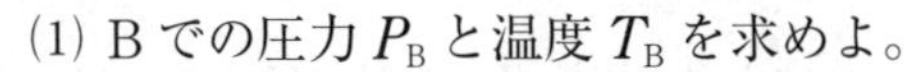
(1) Bでの圧力 P_B と温度 T_B を求めよ。

(2) Iで気体がした仕事を求めよ。

(3) このサイクルの効率 e を求めよ。

(1) さっそく $PV^{\frac{5}{3}}=$一定 を用いよう。AとBを結びつけると，

$$P_0V_0^{\frac{5}{3}}=P_B(8V_0)^{\frac{5}{3}}$$

$$8=2^3 \quad \text{より} \qquad P_0=2^5P_B \qquad \therefore \quad P_B=\frac{1}{32}P_0$$

A，Bの状態方程式を書いてみると，

$$\text{A：} P_0V_0=nRT_0 \quad \cdots① \qquad \text{B：} \frac{1}{32}P_0\cdot 8V_0=nRT_B \quad \cdots②$$

$$\frac{①}{②} \text{ より } \quad 4=\frac{T_0}{T_B} \qquad \therefore \quad T_B=\frac{1}{4}T_0$$

Ⅰは断熱膨張だから，温度が下がっているはず。答えのチェックとしても意識すべきことですよ。$P_B=\frac{1}{32}P_0$を求めた後なら，温度はPVの比から求めてもいい。Bは$\frac{1}{32}P_0\cdot 8V_0=\frac{1}{4}P_0V_0$だからAの$\frac{1}{4}$とすぐに分かる。ついでにCの温度はいくら？……$\frac{1}{32}P_0V_0$だから$\frac{1}{32}T_0$だね。

(2)　断熱変化は$Q_{\mathrm{I}}=0$で，気体がした仕事をW_{I}'とすると，

$$\varDelta U_{\mathrm{I}}=0+(-W_{\mathrm{I}}') \qquad \therefore \quad W_{\mathrm{I}}'=-\varDelta U_{\mathrm{I}}$$

よって，$-\varDelta U_{\mathrm{I}}$を調べればいい。単原子気体で $U=\frac{3}{2}nRT$ が使えるから，

$$W_{\mathrm{I}}'=-\varDelta U_{\mathrm{I}}=-\left(\frac{3}{2}nRT_B-\frac{3}{2}nRT_A\right)$$

「nRT」のセットを「PV」に置き換えるテクニックは，もう身に付いたでしょうね。そこで，

$$W_{\mathrm{I}}'=-\frac{3}{2}\left(\frac{1}{32}P_0\cdot 8V_0-P_0V_0\right)=\frac{9}{8}P_0V_0$$

(3)　正味の仕事W'を調べよう。Ⅱでした仕事W_{II}'は$P\varDelta V$，または長方形の面積から(圧縮なので面積にマイナスを付ける)，

$$W_{\mathrm{II}}'=P\varDelta V=\frac{1}{32}P_0\left(V_0-8V_0\right)=-\frac{7}{32}P_0V_0$$

Ⅲでの仕事W_{III}'は0だから，　　$W'=W_{\mathrm{I}}'+W_{\mathrm{II}}'+W_{\mathrm{III}}'=\frac{29}{32}P_0V_0$

W'は，P-Vグラフの1サイクルで囲まれた面積に等しいので，W_{I}'から過程Ⅱでの長方形分を差し引いて求めるのも立派(りっぱ)な方法です。

一方，真に熱を吸収したのはⅢだけ。だってⅠは断熱で $Q_{\mathrm{I}}=0$ だし，Ⅱの定圧は温度が下がっているから，熱の放出でしょ。Ⅲは定積変化だから，定積モル比熱を用いて，

$$Q_{\mathrm{III}} = nC_V\Delta T = n\cdot\frac{3}{2}R(T_{\mathrm{A}} - T_{\mathrm{C}})$$

$$= \frac{3}{2}\left(P_0V_0 - \frac{1}{32}P_0\cdot V_0\right) = \frac{93}{64}P_0V_0$$

よって， $e = \dfrac{W'}{Q_{\mathrm{III}}} = \dfrac{29}{32}\cdot\dfrac{64}{93} = \dfrac{58}{93}$

$e < 1$ はチェックとして確認しておくべきことですよ。

ところで，問題文中に「断熱変化では $PV^{\frac{5}{3}}$ ＝一定が成り立つ」とありました。もっと一般化して表すと，**「断熱変化では PV^{γ} ＝一定」が成り立つ**んです。ここで γ は $\gamma = C_P/C_V$ で，モル比熱の比だから，比熱比とよびます。単原子の場合は $\gamma = \frac{5}{2}R \Big/ \frac{3}{2}R = \frac{5}{3}$ となるんですね。

「**PV^{γ} ＝一定**」は教科書では軽い扱いになっている公式ですが，入試では結構よく使われています。導出には微分（びぶん）方程式という手法が必要になるので，いまのところは知識にとどめてください。

■ 気体の混合問題でのポイント

2つの容器に入れた気体を，混合させるというタイプの問題について話しておきましょう。**解法の鍵は2つ**あります。

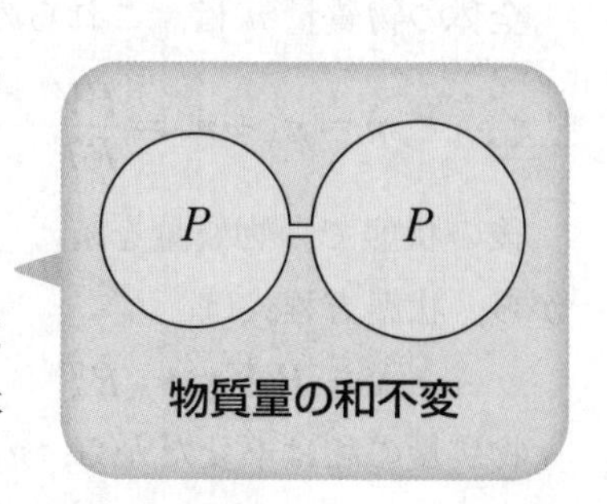

1つは，**全体の物質量の和が一定に保たれること**。難しそうに聞こえるけど，気体分子が容器間を移動して混ざりあっても，「分子の総数が一定」といっているだけのことです。化学だと化学反応を起こしたりしてヤッカイなこともありますが，物理で出てくるのは反応しないケースだけだから，安心して使ってください。

もう1つの鍵は，**2つの容器の圧力が等しくなる**ことですね。圧力に差があれば風が吹く，つまり気体が流れて調整してしまうからです。圧力の高い方から低い方へと流れます。

問題 41 気体の混合

容積Vと$2V$の容器AとBを細い管で結ぶ。初めコックは閉じられ，Aには圧力P，絶対温度Tの理想気体が，Bには圧力$3P$，絶対温度$4T$の理想気体が入れてある。

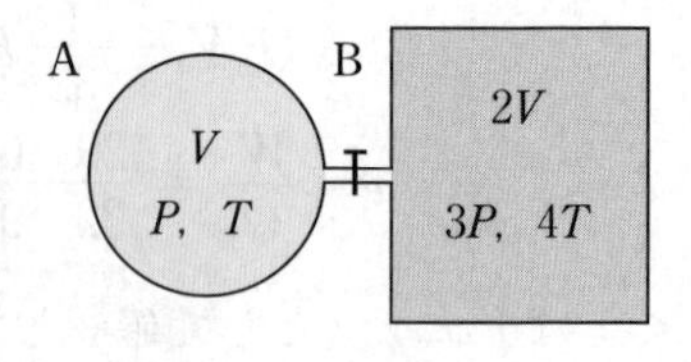

(I) 恒温槽によりAの温度をTに，Bを$4T$に保ったままコックを開くと，気体の圧力はいくらになるか。

(II) 容器が断熱材でできているものとし，初めの状態からコックを開くと，気体の温度と圧力はいくらになるか。気体は単原子分子からなるとする。

(I) 初めの状態方程式を書いてみよう。物質量をn_A，n_Bとすると，

A： $PV = n_A RT$ …①　　　B： $3P\cdot 2V = n_B R\cdot 4T$ …②

全体の物質量nは，これらの式から，

$$n = n_A + n_B = \frac{PV}{RT} + \frac{3PV}{2RT} = \frac{5PV}{2RT} \cdots③$$

後の状態での物質量をn_A'，n_B'としよう。圧力P'は両者ともに等しいから，状態方程式は，

A： $P'V = n_A' RT$　　　B： $P'\cdot 2V = n_B' R\cdot 4T$

物質量の和は不変だから，$n_A' + n_B' = n$ より

$$\frac{P'V}{RT} + \frac{2P'V}{4RT} = \frac{5PV}{2RT} \qquad \therefore\ P' = \frac{5}{3}P$$

(II) **最終的には，2つの容器内の圧力が等しくなるだけでなく，温度も等しくなるのが**，この場合の特徴です。熱い物と冷たい物を接触させておけば，やがて全体は中間の温度になるという，単純なことなんです。容器が断熱材でできているので，外部から何の影響も受けず，ほったらかしにさ

れているわけ。

そうですね——たとえば，魔法ビンの中に熱湯と冷たい水を入れてほったらかせば，やがて全体は一様な温度のぬるま湯になるでしょ。さっき話した第２法則ですね。(I)の方は恒温槽(温度を一定に保つ装置)に入れて人為的にというか，無理やり温度を別々に保っているんです。

さて，もう１つポイントがある。それは，**内部エネルギーの和が不変に保たれること**。気体全体で考えると，断熱だから熱量 Q は $Q=0$　容器は膨張も圧縮もしないから，仕事 $W=0$　すると第１法則から $\varDelta U=0$　つまり全体の内部エネルギーは，不変に保たれている。

分子運動で考えてもいい。内部エネルギーって，分子の運動エネルギーの総和だったでしょ。温度の高い方の分子は，運動エネルギーが大きい。コックを開くと，温度の低い方の分子と衝突して，相手に運動エネルギーを与えるけど，分子間でエネルギーのやり取りが行われるだけ。だから，２つの容器内の全分子の運動エネルギーの総和は，変わりようがないんですね。

ともかく，**断熱容器の中で気体を混合すると**——面倒くさいので私は「断熱混合」と勝手に呼んでいますが——，**内部エネルギーの和は不変に保たれる**。理屈は長くなったけど，立てるべき式は簡単。

断熱混合
⇩
内部エネルギーの和が不変

$$\frac{3}{2}n_{\mathrm{A}}RT+\frac{3}{2}n_{\mathrm{B}}R\cdot 4T=\frac{3}{2}nRT''$$

右辺は全体 n モルの気体が，最後には一様な温度 T'' になることを表しているんですね。①，②，③を用いて，

$$\frac{3}{2}PV+\frac{3}{2}\cdot 3P\cdot 2V=\frac{3}{2}\cdot\frac{5PV}{2RT}\cdot RT''\qquad\therefore\quad T''=\frac{14}{5}T$$

T と $4T$ の間の温度になっていることは，チェックしておくべきですよ。最後の状態について状態方程式をつくると，

全体： $P''(V+2V)=nRT''$

$$P''\cdot 3V=\frac{5PV}{2RT}R\cdot\frac{14}{5}T \qquad \therefore \quad P''=\frac{7}{3}P$$

断熱性の一方の容器には気体を入れ，他方の容器は真空にしておいてコックを開く，というタイプの問題もあります。話を具体的にしようか。

「さっきの容器 A には温度 T の気体を入れ，B は真空にしておく。断熱容器だとして，コックを開くと温度はどうなる？」

何の計算もいらないんです。温度は不変に保たれ，T のままです。これも，内部エネルギーの和が不変の，特殊なケースといっていいでしょう。**「真空への拡散では温度は不変」**と，1 つの定理にしておくと便利でしょう。もちろん，断熱性の容器という制限付きですが，それは問題文の中に書かれるはずです。

念のためにいうと，これは断熱膨張とは違います。断熱変化は気体全体が一様に膨張したり，圧縮される場合です。だから，「$PV^{\gamma}=$ 一定」はこの場合には用いられないんです。

■ マグデブルクの半球

「真空にして」と簡単に言ったけど，真空にするには頑丈（かんじょう）な容器が必要ですよ。大気圧でつぶされてしまうからね。大気圧の力ってすごく大きいんですよ。みんなの肩にかかっている力を計算してみようか。

真上から見て，肩幅（かたはば）50 cm，厚み 20 cm としよう。この長方形にかかる力は，1 気圧 ≒ 10^5 N/m^2 だから，$10^5\times(0.5\times0.2)=10^4$〔N〕……といってもピンとこないね。1 kg の重さが 9.8 N，ざっと 10 N だから，10^3 kg 相当。何と 1 トンの重さに当たるんだ！　スゴイでしょ。

そういえば，以前この話をした時，「肩コリになるわけだワ」とつぶやいていた女の子がいたけど，何の関係もないからね（笑）。

マグデブルクの半球という話を聞いたことありませんか？　真空ポンプを発明した人が，直径 30 cm ほどの半球を 2 つ作って重ね，中を真空にしたら，半球どうしは大気圧で押しつけられて離れなくなってしまったという話です。左右にロープを付け，馬 8 頭ずつ，合わせて 16 頭で引っ張って，やっと離れたということです。

それを見て感動した皇帝にほめられ，気をよくしたのか，次は直径を 50 cm にしたら，馬 24 頭でも引き離せなかったそうです。マグデブルクはドイツの地名です。

ちゃんとした料理になると，おみおつけ(みそ汁)や吸物(すいもの)がふた付きのお椀(わん)で出てくるでしょ。さあ，飲もうとするとふたが開かない――そんな経験ありませんか。エイッと腕力(わんりょく)にものいわせてふたを開け，中の汁(しる)がバシャッと飛び散って，アタフタしたことない？（笑）

あれも大気圧のせいですね。ふたをしたときは，中の空気は 1 気圧だったんです。ただし，熱かったし水蒸気もたっぷり含んでいた。それが冷(ひ)えてきて，少し気圧が下がる。水蒸気の一部が水滴になることも，気圧を下げる要因になる。ほんの少しの下がりなんですが，中と外の気圧の差によって，ふたは結構(けっこう)大きな力で押しつけられているんです。

経験豊かな人のやり方は……お椀のふちを手で挟(はさ)んで少しひずませる，ただそれだけのことです。それでふたは開くんです。なぜか，もう分かったでしょ。

ふたとお椀の間にすき間を作ってやれば，中の空気は 1 気圧に戻るからだね。もうこれからはミジメな思いをしなくてすみますね。今回は生活の知恵(ちえ)まで含まれていました。誰だ？「初めて役に立った」なんて言ってるのは(笑)。

第22回 静電気

本質は力学の延長だ

さあ，いよいよ電磁気(でんじき)に入ります。たいへん華(はな)やかな分野ですが，電気も磁気も目に見えません。それだけに，起こっている現象のイメージをしっかりもつことが大切です。はじめは静(せい)電気の話ですが，ここは力学の色彩(しきさい)が色濃(いろこ)い分野です。

■ クーロンの法則

電気にはプラス(＋)とマイナス(－)の２種類があり，次図のように，＋と＋は反発し合います(－と－も)。一方，＋と－は引き合います。力は**静電気力**とか**クーロン力**とよばれています。「**力の大きさ F〔N〕は２つの点電荷(てんでんか)の電気量 q_1〔C〕，q_2〔C〕の積に比例し，距離 r〔m〕の２乗に反比例する**」というのが**クーロンの法則**。電気分野の根本法則です。電気量は文字通り電気の量を表し，単位は〔C(クーロン)〕です。ただし，クーロンの法則は点電荷どうし，つまり，電気を帯びた物体が小さいことが必要です。

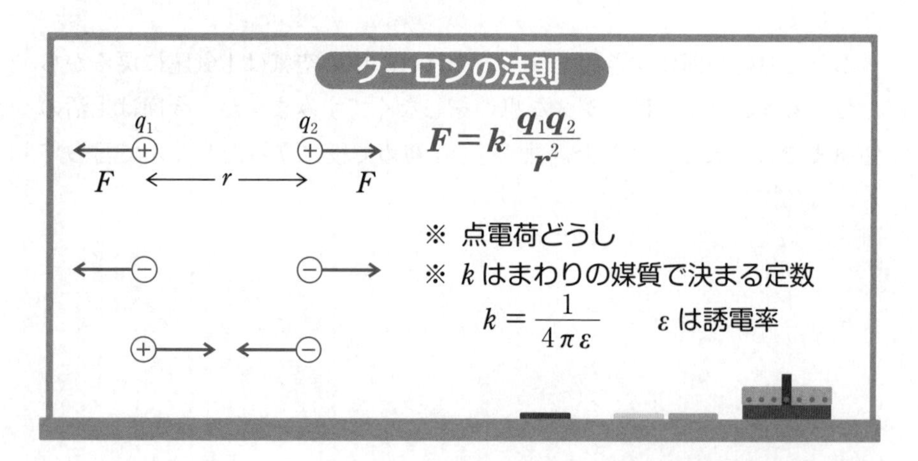

q_1, q_2 に符号をもたせて, Fが正の値となったら反発力, 負の値となったら引力としている教科書もあるけど, 計算なんかしなくたって力の向きは一見して分かるでしょ。だから, **q_1, q_2 は電気量の大きさ(絶対値)を用いるようにしたほうが扱いやすい**と思いますね。

■ 電場(電界)とは

電場(ば), あるいは電界ともいいますが, それは空間の各点, 各点で決まる量です。**ある点の電場とは, そこに＋1C をもってきたとき受ける静電気力**です。＋1C は自分で準備してみるんですよ。力の大きさが電場の強さ(大きさ), 力の向きが電場の向きです。だから, 電場 $\vec{E}$ はベクトル量ですね。

電場 $\vec{E}$ さえ分かってしまえば, その点に q〔C〕をもってきたら q 倍の力 $q\vec{E}$ を受ける。そこで, $\vec{F}=q\vec{E}$

マイナスの電荷のときは, 静電気力は電場の向きと逆向きになります。それさえ注意すれば, $F=qE$ は大きさだけの計算に使うとよいでしょう。なお, 「大きさ」はベクトルなら長さのことで, 符号つきの量なら絶対値のことです。－3C の電気量の大きさは 3C です。

E
$+q$ qE
qE $-q$

E の単位は, $E=F/q$ としてみると, 〔N/C〕とハッキリ浮かび上がってくるね。

■ 電気力線は電場の視覚化

電場の様子を目で見えるようにしようというのが**電気力(りき)線**ですね。リキ線と読んでください。静電気力(りょく)というから妙な話なんだけどね。電気力線は, 各点での電場ベクトルをつないだもの。正確には電場ベクトルが接線となるように描かれた線ですね。次の 4 つの性質が大切です。

電気力線の特徴

① 電気力線の接線の向きが電場の向き。
② 正の電荷から出て，負の電荷に入る。
③ 密集している所ほど電場が強い。
④ 交わったり，枝分かれしたりしない。

右図の場合なら，A 点と B 点を比べると，隣りどうしの電気力線の間隔が狭い A 点の方が電場が強い(大きい)ことを読み取れるようにしてください。

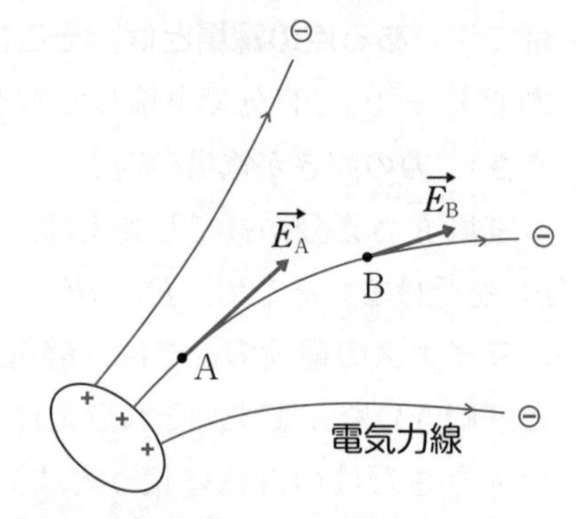

実例として，問題としてもよく取り上げられる 2 つのケースを図にしてみました。

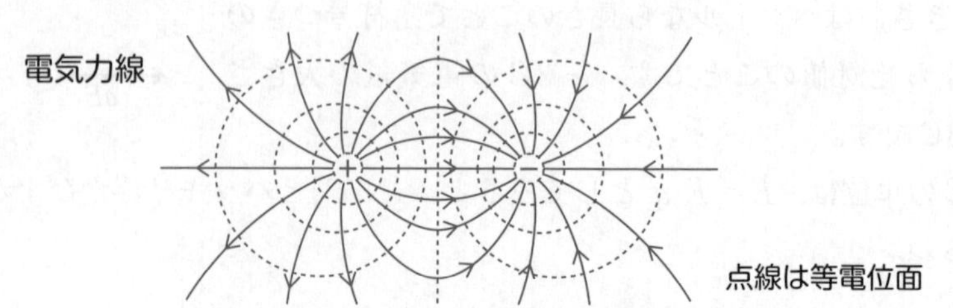

〈図 a〉 電気量の大きさが等しい正・負の点電荷

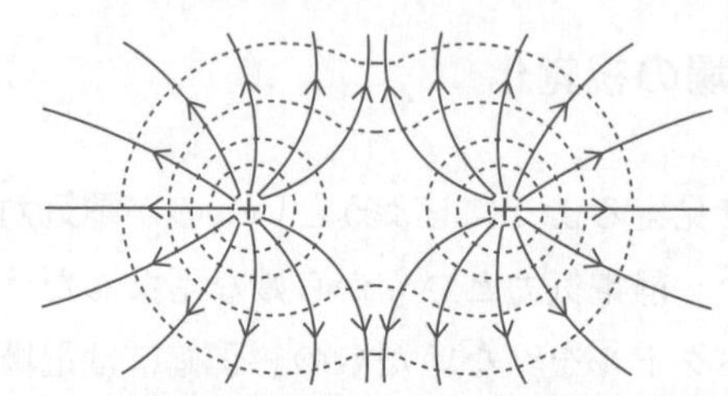

〈図 b〉 電気量の等しい 2 つの正の点電荷

■ 電位とは

電位へ移りましょう。電位はなかなか分かりにくい量で，たぶん入試の時点でもちゃんと分かっている人は，そうですね，5人に1人もいないんじゃないかな。

電位は位置エネルギーにつながる量です。もちろん，**静電気力による位置エネルギー**のことです。ある点の電位が V〔V〕なら，そこに電荷 q〔C〕がいるときの位置エネルギー U〔J〕は，$\boldsymbol{U=qV}$ です。**q と V は符号つきで用います**。力に対して位置エネルギーを考えるのですが，これには条件があったね。力のする仕事が経路によらないこと。重力や弾性力がそうだったし，**静電気力の仕事も経路によらない**のです。

電場は力($F=qE$)に，
電位は位置エネルギー
($U=qV$)につながる

電場は＋1C に働く力で，電位は＋1C の位置エネルギーなんですね。電位も空間の各点，各点で決まる量です。電位 V は負になることもありますよ。重力の位置エネルギー mgh だって，基準の取り方によっては負になったでしょ。電位の単位は，$V=U/q$ より〔J/C〕ですが，まとめて〔V〕(ボルト)と書いています。

ところで，「**電位って何の役に立つの？**」……いいですか，エネルギー保存則に使えるんです。重力の位置エネルギー mgh だってエネルギー保存則に使っているわけでしょ。電荷 q を帯びた物体が静電気力だけを受けて運動しているとき，

$$\text{運動エネルギー}\ \frac{1}{2}mv^2 + \text{位置エネルギー}\ qV = \text{一定}$$

とやっていい。これは力学的エネルギー保存則ですね。

力学は，文字通り「力」を根底にしていますが，「エネルギー」のおかげで，力学の世界がずっと豊かなものになったことを思い出してください。mgh のおかげで，なめらかな曲面上をすべり下りる物体の速さが求められたでしょ。「エネルギー」は力学の世界をより自由でより多彩なものにしているんです。

■ 点電荷の電場と電位

点電荷 Q〔C〕があって，距離 r〔m〕離れた点での電場の強さ E〔N/C〕は，$E=k\dfrac{Q}{r^2}$ これ，クーロンの法則で決められますね。覚えるほどのものでもありません。Q は電気量の大きさ，絶対値です。

点電荷がいくつかあれば，1つ1つからの電場ベクトルを調べ，ベクトルの和をとります。こんなときは**必ず1つ1つの電場を矢印で図示すること，それが電場を扱うときの鉄則**ですね。

一方，点電荷 Q〔C〕から r〔m〕離れた点の電位 V〔V〕は，$V=k\dfrac{Q}{r}$ と表されます。ただし，この場合の Q **は符号つきで用意すること**。負だったら，負で用意する。電位っていうのは位置エネルギーだから，どこか基準位置を決めないといけないんですが，この公式では**無限遠を基準**にしています。式の導出は，静電気力がする仕事で調べるのですが，その際積分（せきぶん）を用いるので，結果オーライ。でも，それでは身もふたもないので，少し深入りしてみよう。

クーロンの法則は万有引力の法則と形がよく似ているでしょ。$1/r^2$ に比例する力であり，電気量と質量が対応してるね。万有引力の位置エネルギーは $-GMm/r$ でした。ただしマイナスは引力だったから。そこで，$Q(>0)$ から r 離れた $q(>0)$ がもつ位置エネルギーは類推（アナロジー）から kQq/r となるはず。こちらは反発力だからね。電位は $+1$C がもつ位置エネルギーだから，$q=1$ とすれば $V=kQ/r$ が得られるという次第（しだい）（$Q<0$ なら引力で，式はそのままマイナスになってくれます）。analogy（アナロジー）**の威力**ですね。納得（なっとく）できたかどうかやや不安だけど…。

電位は，＋（プラス）に近いほど高く，－（マイナス）に近いほど低くなります。点電荷がいくつかあれば，1つ1つからの電位の和，符号を含めた和をとります。電位は向きのないスカラー量です。

電場はベクトル和
電位はスカラー和

■ 頭の中を整理しよう

公式を整理してみましょう。力に対して位置エネルギーが存在するんだから，$F=qE$ と $U=qV$ はセットで覚えたいね。いずれも無条件で成り立つ公式です。そして，「点電荷」という条件の下で，$E=\dfrac{kQ}{r^2}$ と $V=\dfrac{kQ}{r}$ が成り立つんだね。

それから，$U=qV$ と $V=\dfrac{kQ}{r}$，この２つの公式だけが電磁気全体の公式の中で符号を考えないといけない式です。また，Vと書いたらふつうは電位差を意味するんだけど，この２つの式だけは**電位**を意味します。ちょっと個性的な公式ですね。

問題 42 電場と電位

点A(a, 0)に＋Q〔C〕，点B(－a, 0)に－Q〔C〕の点電荷がある。クーロン定数をk〔N･m^2/C^2〕とし，a，bの単位は〔m〕とする。

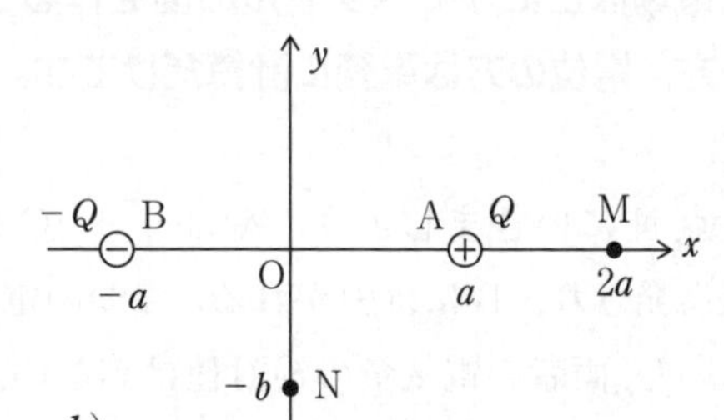

(1) 点M(2a, 0)，また点N(0, －b)での電場と電位をそれぞれ求めよ。

(2) 正電荷q〔C〕を帯びた小球PをNからMへ移すとき，外力のする仕事と静電気力のする仕事を求めよ。

(3) 小球P(質量m〔kg〕)をMで静かに放す。十分時間がたったときのPの速さvを求めよ。

(1) **点Mに＋1Cを置きます。電場はそれが受ける力で調べる。**まずAだけ考える。プラスだから＋1Cは次ページ図のE_Aのような反発力を受ける。次はBに目を向けます。今度はマイナスとプラスの関係で，引っ張られる。さっきより距離が離れているから，E_Bは小さいでしょうね。あとはベクトル合成すればいい。見ればE_AとE_Bは逆向きだから実質は

引き算すればよく，向きは$+x$ **方向（x 軸の正の向き）**で，

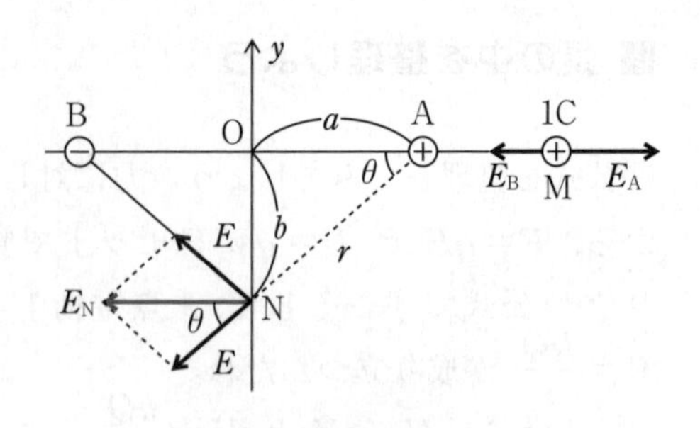

$$E_M = E_A - E_B$$
$$= \frac{kQ}{a^2} - \frac{kQ}{(3a)^2}$$
$$= \frac{8kQ}{9a^2} \text{〔N/C〕}$$

電位 V_M の方はベクトルじゃないから，いきなり計算していけばいいんですよ。A からの距離が a で，B からの距離が $3a$，そして B の電荷はマイナスだということを意識し，あとは合計して，

$$V_M = \frac{kQ}{a} + \frac{k\cdot(-Q)}{3a} = \frac{2kQ}{3a} \text{〔V〕}$$

電場はとにかくベクトルの図を作ることですね。そして，合成します。一方，電位の方は単純に計算だけです。ただ，電荷の符号を忘れないように。

点 N にいきましょう。やはり $+1$C をもってきて考えますね。A からは反発され，B には引かれる。2 つの電場は同じ大きさ E です。距離は等しいし，両者の電気量の絶対値は等しいからね。それをベクトル合成する。図の赤矢印が出したいものです。

それを出すのには E を x，y 方向に分解しておくと便利。$E\cos\theta$ の 2 倍が求めるものですね。上下はキャンセルしてますから。分解するのに角度 θ が必要だと思ったら，自分でおいてみること。**考えを進めるのに必要な量は自分で用意する**。小さな勇気が大切です。E 自身は点電荷からの距離 $r = \sqrt{a^2 + b^2}$ を用いて，$E = kQ/r^2$　じゃあ，$\cos\theta$ はどうするかというと，$\angle \mathrm{OAN} = \theta$ ですね。直角三角形 OAN から $\cos\theta = a/r$　そこで，

$$E_N = E\cos\theta \times 2 = \frac{kQ}{a^2 + b^2} \cdot \frac{a}{\sqrt{a^2 + b^2}} \times 2$$
$$= \frac{2kQa}{(a^2 + b^2)^{\frac{3}{2}}} \text{〔N/C〕}$$

向きが**$-x$ 方向**であることは，もう図から歴然としてますね。

ここでちょっと質問。

「点 N に $-q$〔C〕の負電荷を置いたら，どれだけの大きさの力をどちら向きに受けますか」

大きさは $F=qE_N$ で，さっきの答えに q をくっつけるだけです。クーロンの法則に戻(もど)って計算することもできますが，その必要はないのです。さて，問題は力の向き。電場が $-x$ 方向だから……負電荷が受ける力の向きは…… $+x$ 方向ですね。

さて本題に戻ると，電位 V_N の方は，電荷のプラス・マイナスを考えて，そのまま和をとってやればよく，

$$V_N=\frac{kQ}{r}+\frac{k\cdot(-Q)}{r}=0〔V〕$$

実は，電位はね，y 軸上すべての点で 0 なんですが，分かりますか。ここで扱っているのは p. 36 の図 a(を左右逆にしたもの)に当たります。電位が等しい所を示す赤点線に注目してください。

(2) 外力って，ここでは手の力のこと。物体を静かに移動させるときの外力の仕事を求めるには，力学の定理を使うといいのです。

外力の仕事＝位置エネルギーの変化

こう書くと，いかにもモノモノしく見えてしまうけど，気持ちは単純なことなんです。たとえば，私が黒板消しを静かに持ち上げました。ハイ，手のした仕事は？　って尋ねたら……。みんなは私がどんな力を出しているか感じないけど，位置エネルギーを増やした分だな，mgh の増加分だなって見てとるでしょう。

それでいいんです。つまり，位置エネルギーがどれだけ変化したかで追えばいいんです。いつも増えるとは限らないので，正しくいうと“変化”なんです。「後」−「初め」で計算すればいい。ばねを伸び・縮みさせるときの外力の仕事は弾性エネルギー $\frac{1}{2}kx^2$ の変化に等しく，鉛直ばね振り子なら $mgh+\frac{1}{2}kx^2$ の変化を調べるというように利用していきます。エネルギー保存則に基づいている定理です。

さて，いまは静電気力による位置エネルギー qV を用いて，

$$\textbf{外力の仕事} = qV_{\mathrm{M}} - qV_{\mathrm{N}} = \frac{2kQq}{3a} \text{〔J〕}$$

一方，**静電気力のする仕事**の方はどう答えればいいかというと，**外力のする仕事をまず計算しておいて，最後に符号を変えてしまえばいい。**符号が違うんです，外力の仕事とは。

なぜかって？　静かに移動させていく途中，外力は静電気力とつり合っているから，同じ大きさで向きが逆でしょ。それで，仕事の大きさは同じで，符号が異なってくるんです。

$$\textbf{静電気力の仕事} = -(\textbf{外力の仕事}) = -\frac{2kQq}{3a} \text{〔J〕}$$

(3)　(1)のようにAからの力が勝(まさ)って，$+x$ 方向に力を受けるから，Pはどんどん加速されます。**静電気力だけを受けての運動だから，力学的エネルギー保存則が適用できます。**いよいよ「電位」がその真価を発揮する時がきました。M点と無限遠点を保存則で結ぼう。無限遠点の電位は0，つまり位置エネルギーは $q \times 0$ で0だから，

$$0 + qV_{\mathrm{M}} = \frac{1}{2}mv^2 + 0$$

$$\therefore \quad v = \sqrt{\frac{2qV_{\mathrm{M}}}{m}} = 2\sqrt{\frac{kQq}{3ma}} \text{〔m/s〕}$$

念(ねん)のために言うと，この設問は**運動方程式では解けません**。場所ごとに力の大きさが異なるので，**等加速度運動にならない**からです。力学でもばねの弾性力による運動のケースがそうでした。

どう？　静電気って力学にずいぶん近いでしょ。電場は力の一歩手前(いっぽてまえ)の量，電位は位置エネルギーの一歩手前の量でした。いずれも +1C に対応する量でしたが，1C って実はとてつもなく大きな電気量なんですよ。1C と 1C を 1 m 離したときの静電気力 F は，$k = 9 \times 10^9$〔N·m²/C²〕だから $F = 10^9$〔N〕にもなってしまいます。まだ実感がわかないかな。$m = 1$〔kg〕の物体に働く重力 mg が 1×9.8N，ざっと 10N だね。すると $F = 10^9$〔N〕はなんと 10^8 kg，つまり10万トンの重さ！　1Cは軽々(かるがる)しくは扱えない量だね。

■一様な電場

電場と電位の関係を理解する上で，一様な電場のケースが大切です。**電場の強さと向きが，場所によらず一定となっているのが一様電場。電気力線で表せば，平行で等間隔**となっています。電荷 q がどこにあろうと，一定の力 $F=qE$ が働く。重力 mg の世界とソックリでしょ。

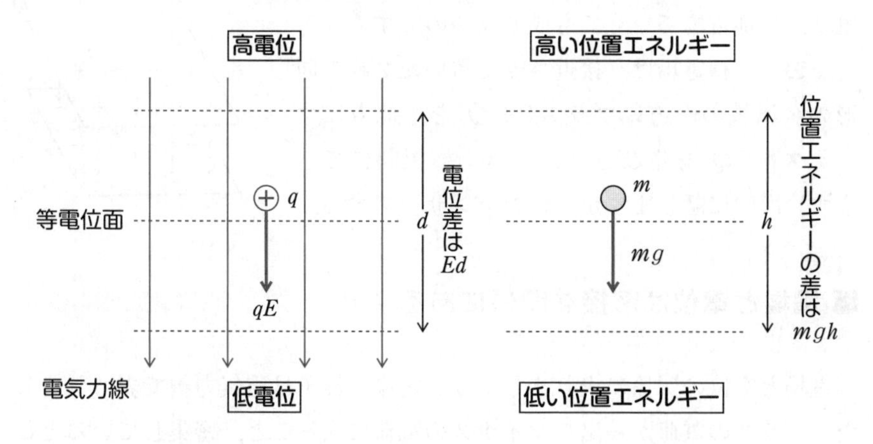

ここでまた質問。

> **「もし，正の荷電粒子(電気を帯びた粒子)を一様電場中に置き，静かに放すと，粒子はどんな運動をしそうですか？」**

重力の図との対応から「自由落下だな」とイメージできればOK。運動方程式 $ma=qE$ で決まる加速度 a が g に対応するものです。では，図で横方向に初速を与えると……動いている間，ずっと一定の大きさの力を一定の向きに受けるから……重力の下(もと)での「水平投射」ですね。さらに初速度の向きがあらぬ方向なら「放物運動」となって軌道は放物線を描くでしょう。このようにanalogy(アナロジー)，つまり類推は大切な見方で，計算しなくても分かってしまうのがキラメキなのです。

重力の位置エネルギーが高さに比例して増えるように，電位も増えていきます。**強さ E の一様な電場に沿って，距離 d だけ離れた2点間の電位の差(電位差) V は，$V=Ed$** となります。mgh の連想で qEd じゃないかと思う人もいるでしょうが，電位は$q=1$〔C〕で考えますからね。等電位面は水平面に対応していて，電位が‘高い’とか‘低い’とかいうのもうなずけるでしょ。

図で感じをつかんでほしいんですが，電場の向きは，高電位側から低電位側に向いていることに注目してください。電位の等しい等電位面と電場は直交していることにも注目。実はこの2つの性質は，一様電場でなくても成り立つのです。

なお，一様電場は，接近させて置いた2枚の同形の金属板の一方にプラス($+Q$)を，他方にマイナス($-Q$)を帯(お)びさせたとき，極板間にできます。次回に話しますが，コンデンサーですね。

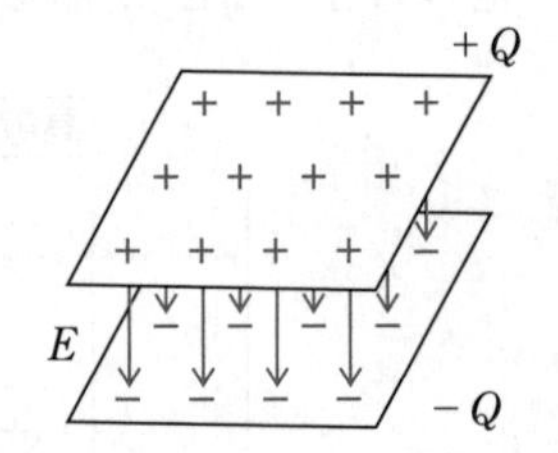

■ 電場と電位は密接な関係にある

電場と電位の関係に入りましょう。電場の様子は電気力線で表されました。プラスの電荷から出てマイナスの電荷に入ること，密集しているところほど電場が強く，まばらなところほど電場が弱いことは，すでに話した通りです。さらに，**電気力線は等電位面に垂直になり，向きは高(こう)電位側から低(てい)電位側に向かいます**。プラスの電荷に近づくほど高電位，マイナスの電荷に近づくほど低電位となります。

また，**等電位面が密集しているところほど電場が強い**のです。

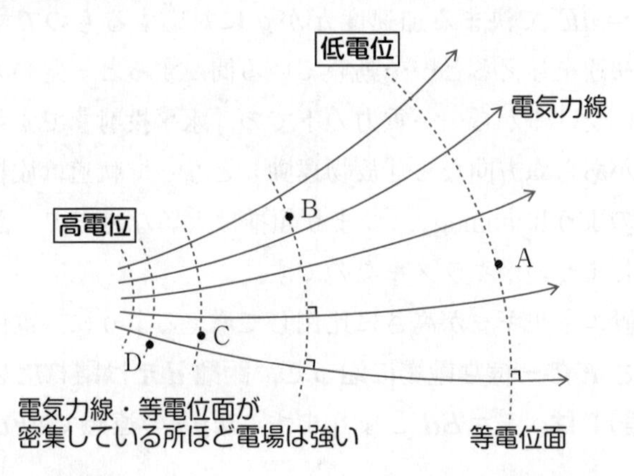

電気力線を与えて等電位面を描かせたり，その逆をやらせたりという問題が多いんだけど，もう，みんな大丈夫でしょう。前図だと，A，B，C，Dの順に電場は強くなっています。

■ 電位と電位差は違う

電位と電位差の違いについて，ひとこと付け加えておいた方がいいでしょうね。‘ある点の電位’と言うのは正しいですが，‘ある点の電位差’はあり得ません。電位差(電圧)は2つの点の電位の差で，必ず2つの点がどこなのかを指定しないといけないのです。また，**電位の値は基準(0V)のとり方で変わりますが，2点間の電位差(電圧)に変わりはありません。**位置エネルギーの差は，基準のとり方によらないからね。

たとえば，前ページの図で，点Aの電位が0V，Bが＋5V，Cが＋10V，Dが＋15Vとしようか。そこで，Cを基準，つまり0Vにすると，Aは－10V，Bは－5V，Dは＋5Vと変わるけど，2点間の電位差は変わらないんです。AD間なら電位差は15Vのままだね。いや本当はそのことを意識して，Cを基準にしたときの値を算出したんですよ。

乾電池の電圧1.5Vは正極と負極の2点間の電位差だし，コンセントの電圧100Vは2つの穴の間の値でしょ。電位差(電圧)は2点間ですね。

■ 自由電子が生み出す導体の性質

導体って，手っとり早く言えば金属。金属原子はプラスの電気をもつ陽イオンとマイナスの電気をもつ**自由電子**からできています。陽イオンが動けないのに対し，自由電子は金属中を自由に移動できる。次ページの図のように右向きの電場中に金属を置くと，負の自由電子は左向きの静電気力を受けて移動し，左面に顔を出します。一方，右面は取り残された陽イオンによりプラスが現れる。**静電誘導**とよばれる現象ですね。すると，プラスからマイナスに向かって新たに左向きの電気力線が出現し，元の電気力線を打ち消してしまう。といっても，自由電子は無数といっていいほどいるので，ほんの一部が左面に現れるだけです。しかもアっと言う間のできごと。結局のところ，**導体内の電場は 0 となり，導体内には電気力線は存在しない。**

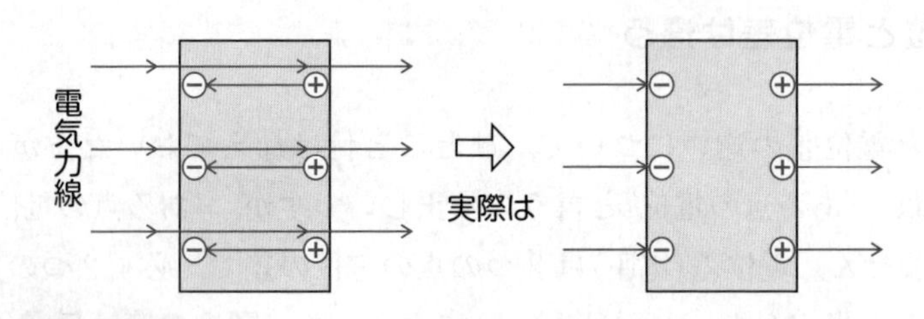

導体内には電場がないから，**導体全体は等電位**になっています。**導体の表面は 1 つの等電位面でもあり，電気力線は表面に垂直に出入りする**ことになる。

また，**電荷は導体の表面にしか分布しません**。電気力線が内部に入り込めないからだね。

「電気力線を描け」と言われたら，右の実際の図を描いてください。

導体の形はどうでもいいので，以上をまとめて一般的な図にしてみました。

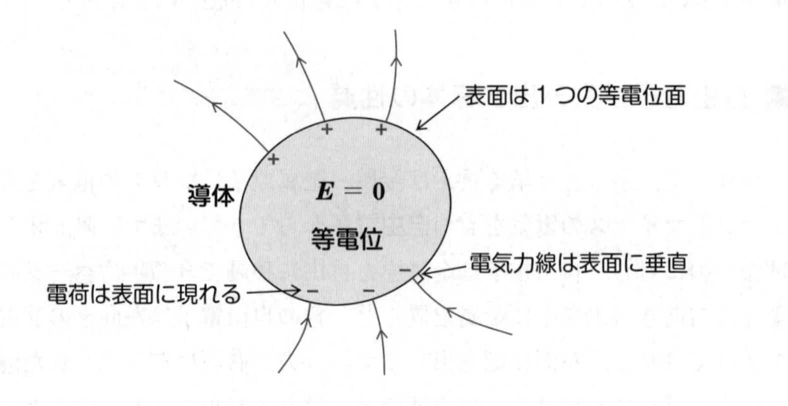

さて，これから先，電磁気の範囲での約束ごとを決めておこう。$\boldsymbol{k}$ と書いたら，クーロンの法則の比例定数です。また，特に断らない限り重力は考えなくてよい状況と思ってください。

次回はコンデンサーの話です。ここから力学(静電気力による力学)を離れ，純粋（じゅんすい）に電気の話になっていきます。でも，電場と電位の概念は一貫して重要ですよ。

第23回 コンデンサー(1)

要（かなめ）は孤立部分の電気量保存

■ $Q = CV$ だけではダメ

何といっても，皆さんが苦手（にがて）なのがコンデンサーですね。まず，コンデンサーの基本の確認をしておきましょう。

コンデンサーは2枚の金属極板でできていて，電圧 V〔V〕をかけると電気がたまる。電気量 Q〔C〕は V に比例し，$Q = CV$ と表される。C は電気容量（ようりょう）とよばれる比例定数です。ここまでなら誰もが知ってることでしょうが，もっと具体的なイメージをもってほしいので，図にしてみました。

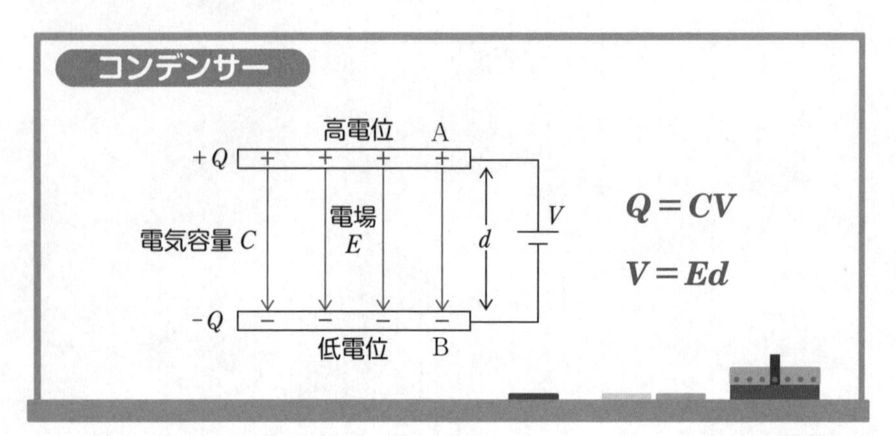

まず，**高電位側に $+Q$ が，低電位側に $-Q$ がたまる**ということです。図では電池が入っているので，どちらにプラスがたまるか分かりやすいでしょうが，**極板の電位の高低だけで判断できるように**してください。そして，コンデンサーという以上，一方が $+Q$ なら他方は必ず $-Q$ です。そして，両者はお互いに引きつけ合うから，極板

> 高電位側に $+Q$
> 低電位側に $-Q$

の向かい合う面(内側の表面)にたまっています。

極板間には一様電場ができているから，$V=Ed$ が用いられることにも注意。けっこう活躍してくれる公式ですよ。

もともと電気が発生するのは，マイナスの電気をもつ電子の移動があったからです。初め極板の電気は0だったのですが，電池をつなぐと極板Aから電子が抜き取られ，電池を通ってBに送り込まれたのです。犯人は電池です。電池が電子を動かした，つまり，電流を流したのです。電子を抜き取られたAは $+Q$ に帯電し，Bは電子をもらって $-Q$ に帯電したんですね。

電池って電気の池と書くから，＋－の電気をいっぱい持っていて，Aに＋を与え，Bに－を与えたと思ってる人がいますが，それはとんでもない誤解です。電池は電気を蓄えているわけではありません。何も持っていないのです。ただ，あっちの電子をこっちへ動かしただけなんです。電池はビンボーなんですよ(笑)。電池は電位差(電圧)を作り出すというか，維持する装置です。負極に対して正極の電位をたえず V だけ高めています。そして，極板間の電位差が，自分と同じになるまで電子を移動させるんです。それから **$Q=CV$ の V は極板間の電位差**であることにも注意。いまの場合は電池の電圧(起電力といいます)に等しいだけです。

面積 S
d
ε

電気容量 C〔F〕は，極板の面積 S，間隔 d，そして極板間の物質の誘電率 ε で決まり，$C=\varepsilon\dfrac{S}{d}$ と表されます。C の大きな方がコンデンサーとしては優秀なので，ε の大きな誘電体を入れ，S を大きくし，d を小さくする努力が払われています。

ε を真空の誘電率 ε_0 で割った値を ε_r とおいて($\varepsilon_r=\varepsilon/\varepsilon_0$)，これを比誘電率といいます。そこで，$C$ は $C=\varepsilon_r\varepsilon_0\dfrac{S}{d}$ とも表せます。どんな物質も ε_r は1より大。真空だけが $\varepsilon_r=1$ です。

■ コンデンサーは何のために

ところで，「**コンデンサーって何のためにあるんですか？**」……電気をためるため？　じゃあ，電気をためてどうするんですか？

そう聞き直られると困ってしまいますね。コンデンサーの１つの役割は**エネルギーを蓄える**ことです。

コンデンサーが蓄えたエネルギーは**静電エネルギー**（せいでん）とよばれ，$\frac{1}{2}CV^2$ とか $\frac{1}{2}QV$，あるいは $\frac{Q^2}{2C}$ と表されます。１つ知っていれば，$Q=CV$ で書き直せますが，３つとも覚えておいた方がいいでしょう。

カメラのストロボはコンデンサーでできていて，静電エネルギーを光のエネルギーに変えているのです。コンデンサーは，また，電池の代用もできるんだ。タイマーが内臓されている電気製品は，停電するとタイマーが止まってしまい実に不便だね。そんなとき，コンデンサーがためていた電気を電流として流してくれます。電池は図体（ずうたい）がでかくて重いものだけど，コンデンサーは小さくて軽いのが利点。短い停電なら大丈夫です。

■ 並列と直列の確認

コンデンサーがいくつかある場合は，並列と直列の公式を用いて１つのコンデンサー(電気容量 C)として扱うことができます。証明は教科書に任せるとして，ここでは要点だけ確認しよう。**並列は電圧が共通であることが特徴で，直列は電気量の共通が特徴**です。

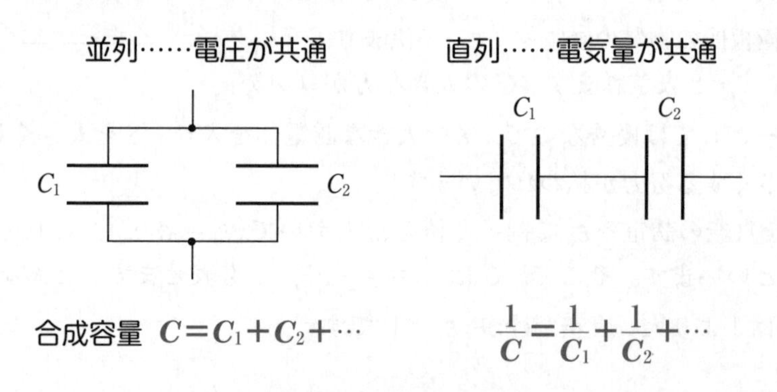

たとえば，6μF と 12μF を並列にすると，18μF のコンデンサーになります。では，直列にすると……少し計算すれば，4μF ですね。μ（マイクロ）が 10^{-6} を表すこと，さらには n（ナノ）が 10^{-9}，p（ピコ）が 10^{-12} までは覚えておくこと。

前ページの図は2個になっているけど，何個つながっていても構わないからね。ただし，直列は「はじめ各コンデンサーは電気を帯びていなかった」という条件つきなので注意がいります（くわしくは次回に話します）。一方，並列に条件はありません。

■ 電気量保存則

コンデンサーに限らず，電磁気を通して大切なのが**電気量保存則**（**電荷保存則**）です。まずは慣れるための簡単な例から。A と B は同じ形の導体で，A は＋4C に B は－10C に帯電して離してあります。さて，「**A と B を接触させるとどうなるだろう？**」………そうです。プラスとマイナスがキャンセル（中和）して，＋4C＋（－10C）＝－6C。すると図 b のように－3C ずつになりますね。これが電気量保存です。

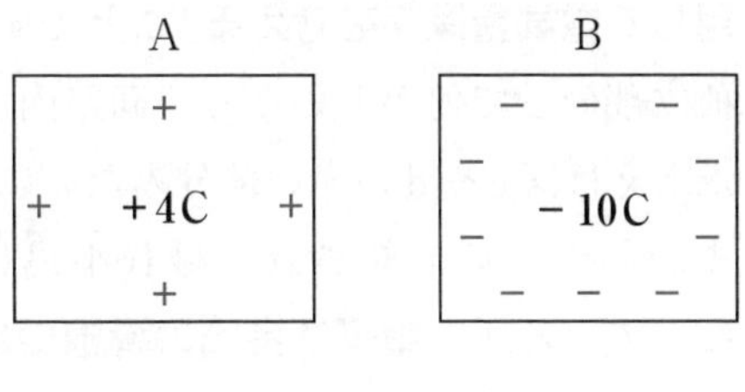

〈図 a〉

「たったそれだけのこと？」……そうです。たったそれだけ。ただし，マイナス同士（どうし）は反発し合うから両端に現れることにも注意。

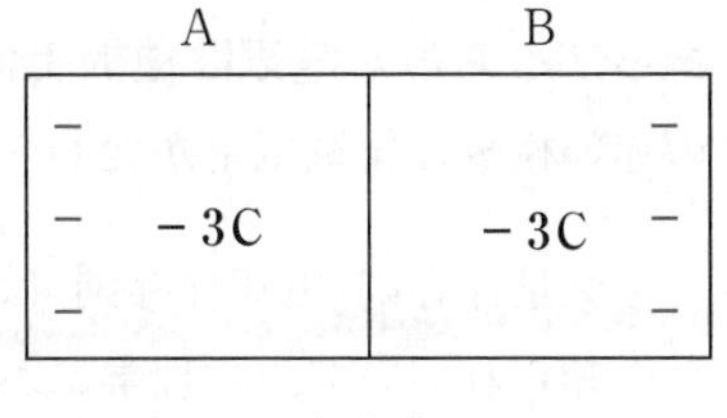

〈図 b〉

では，ここで A と B を接触させたまま左右方向の電場中に置いたところ，A が＋2C になったとします。B の電気量はいくら？　……全体で－6C が守られるから……－8C ですね。もう一つ質問。「**このときの外部の電場は右向きか左向きか？**」……B の－8C に電気力線が入ってきているから，左向きです。Bの右の彼方(かなた)にはプラスがいて，－8Cを引き寄せていると考えてもいいでしょう。もう，電気量保存に慣れたかな。A，B**全体で自由電子が移動しても，総数に変わりはない(もちろん陽イオンの総数も変わらない)ことに基づいています。**

話の本題からははずれますが，図aではAとBは引き合い(引力)，図bでは反発し合っている(反発力)のがちょっと意外ですね。なお，1Cは途方(とほう)もなく大きな量だと前回言いました。上の数値は分かりやすさを重視していて非現実的ですから，念(ねん)の為(ため)。

さて，コンデンサーをいくつか含む回路で大切なことは，「**孤立(こりつ)部分に着目して電気量保存を考える**」ことです。孤立部分って何かというと，回路内でたとえば図cやdの赤い部分みたいに，まわりから切り離され，離れ小島(こじま)になっている所。**電子は金属の導線づたいにしか移動できない**のです。極板間を電子が飛び交(か)うことはないからね。孤立部分の範囲でしか電子は動けない。だから，図cなら2枚の赤い極板の電子の総数は変わらない。いいかえると，電気量の総和は変わらない。あっ，もちろん**電気は極板上にしか滞在できない**からね。図dなら3枚の赤い極板の総電気量が変わらないんですね。

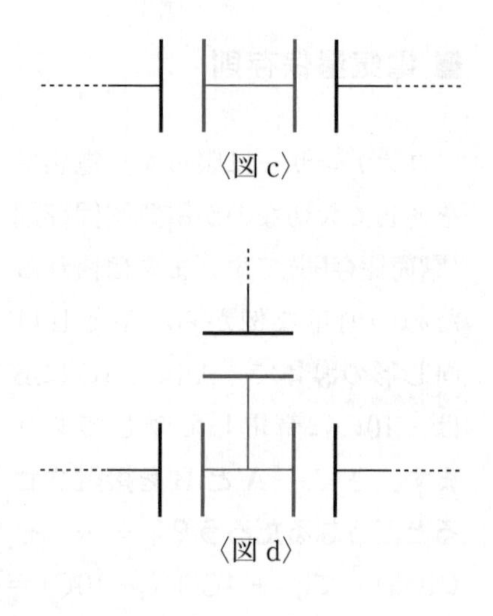
〈図c〉
〈図d〉

電気量保存則(電荷保存則)はコンデンサーに限らず，成り立っていることが知られていて，物理学における基本法則の一つです。この後の電磁気分野はもちろん，原子分野でもその重要性に出合うことになります。

じゃあ，これで基本の話は終わり。まだ話したいこともあるけど，問題を解く過程でつけ加えましょう。

問題 43 コンデンサー

極板間隔 d〔m〕, 電気容量 C〔F〕のコンデンサーを起電力 V〔V〕の電池で充電した後, スイッチSを開く。

(1) 極板間隔を $3d$〔m〕まで広げたときの電圧 V_1〔V〕と, この間に外力のした仕事 W_1〔J〕を求めよ。

(2) 続いて, 極板間 $3d$〔m〕の中央に厚さ d〔m〕の金属板Mを挿入(そうにゅう)する。コンデンサーの電圧 V_2〔V〕と, この間に外力のした仕事 W_2〔J〕を求めよ。

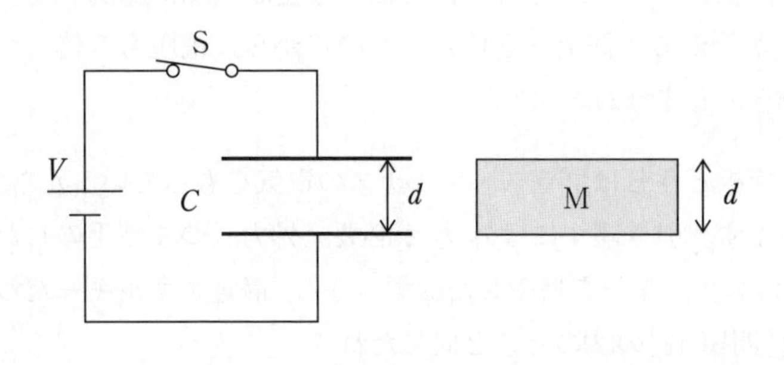

(1) 起電力(きでんりょく)は電池の電位差のこと。充電されたコンデンサーは, $Q=CV$ の電気量をもっている。そしてSを開くから, **極板Aの $+Q$ は孤立し, 不変となることがキーポイント**。もちろん, 向かい合うBの $-Q$ もこのままだね。お互いに引き合っていて身動(みうご)きがとれない。

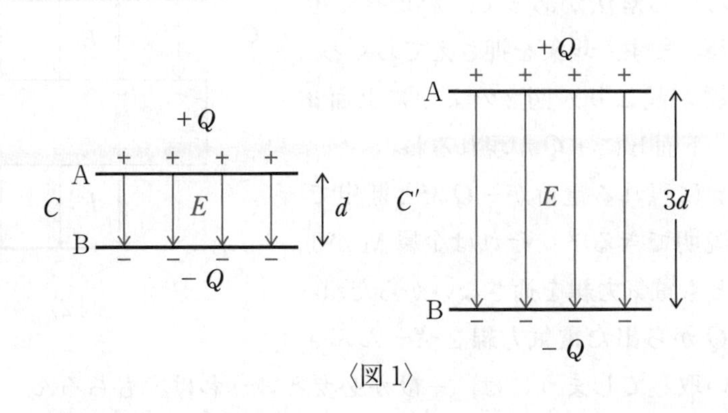

〈図1〉

電気容量は極板間隔に反比例するから，間隔を３倍にしたときの電気容量 C' は，$C' = C/3$　そこで，

$$Q = C'V_1 \qquad \therefore \quad V_1 = \frac{Q}{C'} = \frac{CV}{C/3} = 3V\,〔\mathrm{V}〕$$

もっと簡単に解くこともできるよ。**Q が一定なら極板間の電場 E も一定**なんだ。図１を見てごらん。電気力線の間隔，密集度が同じでしょ。つまり，電場は同じなんです。電気力線の長さなんて関係ないからね。

Q 一定
は
E 一定

そこで，公式 $V = Ed$ を思い出せば，**電圧は間隔に比例すること**が分かる。間隔を３倍にしたのだから，電圧も３倍，つまり $3V$
暗算（あんざん）でできてしまうね。

さて，極板どうしはプラス・マイナスの電気をもっているから引きつけ合っています。引き離すには外力（がいりょく）が必要。外力，つまり手のした仕事 W_1 は，何かのエネルギーを増やしたはず。うん，静電エネルギーだね。そう，ココロは[問題 42]の(2)のときと同じだね。

外力の仕事 W_1 ＝静電エネルギーの変化

$$= \frac{1}{2}C'{V_1}^2 - \frac{1}{2}CV^2$$

$$= \frac{1}{2}\cdot\frac{C}{3}(3V)^2 - \frac{1}{2}CV^2 = CV^2\,〔\mathrm{J}〕$$

(2)　次はMを入れたときの電圧か。ウーン，いろいろ解法があって，かえって迷いますね。まず，現象を押さえておくと，**静電誘導**が起こり，図２のように上面aに $-Q$，下面bに $+Q$ が現れるね。

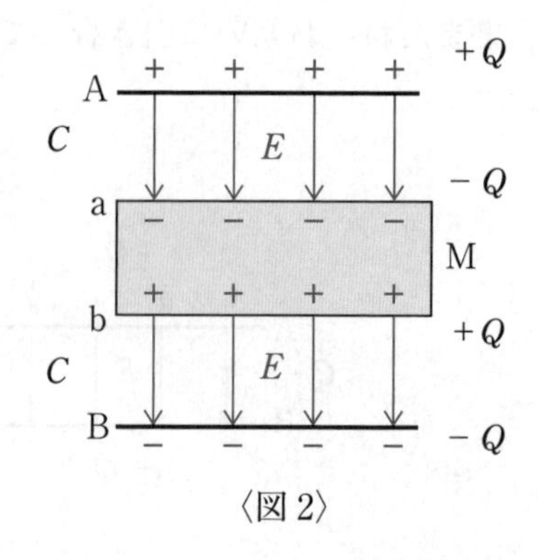

〈図２〉

なぜaに現れる電荷が $-Q$ だと断定できるか説明できる？　それは金属Mが１本たりとも電気力線を通さないからだね。Aの $+Q$ から出た電気力線をぜーんぶaで，吸い取ってしまうには，$-Q$ が必要というわけ。もちろん，前に話

した説明(p. 45 ～ 46)でもいいですよ。

Aa 間が1つのコンデンサーになっていて，電気量が Q，間隔 d で電気容量が C だから，電圧は V　bB 間も同じ。よって，全体の電圧 V_2 は，

$$V_2 = V + V = 2V \text{〔V〕}$$

Aa 間と bB 間は直列のコンデンサーと見てもいい。合成容量を C'' とおき，直列の公式を用いると，

$$\frac{1}{C''} = \frac{1}{C} + \frac{1}{C} \qquad \therefore \quad C'' = \frac{1}{2}C$$

$$Q = C''V_2 \qquad \therefore \quad V_2 = \frac{Q}{C''} = \frac{CV}{C/2} = 2V \text{〔V〕}$$

「E = 一定」に目を向けてもいいよ。V_2 は Aa 間と bB 間の電圧の和だから，

$$V_2 = Ed + Ed = V + V = 2V \text{〔V〕}$$

なお，M の位置が**中央でなくても答えは同じになることに注意してほしいんだ**。「E = 一定」の解法だと，それがハッキリする。Aa 間を d_1，Bb 間を d_2 とすると，

$$V_2 = Ed_1 + Ed_2 = E(d_1 + d_2) = E \cdot 2d = 2V \text{〔V〕}$$

M をどこに置こうと，$d_1 + d_2 = 2d$ だからね。

■ 電場と電位のグラフ，そして，電位と電位差の違い

皆さん，グラフが苦手という人が多いから，ついでのことに練習してみよう。

> **「図2の場合，電場の強さと電位のグラフをそれぞれ描いてみて下さい。B から A に向かっての距離を横軸にし，電位の基準(0V)は B とします」**

もう，十分な情報が与えてあるから，よもや間違いないと思いますが……と言っても，心の中ではきっと間違える人が出ると確信しているんだけどね(笑)。まず，電場のグラフは，極板間で一定であること，および「**導体内の電場は 0**」に注意すればよく，次図 a のようになります。なお，電

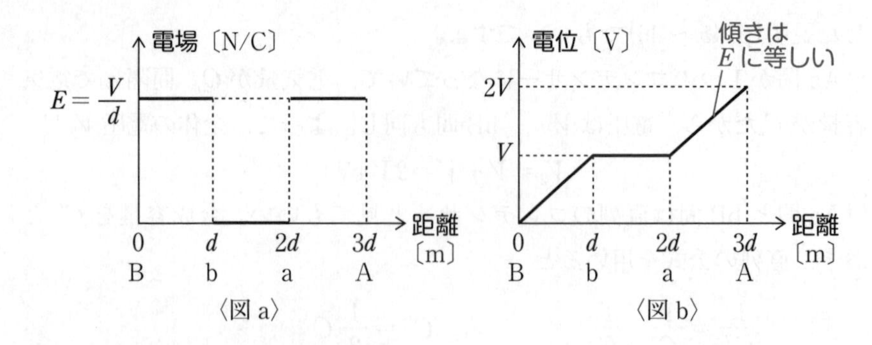

〈図 a〉　〈図 b〉

場の単位は〔V/m〕でもいいです。$V = Ed$ から出てくる単位です。

一方，電位のグラフ(図 b)は間違える人が多い。M の電位を 0 としてしまうのが誤答の典型例。「**導体は等電位**」がいつの間にか電位は 0 とすり替わってしまっているんだ。正しくは，$-Q$ がいる B から $+Q$ がいる b に向かって電位は増していきます。「**電気力線(電場)は高電位側から低電位側に向かう**」ことを思い出してくれてもいいでしょう。そして，M 内では一定値 V となり，a から A にかけてまた増していくのです。電場グラフは不連続になっていますが，**電位グラフは一般に連続**なのです。また，**電位グラフの傾きは電場の強さに等しい**ことも知っておくといいでしょう。ていねいにいうと，接線の傾きの絶対値が電場の強さに等しいのです。

ついでのことに，「**電位の基準を A にしたら，電位グラフはどうなると思う？**」……こんなことで動揺してはいけません。**電位の基準 0V はどこにとってもよいのです。どうとろうが，電位の高低と電位差に変わりはなく**，グラフは次のように図 b を $2V$ だけ下げたものになります。

電位と電位差の違いをはっきり意識してください。電位は基準点のとり方で値がコロコロ変わりますが，2 点間の電位差が変わることはないからね。

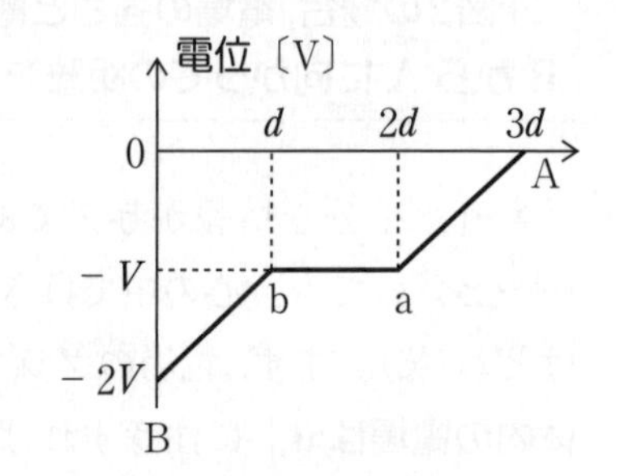

電位を問うとき，出題者は必ず基準点(0V)を提示します。それに応じて考えることですね。「B に対する電位を求めよ」と問われることもあります。「B に対する」

は「Bを基準(0V)としたとき」という意味です。

だいぶ横道(よこみち)にそれていたけど，本題に戻ります。外力の仕事 W_2 ですね。手のした仕事 W_2 は静電エネルギーの変化に等しく，

$$W_2=\left(\frac{1}{2}CV^2+\frac{1}{2}CV^2\right)-\frac{1}{2}C'V_1^2$$
$$=CV^2-\frac{1}{2}\cdot\frac{C}{3}(3V)^2=-\frac{1}{2}CV^2\text{〔J〕}$$

アレッ，負になっちゃったゾ！　どうして？　……Mを押し込んだんだから正の仕事じゃないの？　……

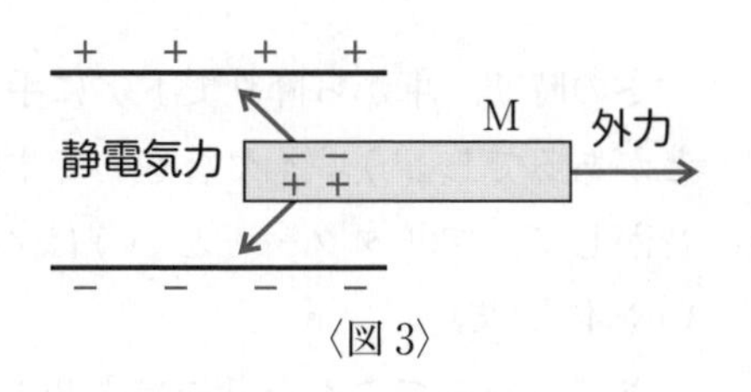

〈図3〉

タネ明かしをしようか。実は驚くほどのことではないんだ。Mは静電誘導を起こして，図3のように極板間に引き込まれようとしているんだ。だから手の力で支えながら入れていく。手の力は右向き，移動は左向き，手の仕事は負でしょ。ただ，式を立てるときは，正の仕事だと思って立てた方が分かりやすい。いまの場合は押し込んで静電エネルギーを増(ふ)やしたと思って立ててみる。**エネルギー保存則を扱うときは，分かりやすく考えるのがコツ**だね。

いまの問題でも顔を出しましたが，金属板を入れる位置は電気容量には影響しません。そこで，思い切って金属板を片方の極板にくっつけてもいいんです。いまの場合なら，bとBをくっつけると，Aa間だけのコンデンサーになる。間隔が $2d$ となるから，電気容量は $C/2$ とすぐ分かるよ。つまり，**金属板はその厚み分だけ極板間隔を狭くする効果がある**ことを知っておくといいですよ。

誘電体がどのようなものかは次回にお話ししますが，**誘電体板の挿入(そうにゅう)も同様**で，たとえ部分的に入れられたとしても，次の図のようにどんどん置き換えて，左側は直列でまとめ，次に右側とは並列でまとめて電気容量を求めることができるんです。

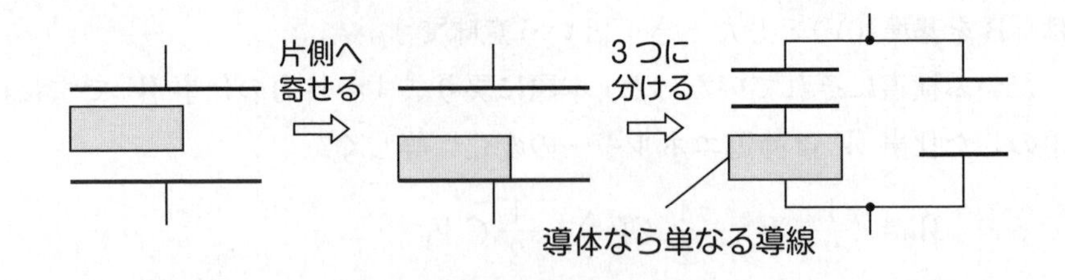

もしも誘電体でなく金属板なら，灰色の所はもはやコンデンサーではなく，一本の導線と同じです。これって，さっき話した極板間隔を狭くしたことになっているでしょ。

冬の時期，車から降りてドアに手を触れると，静電気でビリッときたことがあるでしょう。イヤなものですね。乾燥する地方だと，よくバチッと音がして，アイタタ……というはめになる。夜には火花まで見えますよ，いや本当(笑)。

さて，なんでこんな話を持ち出したかというとですね……。この現象，実はコンデンサーの放電なんです。車に乗っている間におしりと座席シートがこすれ合い，摩擦電気が発生します。さっきやった問題の図1をもう一度見てください。極板Aが人間，Aの下面がおしりで，Bがシートだと思えばいい。おしりを持ち上げると電圧が高くなり，静電エネルギーも増していく。そして，手がドアに触れたとき放電が起こる。ドアとシートはつながっているからね。なんのことはない，人間ストロボで光を放つんだ。

……とまあ，原因が分かれば避ける方法も考え出せるというもの。おしりを孤立させるからいけないんで，車の金属部に手を触れながら，シートから立ち上がればいいんですよ。まあ，一度試してみてください。

第24回 コンデンサー(2)

直列・並列を活用して解く

■ 誘電体の性質を理解する

図1は$+Q$と$-Q$をもつ極板間に誘電体を入れたとき，正・負の電荷が現れる様子(ようす)を示しています。**誘電体は自由電子を持っていないんだけど，1つの分子内では電子は移動できます。**それを誇張(こちょう)して描いたのが図2ですが(たった3個の分子！)，本質がつかめます。$+Q$に近い上面aには－が，下面bには＋が現れることが納得できるでしょ。これも静電誘導の一種で，特に**誘電分極(ゆうでんぶんきょく)**とよんでいます。金属と違って，極板Aの$+Q$に対して面aには$-Q$までは現れず，$-q$ $(Q>q)$となっています。そのため電気力線の一部は誘電体内を通ります。つまり，**誘電体内には電場E'ができます。**金属では内部の電場は0だったでしょ。ここが大きな違い。p. 54の図2と見比べてください。電気力線の密集度が電場の強さに対応するので，$E'<E$ですね。

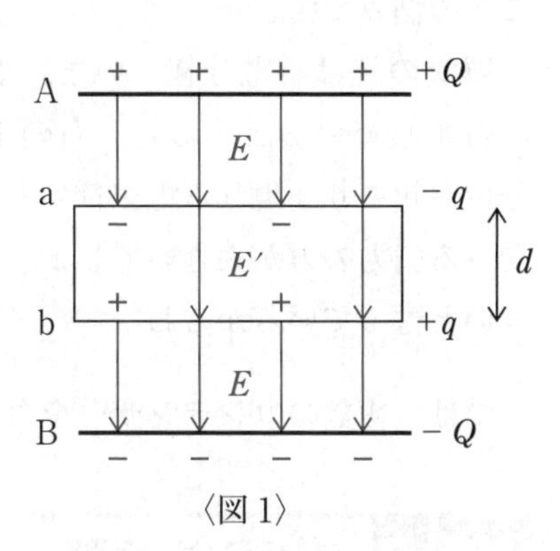

〈図1〉

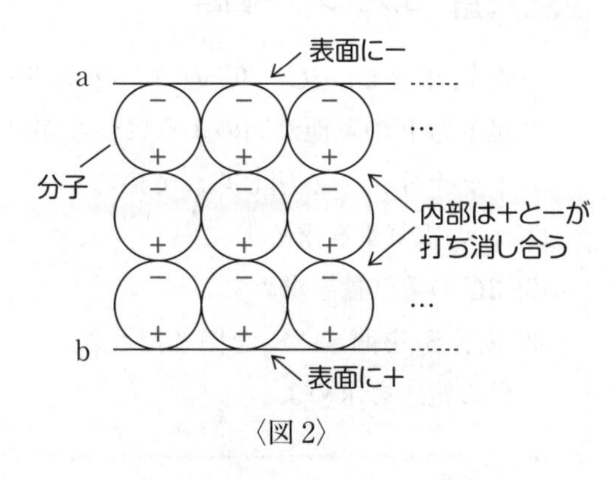

〈図2〉

誘電体を入れると電気容量が増します。誘電体のab

間の電位差は$E'd$で，入れる前のEdより小さく，AB 間の電位差が小さくなっています。一方，電気量Qは同じだから……電気容量が大きくなったんです。これは電気容量の公式で$\varepsilon_r(>1)$がつけ加わることに対応しています。

> **「下敷きなどをこすって摩擦電気を帯びさせると，電気を帯びていない紙切れや消しゴムの粉を引きつける。その理由を述べよ」**

これは大昔の，古き良き時代の東大の問題。クーロンの法則で考えれば，一方の電気量が0なら力は働かないはずという疑問ですね。クーロンの法則を知っているからこその悩みです。

下敷き
消しゴムの粉
引力
誘電体
反発力

解決の鍵は誘電分極。いま，下敷きが－に帯電しているとすると，右のように誘電分極が起こり，現れる電気量の大きさは同じでも，下敷きに近い側の＋が受ける引力の方が大きいでしょ。クーロンの法則は距離が近いほど力は大きいと言っているからね。

では，複数のコンデンサーを含む回路の問題に入ります。

問題 44　コンデンサー回路

電気容量C，$2C$，$3C$のコンデンサーと起電力Vの電池が図のようにつながれ，スイッチS_1，S_2が閉じられている。

(1) Cの電気量を求めよ。

(2) $3C$の電気量を求めよ。

(3) S_1，S_2を開き，S_3を閉じたとき，Cの電圧を求めよ。

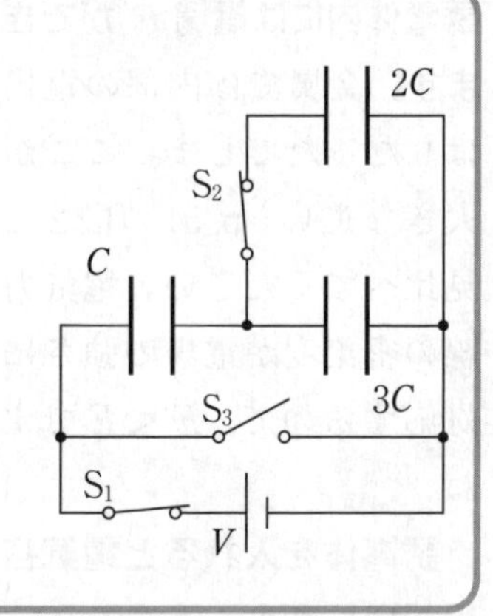

■ 並列・直列公式の活用

特に断(ことわ)りがなければ，スイッチを閉じる前のコンデンサーは，帯電していなかったと考えてください。

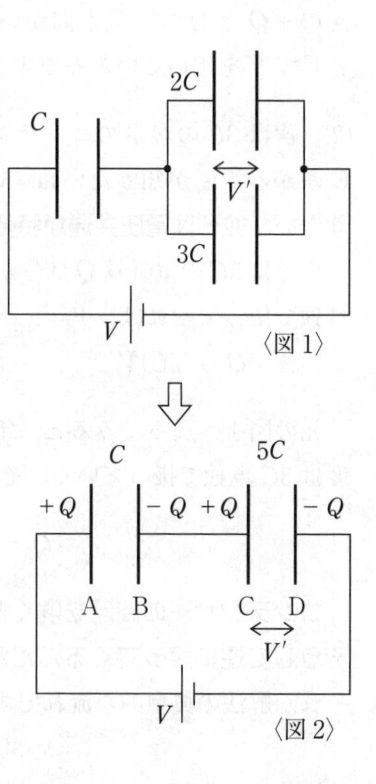

〈図1〉

〈図2〉

(1)　はじめの回路の状況を描いてみます(図1)。問題図からは少し変えてみました。$2C$ と $3C$ のコンデンサーが並列ということをはっきりさせるため，導線をちょっといじって見かけを並列らしくしてみただけです。合成容量は $2C+3C=5C$ 気持ちは2つを1つにまとめて，図2のように考えているのです。

次に，左の C といまの $5C$ が直列になっているから，全体の合成容量 C_T は，直列公式を用いて，

$$\frac{1}{C_T}=\frac{1}{C}+\frac{1}{5C}$$

$$\therefore \quad C_T=\frac{5}{6}C$$

こうして1つのコンデンサーにまとめ上げられたから，

$$Q=C_TV=\frac{5}{6}CV$$

もちろん各極板には $+Q$，$-Q$，$+Q$，$-Q$ と電気量がズラッとならびます。**直列は電気量共通が特徴**だったね。でもそれはBC間が孤立していて，はじめ電気量が0だったからなんだよ。だから，いまBが $-Q$ ならCには $+Q$ がいるはずなんだ。**直列公式は「はじめ電荷なし」という条件つき**なのです。そこまでの認識をもって扱っている人はめったにいないけどね。

さらに，**直列というのは，Aが陽極板でDが陰極板という1つのコン**

デンサーだと見ているのです。BC 間は手でおおって，見ないんですね。Aの$+Q$とDの$-Q$が向かい合っていると見ているわけ。だから，電圧としてVを用いているんですよ。

(2)　次は$3C$の容量のコンデンサーの電気量を求めていこう。まず，$3C$にかかる電圧が知りたいね。いいかえれば，図2での$5C$の電圧V'が知りたい。**並列は電圧共通が特徴**だからね。

すでに$5C$の電気量Qは分かっちゃったから，図2で$5C$のコンデンサー単独で使ってやれば，

$$Q=(5C)V' \qquad \therefore \quad V'=\frac{Q}{5C}=\frac{1}{6}V$$

元の図1へ戻ってみると，電圧V'は$2C$と$3C$の電圧のことですね。今度は$3C$単独で扱っていく。そこにたまっている電気量をQ_3として，

$$Q_3=(3C)V'=\frac{1}{2}CV$$

コンデンサーの問題を解くときは，まずはひとまとまりにしていって，そうして逆に戻ってくるんだね。個々がどうなっているかを調べるわけ。それが解法の典型的な流れです。

■ 等電位の部分を色で塗り分ける

(3)　その次は，スイッチS_1，S_2を開くから，電池と$2C$のコンデンサーは関係がなくなり，Cと$3C$のコンデンサーが残って，CにQ，$3C$にQ_3がある（次ページの図3）。そしてスイッチS_3が入れられ，Cと$3C$がつながれる（図4）。

これ，よく間違えますね。**一見（いっけん）直列に見える**でしょ。形だけ見てればね。しかし，2つはすでに異なる電気を帯びていたコンデンサー。こういうのに対しては，直列公式が使えない。ていねいにいうと，BとC′が合わせて0ならいいんですが，$-Q$と$+Q_3$で，合わせて0にならない。

じゃあどうするか。すぐ目をつけたいのは，**どこからどこまで電位が等しいか**ということです。コンデンサーの問題を考えるときはいつもそうな

んです。

たとえば，AD′間は電位が等しいから赤にしてあります。「**導体(金属)は等電位」というセオリーに基づいています。**本当は頭の中で色が塗(ぬ)り分けられるといいんだけどね。慣れないうちはカラーマーカーを使って塗ってみるといいよ。Cは赤－黒の電位差，$3C$も赤－黒の電位差。だから，2つは電圧が等しいってすぐ分かるんです。

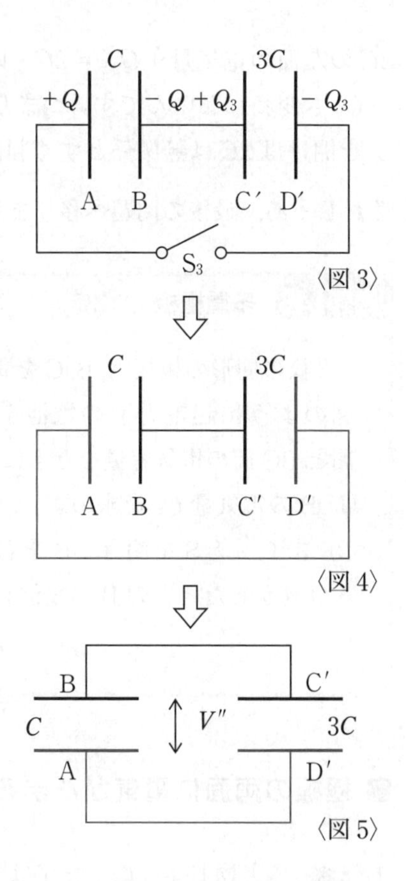

〈図3〉
〈図4〉
〈図5〉

導線部はゴムひもみたいに伸び縮みさせていいから，グニャーっと曲げちゃおう。そして図5までもってくると，「なんだ，並列じゃないか」と見えてくるんですね。そこまで分かると，ことは簡単で，赤－黒の電位差をV''とおいて，並列だから，

$$Q' = (C + 3C)V''$$

このときのQ'というのは，$+Q$と$-Q_3$の和なんですね。つまり，この赤い極板を2枚合わせて1つの極板と見ています。合計の電気量Q'が正だから陽極板です。そこで，

電位の色分けでコンデンサーが見えてくる

$$Q + (-Q_3) = (C + 3C)V''$$

$$\frac{5}{6}CV - \frac{1}{2}CV = 4CV'' \qquad \therefore \quad V'' = \frac{1}{12}V$$

一見(いっけん)直列に見えるけど，実は並列という，ちょっと面白(おもしろ)い回路でした。みんな手(て)こずるやつです。なんとか理解してもらえたかな。

ひとことつけ加えると，S_2を開くと$2C$が関係なくなると言った理由は，

$2C$の左面の電気量$+Q_2(=2C\cdot V')$が孤立する，だから，右面の電気量$-Q_2$も変われないんです。つまり，$2C$は“凍結”されてしまうんですね。S_2を開けば$2C$は無関係とすぐ判断できるようになってほしいものだね。

それじゃあ，最後の問題へ移りましょうか。

問題 45　多重極板

3枚の同形の極板A, B, Cを間隔dで並べ，図のように起電力Vの電池をつなぐ。AB間とBC間の電気容量をともにCとする。

(1) Bの電気量Q_Bを求めよ。

(2) スイッチSを開き，Bを右へ$l(<d)$だけ動かしたときのBの電位を求めよ。

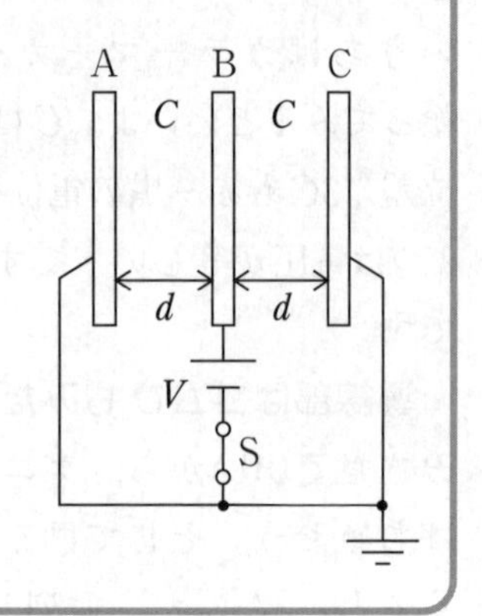

■ 極板の両面に電気がたまるケース

(1) さっきと同じように，まずは色分けをやるんです。電位の等しいところの確認作業です。電池の正極に等しい所は……正極から極板Bまで等電位でしょ。負極に等しい所は……またこれも色を付けていきます。つながっている所は等電位ですからね。これはアースまで同じ色だね。アースは，ここの電位を0にするぞ，という約束記号ですね。

こうやって色分けしてみると，赤が高電位側，黒が低電位側です。AB間が1つのコンデンサーをなしてて，高電位側にプラスがいるはず。そこで図1ではBの左面に$+Q$を並べたんです。向かい合ってAに$-Q$があります。ていねいにいうと，プラス・

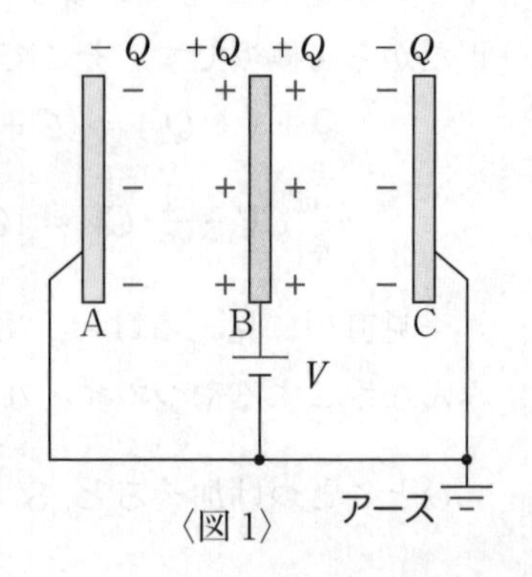

〈図1〉

マイナスは引っ張り合うから，内側の表面にたまっているからね。

それからBC間を見ると，やっぱり高電位と低電位になっているから，高電位側のBの右面に$+Q$が，Cに$-Q$が現れている。電気量Qが等しいのは，電気容量Cが等しいし，AB間もBC間も赤－黒の電位差で等しいからです。赤－黒は電池の電位差に等しくVだから，$Q=CV$です。

結局Bは，左面に$+Q$，右面に$+Q$と，合わせて$+2Q$もっていることになる。

$$Q_B=2Q=2CV$$

極板がこういうふうに中間に置かれると，左右両面に電荷が発生する可能性がある。それがポイントだね。極板が薄くっても同じことですよ。

(2) その後スイッチを開く。**電流を流していないスイッチを開いても何事も起こりません。そのままの状態が維持されます。**では，この操作は何をやっているのかというと，**Bを孤立させた**んですね。つまり，Bの両面の電気量の和がQ_Bのままに保たれる。それが今後の問題を解く手掛(てが)かりになる。

スイッチ開けば孤立に注意

さあ，それで極板Bを右へ動かす。すると電気容量が変わっていきます。AB間の電気容量をC_1として計算してみましょうか。

$$C_1=\frac{\varepsilon S}{d+l}=\frac{d}{d+l}\cdot\frac{\varepsilon S}{d}=\frac{d}{d+l}C$$

このようにdを間にはさみ込むと，もとの電気容量Cとの関係がすぐにつけられる。1つのテクニックですね。BC間の容量C_2も同様に求められ，

$$C_2=\frac{\varepsilon S}{d-l}=\frac{d}{d-l}\cdot\frac{\varepsilon S}{d}=\frac{d}{d-l}C$$

最終状態は次ページの図2みたいになっているんですが，A，Cは等電位でアースにつながっているから，実は0Vの電位です。Bはさっきと同じ電位ではないので赤い点線にしました。ま，気持ちだけのことです。

ただ言えることは，**AB間とBC間の電位差V'はやっぱり共通**なんで

すね。Bの左面の電気量を$+Q_1$，右面のを$+Q_2$とおくと，

$$Q_1 = C_1 V' \qquad Q_2 = C_2 V'$$

$Q_1 + Q_2$はさきほど求めておいたBの極板の電気量Q_Bから変わらない。電気量保存則だね。

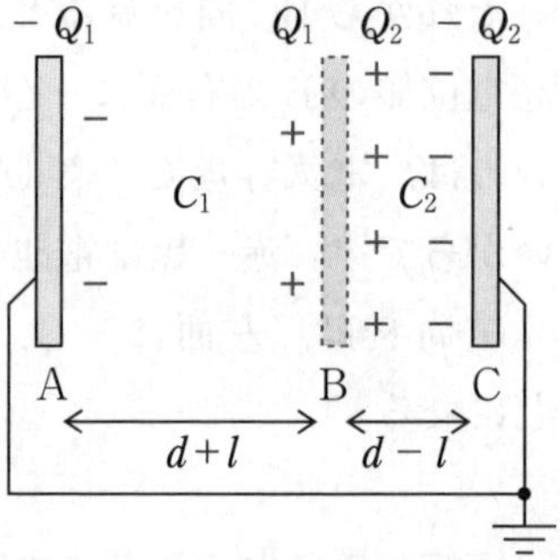

$$Q_1 + Q_2 = Q_B$$

以上より，

$$\frac{d}{d+l}CV' + \frac{d}{d-l}CV' = 2CV$$

$$\therefore \quad V' = \frac{d^2 - l^2}{d^2}V$$

〈図2〉

求めたのはAB間(BC間)の電位差ですが，低電位側のA，Cが0Vですから，Bの電位は$+V'$です。$Q = CV$のVは電位差であること，**電位を尋ねられたら0Vからたどる**ことをお忘れなく。この場合はたまたま一致していたのです。

別の解法もあります。Bを縦に真二つに割って，間をゴムひもみたいな導線でつないで(全体は等電位だからね)，グニャーっと曲げていくと，前問の最後(p. 63図5)みたいな並列状況になるんです。図2のままで，AB間とBC間は電位差が等しいから並列，と見抜けると一番いいんですけどね。それに気がつくと，$Q_B = (C_1 + C_2)V'$として，サラッと解けます。

物理は，いろいろ考えないといけないことが多くて難しいってよく言われますけど，なーに，**考え方の流れ**を身につければ大したことはないんです。車の発進だって，エンジンをかけ，ギアを入れ，ウィンカーを点滅させてアクセルを踏みながらハンドルを回し……とまあ大変なんですが，誰でも運転してるでしょ。要は慣れなんですね。はじめのうちはギクシャクした流れでしょうが，問題に慣れてくると，スムーズに流れるようになります。

第25回 直流(1)

オームの法則を導く

抵抗値 R〔Ω〕(オーム)の抵抗に電圧 V〔V〕をかけると，電流 I〔A〕(アンペア)が流れ，$V=RI$ の関係が成り立つ——というのが**オームの法則**。中学で習ったときには理由は抜(ぬ)きでした。それを自由電子の運動で説明しようというのが今回のテーマです。

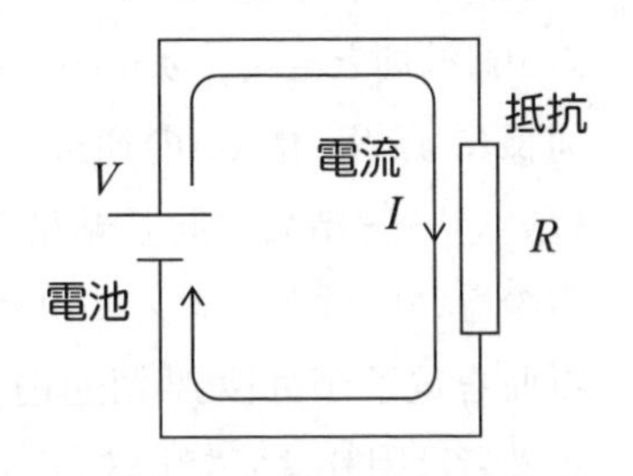

■ 電流と自由電子

電流は数多くの自由電子が流れている状態です。ただし，電流の向きが決められた当時は正(＋)の電気が動いていると思われていたのです。やがて，負電荷をもつ電子の動きと分かりました。そのために電流の向きと電子の移動の向きは逆向きになっています。

電流〔A〕とは，抵抗の，ある断面を 1 s 間に通過する電気量の大きさ〔C/s〕のことです。1 s 間に 1C が通れば 1A で，2C が通れば 2A だね。電子の電荷を $-e$〔C〕とし，断面積 S〔m^2〕の抵抗中での自由電子の個数密度(1 m^3 中の個数)を n〔個 /m^3〕とします。さて，質問。

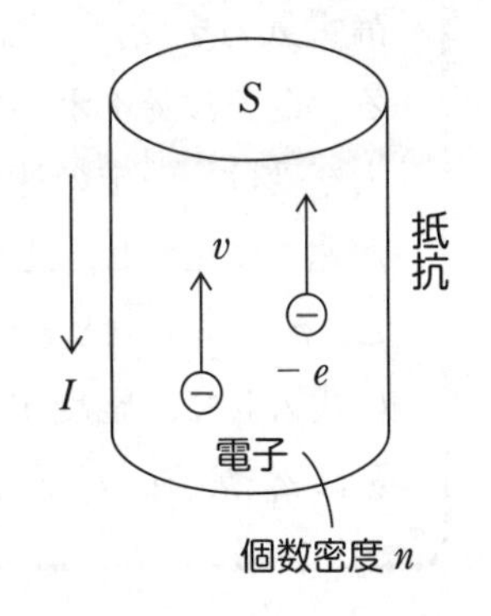

「電子の速さを v〔m/s〕としたときの電流 I〔A〕はいくら？」

次ページの図の赤のような適当な断面を考えます。今から 1 s 間にここを通り抜ける電子は v〔m/s〕× 1〔s〕= v〔m〕の範囲のもの(灰色部)ですね。

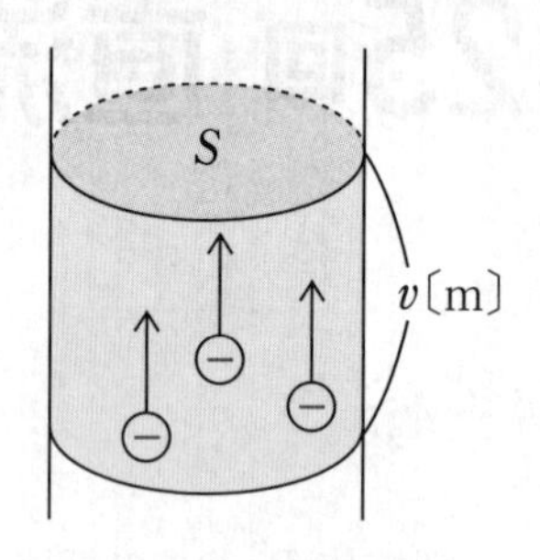

その体積はSv〔m^3〕だから，灰色内の電子の数は$n \cdot Sv$〔個〕。電子1個,1個がe〔C〕をもつので，赤の断面を通り抜ける電気量は$e \cdot nSv$〔C〕。1s間のことだから，これが電流I〔A〕であり，

$$I = enSv \quad \cdots ①$$

1s間が特別で気になる人がいるかな。だったらΔt〔s〕間として，$v\Delta t$〔m〕の範囲を考え，上と同様に$enSv\Delta t$〔C〕の通過を確認し，1秒あたりにするためΔt〔s〕で割ればいい――結局，同じ結果です。「ブスね($vSne$)」なんてカワユク覚えるのもいいけど，考えて出せるようにしたいね。たとえば，「導線のある断面を電子が毎秒N個通過している。電流Iは？」と問われると，公式主義者は困りはててしまう。でも上のように考えて出せる人にとっては何でもないこと。1s間にeN〔C〕が通るのだから，$I = eN$でおしまい。上ではNを出すのに苦労していたんだからね。なお，eは電気素量(そりょう)とよばれる定数です。

さて，これで準備が整いました。オームの法則へのルートは次の問題を通してたどってみましょう。

問題 46 電子とオームの法則

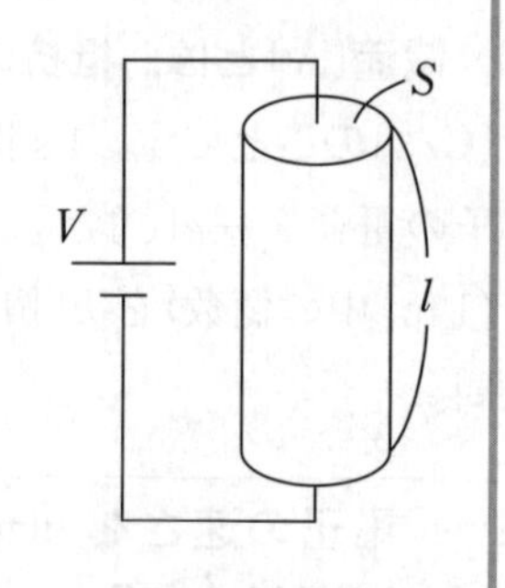

長さl〔m〕，断面積S〔m^2〕の導体に電圧V〔V〕をかける。内部の電場の強さは［(1)］となり，電荷$-e$〔C〕の自由電子は［(2)］の大きさの静電気力を受け，図では［(3)］向きに移動する。電子は陽イオンなどとの衝突により，抵抗力を受け，一定の速さv〔m/s〕で動く。抵抗力が速さに比例し，比例定数をk〔N·s/m〕とすると，$v=$［(4)］とe，k，l，Vで表せる。このvを上述の式$I = enSv$に代入して，整理するとオームの法則が得られる。そして，抵抗値Rはe，k，n，l，Sを用いて，$R=$［(5)］と表せることが分かる。

(1)　内部には一様な電場ができています。その強さEは，公式 $V=Ed$ で，$d=l$の状況なので，

$$V=El \qquad \therefore \quad E=\frac{V}{l}$$

(2)　静電気力 $F=qE$ より，

$$F=eE=\frac{eV}{l}$$

(3)　電場の向きは？　……高電位側から低電位側へと電気力線が向かうことを思い出せば，下向きですね。忘れたら，コンデンサーを思い出すといい。電気力線は＋(プラス)がたまっている陽極から－(マイナス)がいる陰極へと向かっていたでしょ。陽極が高電位側であることはいいですよね。

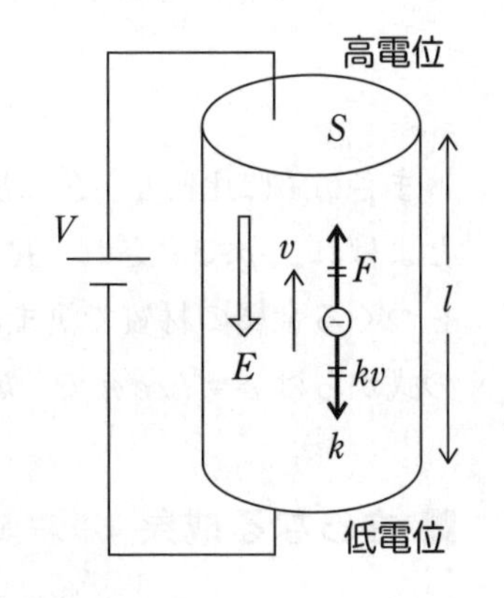

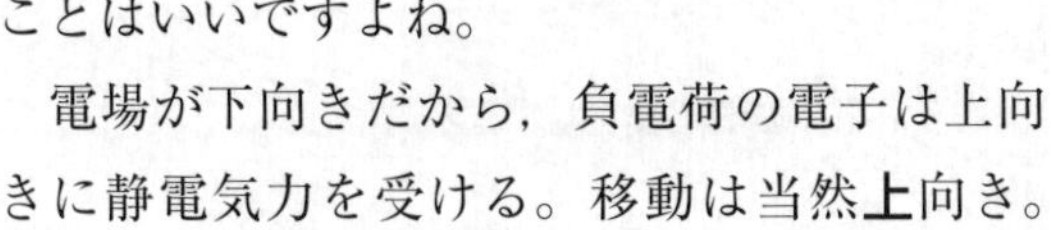

電場が下向きだから，負電荷の電子は上向きに静電気力を受ける。移動は当然**上**向き。こうして電流Iが下向きに流れます。「そんなこと電池の向きを見れば分かる」って言われそうだけど，それはオームの法則を知ってるからでしょ。いまは法則を導きたいんだからね。

(4)　電子が静電気力で加速されると，抵抗力が増し，すぐに等速運動に入ります。「**等速度は力のつり合い**」だったね(第1巻，第5回 p. 59)。

$$F=kv \qquad \therefore \quad v=\frac{F}{k}=\frac{eV}{kl}$$

(5)　ここは計算していくだけのことで，

$$I=enSv=enS\cdot\frac{eV}{kl}$$

$$\therefore \quad V=\frac{kl}{e^2nS}I$$

この式はVとIが比例すること，正(まさ)にオームの法則 $V=RI$ を表しています。さらに，2つの式の比較から，$R=\dfrac{kl}{e^2nS}$

■ 副産物としての成果

電子の運動からオームの法則が導けたことはすばらしいことです。しかもさらに副産物(ふくさんぶつ)とも言える成果(せいか)があるのです。それは，中学で習った「**抵抗値は長さに比例し，断面積に反比例する**」という知識。これが証明できているのです。問(5)で得たRの表式を見てください。

$$R=\frac{k}{e^2n}\cdot\frac{l}{S}$$

まさにlに比例し，Sに反比例するとなっています。比例定数は抵抗率(ていこうりつ)とよばれ，ρ(ロー)で表され，$R=\rho\frac{l}{S}$として公式になっています。ρは導体をつくる金属の材質で決まる値で，鉄ならいくらとか決まっています。上の式からは$\rho=k/e^2n$で，kとnが材質による定数です。

■ さらなる成果

電子に対して静電気力がする仕事は熱の発生となっています。力の向きに動かし正の仕事をしているのですが，運動エネルギーの増加にならない(電子は等速運動)のは，抵抗力が働いているからです。力学で言えば，動摩擦力のようなもの。対応して熱が発生します。**ジュール熱**とよんでいます。1個の電子に対して静電気力がする仕事は1s間にはv〔m〕の移動だからFv　導体(抵抗体)内の電子の総数Nは体積Slより$N=n\cdot Sl$だから，1s間の発熱量は，

$$N\cdot Fv=nSl\cdot\frac{eV}{l}\cdot v=V\cdot enSv=VI$$

ここでも①の$I=enSv$を用いました。さらに$V=RI$を用いれば，RI^2ともV^2/Rとも変形できます。こうして，1s間あたりのジュール熱は，消費電力(でんりょく)ともよばれ，

$$\textbf{消費電力:}\quad RI^2=\frac{V^2}{R}=VI\ \text{〔W〕}$$

〔W〕(ワット)は〔J/s〕のこと。これも重要公式ですが，導けてしまった！　なお，先ほどは仕事と言いましたが，1s間あたりの仕事であり，仕事率と言った方がよいでしょう。

消費電力の単位は〔W〕を用いてください。〔J/s〕でも同じ内容だけど，「ワットを知らないのか」と減点されかねません。電気屋さんへ行って「100W 電球をください」とは言っても「100 J/s の電球をください」とは言わないですよね。ワットはオバサンでも知ってる単位なのです(単位であることを意識しているかどうかは別にして)。

なお，大文字の単位は人名の場合です(例外もありますが)。ワット(Watt)は蒸気機関で有名ですね。汽車や蒸気船の動力として使われました。ジュール(Joule)はジュール熱が $RI^2 \cdot t$ で表されることを見出し，さらには熱がエネルギーの一つの形態であることを実証し，エネルギー保存則の確立に貢献しました。

以上，振り返ってみると，電子というミクロな粒子の運動からオームの法則 $V=RI$ が導け，抵抗値が $R=\rho\dfrac{l}{S}$ と表せること，さらには消費電力 $RI^2=V^2/R=VI$ まで導出できてしまったのです。実にすばらしい成果と言っていいでしょう。「電子論」と称されるのももっともで，物理の理論とはどんなものか，コンパクトな形で示してくれています。

最後に，少し断っておいた方がよいことがあります。v は電子が集団として移動している速さ(流れの速さ)で，大変遅く，1 mm/s にも達しないのです。個々の電子ははるかに速く乱雑に飛び回っています。気体(空気)で言えば，風の速さが v に相当します。分子のスピードはバラバラでメチャクチャ速いです。大雑把に言えば，音速程度です。実態とはかけ離れているようでも，集団としての見方が本質をとらえているのです。

複雑極まる現象を簡単化して把握するのがモデルですが，物理に限らず，自然科学ではとても大切な考え方です。現象の本質をつかみ，いかにモデル化するかが勝負なのです。そして徐々にモデルに手を加え，現実に近づけていくのです。「分子運動論」もそうでした。「分子同士の衝突がないものとして」というのは現実にはあり得ないことですが，本質はつかまえていて，そこから得られた成果にも驚くべきものがありました。

第26回 直流(2)

電位による理解を根底に

前回はミクロな観点に立って，自由電子の流れを調べオームの法則を導きました。関連していろいろな成果も手に入れました。マイナスの電荷をもつ電子が動く向きと電流の向きは逆向きだったのですが，電流の向きにプラスの電気が流れているとみなした方が，何かと考えやすいので，これからはそんなイメージでいきましょう。

■ オームの法則から脱却する

オームの法則は，中学では，抵抗R〔Ω〕に電池で電圧V〔V〕をかけると電流I〔A〕が流れ，$V=RI$が成り立つぞ，IはVに比例するぞって教わったんですが，高校では少し見方を変えたいんですね。

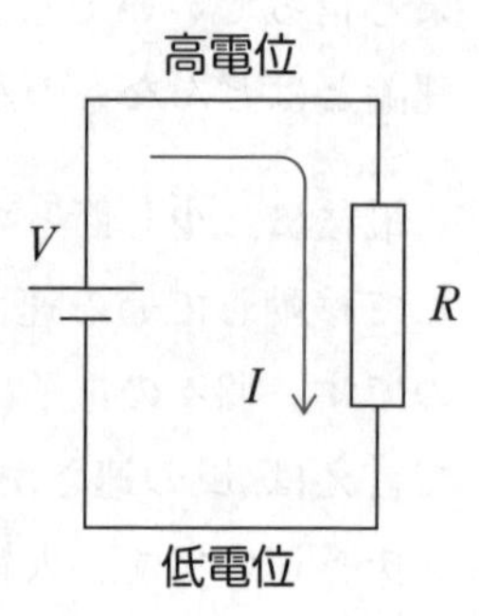

いま，複雑な回路があると思ってください。そのうちの1つの抵抗に電流Iが流れているとしよう。こういう状況を見たら……すぐaが高電位側，bが低電位側とパッとわかるようにね。その間の電位差が$V=RI$だけある。これを**電位降下**(でんいこうか)といいます。**電圧降下**とよぶ教科書もあります。だけど，電圧(電位差)が下がるわけではなく，電位が下がるのです。電位と電位差は違うと言いながら，電圧降下と書くのは無神経(むしんけい)としか言いようがないですね。長年(ながねん)の慣用(かんよう)ですが悪習(あくしゅう)です。もちろん，電位降下と'正しく'書いている教科書もあります。

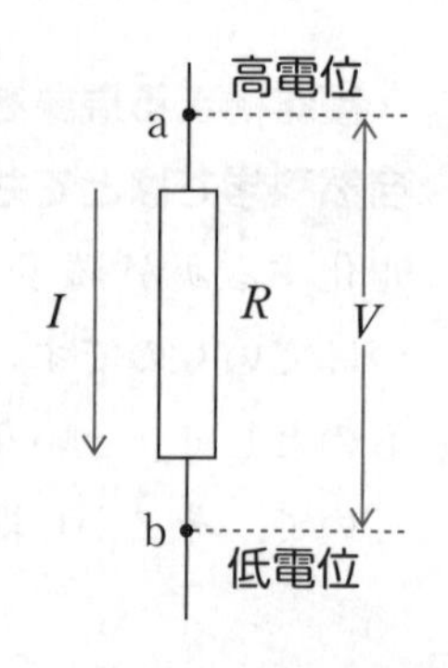

とにかく，**抵抗では，電流は高電位側から低電位側へ流れます。**ただし，「抵抗では」という制限つきですよ。

■ 抵抗が等電位になるとき

電位降下の式 $V=RI$ を見てると，抵抗全体が等電位になることがあるのに気づきます。電位差がないケース，$V=0$　それには抵抗 R が0であればいい。それは回路図で直線で描いている部分だね。**直線部は必ず等電位**です。

もう1つ可能性がある。電流 I が0になっていてもいい。抵抗 R がどんなに大きな抵抗であろうと，電流が0だったら掛け算したら0だからね。**電流が流れていない抵抗は等電位なんですね。これが直流回路の問題を解くときのキーポイントになってくる**ことが多いんですよ。落ち着いて考え直してみれば，電流が0ということは静電気の領域の話です。例の「導体は等電位」というのに他ならないんだね。抵抗といったって金属で，導体ですからね。

電流が流れていない抵抗は等電位

どうでもいいことですが，$V=IR$ と書いている参考書もあるんだけど，おかしいと思いませんか。だって，R は定数で，V と I が変数でしょ。数学で，$y=ax$ と定数 a は前に出すものだと習ったでしょ。$y=xa$ と書く人はいませんね。でも，平然と $V=IR$ とやる。その矛盾に気がつかないのでしょうか。**何が定数で，何が変数かは，いつも意識して式を扱うべきなんです。**小さいようで，実は大きな問題だと思いますよ。

アッ，気づいてみれば，今日は教科書の批判講座になってしまいました。本題へ戻ろう。

■ 直列と並列の確認

オームの法則で扱える範囲の問題は，中学以来やってきたことだから，みんなよくできますね。もちろん抵抗がいくつかあれば直列や並列の公式でまとめあげてね，どんどん解いていけばいいんです。ここでは要点だけ振り返っておこう。**直列は電流が共通であることが特徴だし，並列は電圧が共通であることが特徴**だったね。コンデンサーの公式に似てるけど，逆の関係になってますから，うっかりしないように。

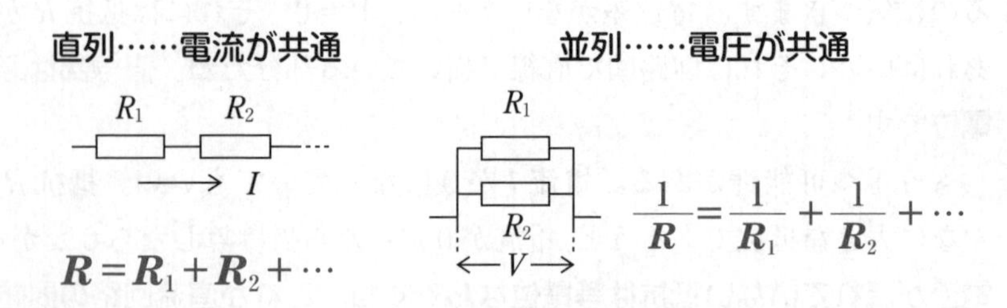

直列では，全体の電圧が分かっていて，各抵抗にかかる電圧が知りたいことがよくあります。**電圧の比は抵抗値に比例**します。$R_1I:R_2I:\cdots=R_1:R_2:\cdots$ だからね。

一方，**並列では**，全体の電流が分かっていて，各抵抗を流れる電流が知りたいとき，**電流の比は抵抗値の逆数の比**になります。$V/R_1:V/R_2:\cdots=1/R_1:1/R_2:\cdots$だからですね。これらを知識としてもっていると何かと便利ですよ。

また，直列にすると合成抵抗が増すのは式から見ても当然ですが，並列にすると合成抵抗 R は減ります(どの R_n よりも小さくなる)。

■ ホイートストン・ブリッジには直流回路のエッセンスが

ホイートストン・ブリッジは抵抗値を測るためのものです。次ページの図の回路の 4 個の抵抗 $R_1\sim R_4$ のうち，どれでもいいですが 1 つを可変(かへん)抵抗にします。そして可変抵抗の値をいろいろ変えていき，やがて G で示した検流計の針が振れなくなった，つまりcd間の電流が0になった場合の話です。このとき，4つの抵抗の間にある関係があるんです。

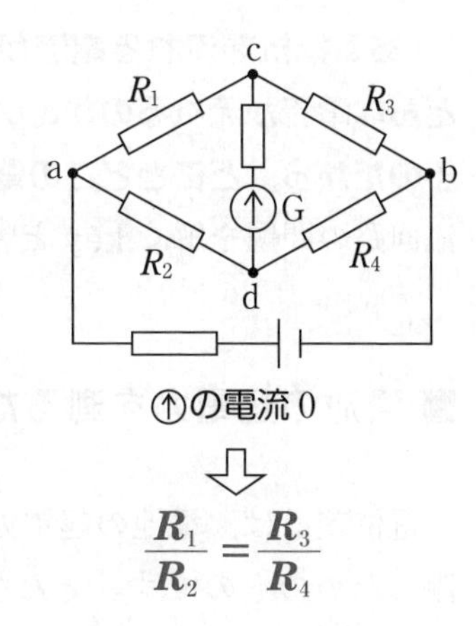

$$\frac{R_1}{R_2}=\frac{R_3}{R_4}$$

それは，図形的にR_1とR_2の間にまず分数記号を入れる。R_3とR_4の間にも入れる。そして間を等号で結んじゃいます。これで終わり。番号なんてどうつけられるか分かりませんから，ぜひこんなふうに**図形的に覚える**ことです。うまいことに，図が90°回転されていても同じようにやれます。

人によっては，対面の法則とかよんで，向かい合わせの掛け算が等しい，と覚える人もいるね。タイメンではなくトイメンというんです。図のひし形の部分を四角に直して，麻雀台と見なすんですね。麻雀用語では自分の向かい側の人をトイメンと言います。で，トイメン同士の掛け算が等しいとして，$R_1R_4=R_2R_3$とおく。どちらでもいいですが，とにかく番号に関係なく覚える方法でやってください。

本当はこの公式を導く過程が大切なんですよ。cd間の電流が0だから，R_1を流れる電流IはそのままR_3を流れるし，R_2を流れる電流I'はR_4を通る。さらに，cd間の電流が0だからcd間は抵抗があっても等電位になっているんだね。すると，ac間とad間は電位降下が同じになっていて，$R_1I=R_2I'$
cb間とdb間も電位降下が等しく，

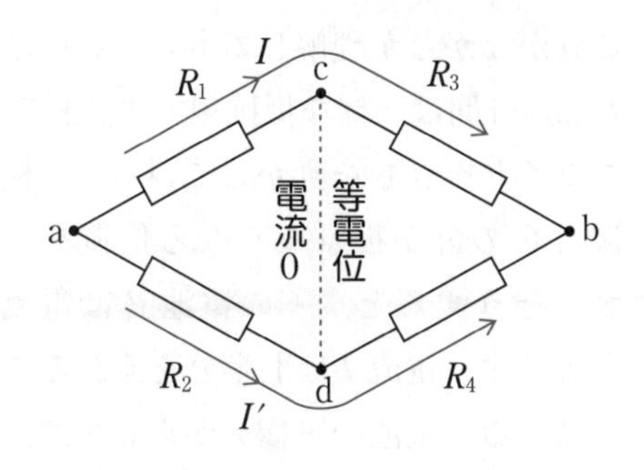

$R_3I=R_4I'$　この2つの式を辺々で割り算してI, I'を消し，整理するとさっきの公式になるんです。

「ある抵抗を流れる電流が0になった」──まず考えることは，どこをどんな電流が流れるのかということ，次に問題の抵抗が等電位になっているのだから，どことどこの電圧が等しいのかに目を向けることですね。直流回路の問題を解く key と言っていいでしょう。

■ 電池の起電力を測るためには電位差計

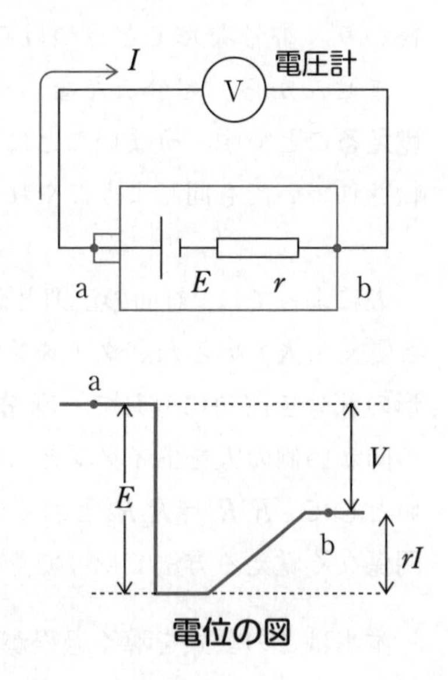

電位の図

電位差計は，電池の起電力 E を正確に測るためのものです。そんなの電圧計で測ればいいじゃないかって？　ま，実用上はそうなんですが，そうすると，わずかながら電流 I を流すことになります。すると，電池は実際には内部抵抗 r をもっているから，内部で電位降下 rI が起こってしまい，測った値 V は ab 間の電圧で，$V=E-rI$　E とは rI だけ違ってきてしまうんですね。V を**端子電圧**(たんし)とよんでいます。

電位差計

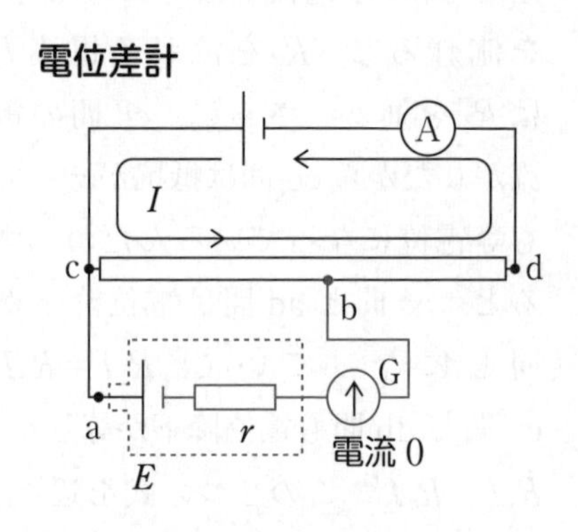

そこで電位差計の登場となるんです。これがなかなか理解してもらえない話だね。cd 間は一様な抵抗線です。さて，スライド接点 b を動かしていって，検流計 G の針が振れなくなる位置を探す。そうすると，下の電池 E は電流を流さず，電流 I は上半分を流れることになる。電池の正極 a から c までは等電位だね。そして赤で示した負極から r を経て b までも等電位。電流が流れてないから抵抗 r は等電位でしょ。

起電力 E は正極と負極の電位差で，それは cb 間の電位降下に等しくなっている。

cb 間の抵抗値 R_{cb} は cb 間の長さから分かるし，I は電流計 A で測れるから，$E=R_{cb}I$ と求められるんですね。**電池 E に電流が流れていないから，r の影響をまったく受けていない**ことに注意してほしいんです。

電池は必ず電流を流すものと決めつけている人にとっては不思議な現象でしょうね。E が電流を流さない，そんな点 b が本当にあるかって？　その理由を話す前に一つ確認したいことがあります。

■ やや高度で，意外な考え方

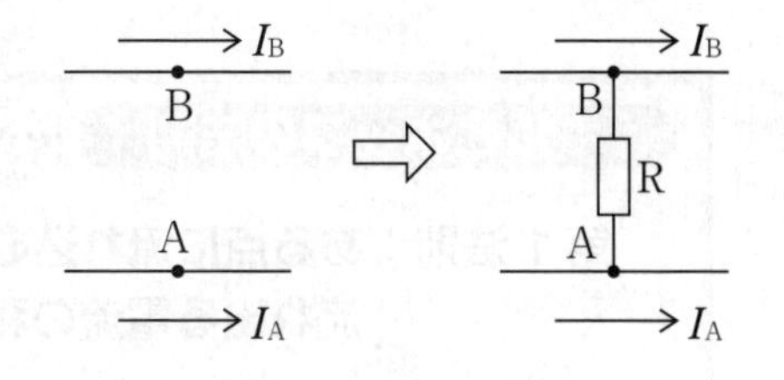

回路があって ── 電流が流れていてもいいです ── 電位の等しい 2 点 A，B があったとします。AB 間を抵抗 R で結ぶとどうなるだろう？

……実は，何も起こらないのです。R には電圧がかからないから電流は流れません。もちろん，AB 間を導線で結んでも同じことです。ここまではいいですね。

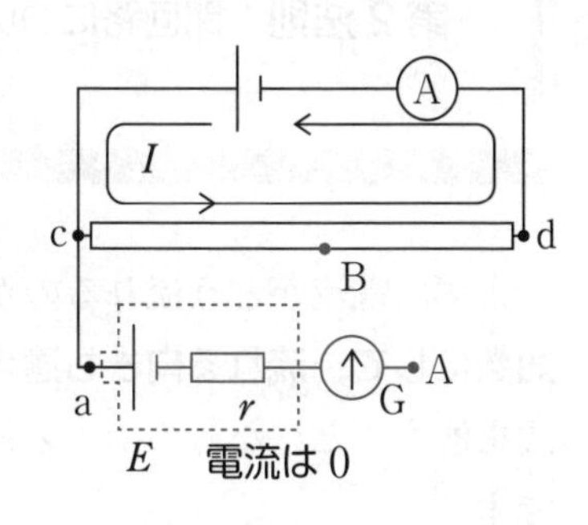

さて，スライド接点を一度切り離してみよう。もちろん E の電池には電流が流れません。そして，c より E〔V〕だけ電位の低い点を B とします。一方，G の右端 A も c（あるいは a）より E〔V〕だけ電位が低い。つまり A と B は等電位ですね。そこで，AB 間を導線でつないでみると ── 何も起こらず先ほどの図に戻るわけ。cd 間の電位差さえ E より大きければ，必ず点 B が存在するはずです。

いまの考え方はホイートストン・ブリッジにも適用できるんですよ。まず，p. 75 の図で，cd 間の抵抗と G をはずしておく。すると，R_1 と R_3 が直列で，R_2 と R_4 も直列ですね。c と d の電位が等しくなるには……「直列では各抵抗の電圧は抵抗に比例する」ので，$R_1 : R_3 = R_2 : R_4$ となればいい。これ，変形すれば公式と同じですよ。次に，cd 間に抵抗と G を戻してやれば……cd 間に電流は流れないでしょ。

■ いざとなったらキルヒホッフ

オームの法則では太刀(たち)打ちできない回路，直列や並列に直せない回路もある。網(あみ)の目のように複雑で，電池がいくつも入った回路にも対処(たいしょ)できる方法，それが **キルヒホッフの法則** ですね。オームの法則の拡張(かくちょう)，つまり，より広く使えるようにしたものです。

キルヒホッフの法則 ……**オームの法則の一般化**

第 1 法則：ある点に流れ込む電流の和と流れ出る電流の和は等しい

第 2 法則：閉回路について　**起電力の和＝電位降下の和**

まず，電流がどう流れるのかさっぱり分からないので，**自分で電流を未知数にして，流れる向きも適当に決めてしまうん**ですが，いずれ連立方程式を解くことになるので，未知数の数はできるだけ少なくしておくと便利です。

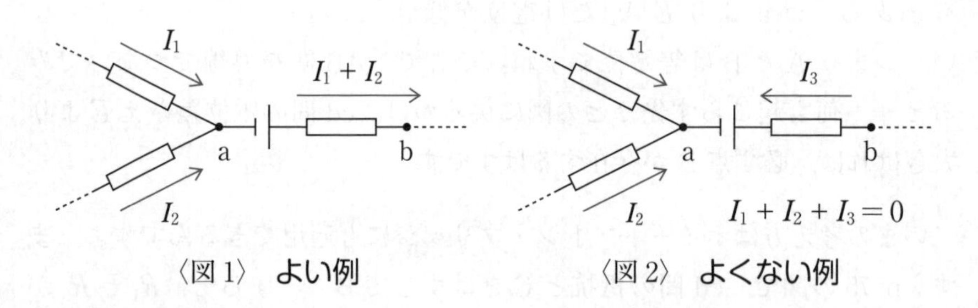

〈図 1〉 よい例　　〈図 2〉 よくない例

電流の設定は水の流れの如く

たとえば，図1のようにI_1とI_2を用意すれば，ab間は2つの電流が合流して，右向きにI_1+I_2が流れます。回路は「水路」と思い，**電流は水の流れのようにとらえること。しみ込みやわき出しはなし。**電池といえども電流の泉(いずみ)ではなく，電池を通ったからといって電流が増えることはありません。電池はあっちの電子をこっちへと動かしているだけだったからね。

図2のようにおく教科書もあるけど，勧(すす)められないね。未知数は増えるし，まるでaでしみ込んでいるようじゃないですか。**電流の設定は「分かりやすく」をモットーにいこう！**

さあ，こうして電流の準備ができたら，いよいよ本番です。1周する適当な閉回路をたどって，**(起電力の和)＝(電位降下の和)**とおく。これがオームの法則 $V=RI$ の発展形ですね。未知数の数だけ式をつくります。たどっていない新しい箇所を含むように閉回路をつくっていく。こうしてできた連立方程式を解いて電流を求め，**もし答えがマイナスで出たら，自分がはじめに設定した向きと逆向きに流れている**と思えばいい。解き直す必要はないからね。

■ 実例を通してキルヒホッフの‘心’まで理解

まあ，説明してるとかえって難しく思えてしまう。実例でいってみよう。その方がずっと分かりやすいから。

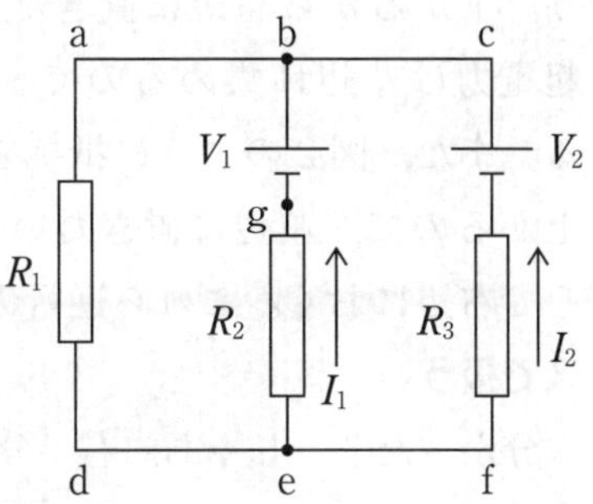

「右の図のような回路があり，電流I_1，I_2を図の向きにセットしました。さて，左半分の閉回路 b → a → d → e → b について式をつくってみてください」

ad間は下向きに I_1+I_2 が流れるから，

$$V_1 = R_1(I_1 + I_2) + R_2 I_1 \quad \cdots\cdots ①$$

みんな，軽い，軽いという顔してるね。でも，**「なぜこんな式が成り立つのだろう？」**……キルヒホッフの法則は使える人は多いけど，分かっている人は本当に少ないんだ。

回路の各点,各点で電位の値が決まっているわけ。ある点から出発して，電位の上がり下がりを調べて行って元の点に戻れば，電位も元の値に戻るでしょ。**「1周すれば元の電位」，これこそキルヒホッフの精神** なんだ。いまの場合なら,gから出発してgへ戻ると,電池でV_1だけ電位が上がり，R_1とR_2で下がる。元の電位に戻るには，上がった分と下がった分が等しければいい。それを表しているのが①というわけだね。

「水路」のたとえで言えば，電池は'ポンプ'の役割。水を高い所へ持ち上げます。一方，抵抗は'斜面'。流れ下る水の位置エネルギーが減っていきます。電位が下がっていく電位降下ですね。

ところで，**1周するのは電流じゃないんだ。人が電位を調べながら1周してるんだ。**そして**1周する向きも大切**なんです。たとえば，電池で電位が上がるとは限らないんで，図1のように通ると(「人が」ですよ)，電位は下がってしまう。下がるから右辺に置きたいところだけど，起電力は左辺に集めるので$-V$として用意する。また，図2のように抵抗を通ると，電位は上がるので，左辺に置きたいところを$-RI$として右辺におく。これら**逆行のケースはマイナスで扱う**。

〈図1〉

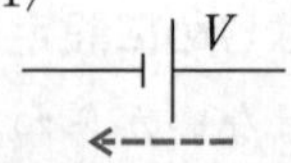

V

閉回路を1周する向き

起電力$=-V$

〈図2〉

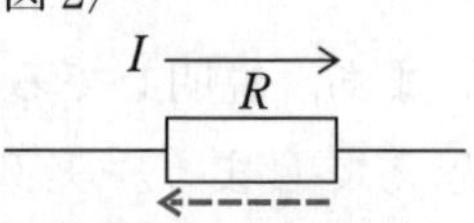

I R

閉回路を1周する向き

電位降下$=-RI$

分かった？　じゃあ，右半分b→c→f→e→bについて式をつくってみて。……V_2とR_3で逆行に出合うので，

$$V_1 + (-V_2) = R_2 I_1 + (-R_3 I_2) \quad \cdots\cdots ②$$

これで未知数I_1，I_2 2つに対して式が2つできたから，あとは①，②

を連立方程式として解けばいい。ただ，逆行は避けたほうがやりやすいので，普通は c → a → d → f → c のように回って，

$$V_2 = R_1(I_1 + I_2) + R_3 I_2 \quad \cdots\cdots③$$

とします。①，③のペアで解くんですね。念のためにいうと，②は① − ③で出ます。

①，②，③と3つ作ってもしょうがないよ。**通っていない新しい部分を含む閉回路を考えていって，未知数の数だけそろえたら計算に入ることだ**ね。電位を調べて回るというのは，たとえていうと，測量技師さんが水路の高低を調べて行くのと同じこと。①，③と回ればすべての点の高低が分かるでしょ。もう②のように回る必要はないわけだね。

問題 47 キルヒホッフの法則

図のような回路があり，電池 E の起電力は分かっていない。まず，可変抵抗 R を 15 Ω にすると電流計Ⓐの指針は 0 を示した。E の起電力はいくらか。

次に，R を 80 Ω にするとⒶにはどちら向きに何 A が流れるか。また，点 b の電位はいくらか。2つの電池の内部抵抗は無視できるとする。

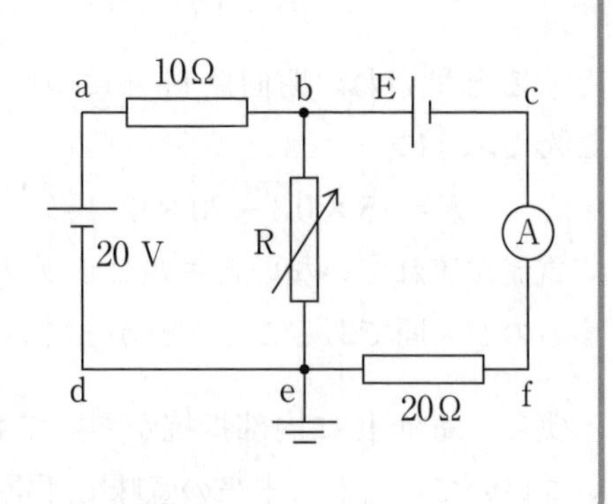

点 e が接地（アース）されていますが，「電位を測るときはここを 0V とするぞ」という宣言であって，回路を解くときは気にする必要はありません。R が 15 Ω のとき，電流 I は左半分 abed を流れていることになるね。10 Ω と 15 Ω は直列だ

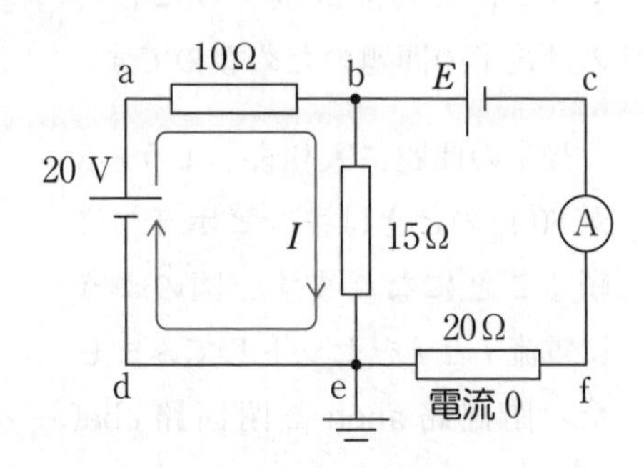

から，

$$20=(10+15)I \qquad \therefore \quad I=0.8\,[\mathrm{A}]$$

20 Ω に電流が流れていないから，efc は等電位であることに注目。断りがなければ，電流計や検流計の内部抵抗は 0（ゼロ）です。電池もまた，断りがなければ内部抵抗は 0 と思ってください。本当はこの問題のように出題者が断るべきなんですがね。

さて，電池の起電力 E は bc 間の電位差だけど，efc が等電位のため be 間での電位降下に等しい。そこで，

$$E=15I=15\times 0.8=\mathbf{12}\,[\mathrm{V}]$$

電位差計と同じであることに気づいた？　それならナイス！

直列のときの電位降下は抵抗に比例するから，I を求めなくてダイレクトに，

$$E=20\times\frac{15}{10+15}=12\,[\mathrm{V}]$$

とすると早いね。閉回路 cbef についてキルヒホッフを用いてもいいよ。こんなふうに。

$$E=15\times 0.8+20\times 0 \qquad \therefore \quad E=12\,[\mathrm{V}]$$

電流が流れていないとキルヒホッフが使えないと思っている人は，1 周するのが人間であることが分かっていない人だね。

実は，電池 E に内部抵抗があってもいいのです。E には電流が流れていないので。だから本当の意味で「電位差計と同じ」と認識してほしいのです。E の内部抵抗を 0 にしたのは後半の問題のためなのです。

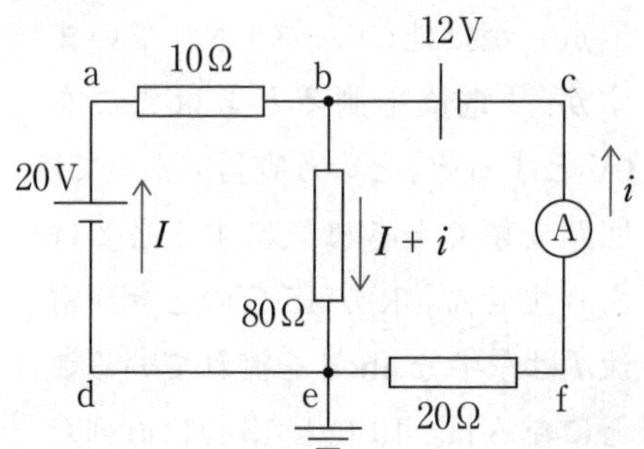

後半の問題に入りましょう。R が 80 Ω のときはキルヒホッフに頼ることになります。図のように電流 I と i をセットしてみました。閉回路 abed と閉回路 cbef

について式を立ててみよう。

abed：　$20 = 10I + 80(I + i)$　……①

cbef：　$12 = 80(I + i) + 20i$　……②

①，②より　　$i = -0.2$　　$I = 0.4$

iが負だから，**cからfの向きに0.2〔A〕**が流れていることが分かるね。このように電流は答えを出して初めて確定するのです。ですから，設定段階では'気楽に'セットすればよいのです。

be間は $I + i = 0.4 - 0.2 = 0.2$〔A〕　プラスだから図の通り下向きに0.2〔A〕が流れていると分かります。そこで，bの電位は，　$80 \times 0.2 = \mathbf{16}$〔V〕

bの電位は，e→d→a→bとたどって調べてもいいですよ。電池で上がり，10 Ωで下がるので，　$20 - 10 \times 0.4 = 16$〔V〕

e→f→c→bとたどって調べることもできます。20 Ωを左向きに0.2〔A〕が流れていることに注意して，　$20 \times 0.2 + 12 = 16$〔V〕

最後は念のための一言（ひとこと）。ある抵抗，たとえばab間の10 Ωを流れる電流は右か左のどちらかです。20Vの電池が右に流し，12Vの電池が左に流して，それらが重ね合わさっているという見方をしてはいけません。水路を流れる水と同じことです。

第27回 直流(3)

エネルギーの観点を加える

■ 電気回路をエネルギーの観点でみると

抵抗 R〔Ω〕に電流 I〔A〕が流れていると，熱が発生します。電気エネルギーが熱エネルギーに変わっていく。**消費電力は** RI^2〔W〕 $V=RI$ を使えばいろいろ形を変えられます。VI とか $\frac{V^2}{R}$ 　VI まではぜひ覚えておいてほしいね。ただ，**電力は 1 s 間のエネルギー〔J/s〕のこと**だから，t 秒間なら RI^2t〔J〕とすること。発生する熱は何とよばれた？　そう，**ジュール熱**だったね。

第 25 回では電子の運動から導いた公式ですが，ここではまったく別の観点で導出してみます。図で b の電位を 0 とすると，a の電位は $+V$ ですね。1 s 間に $+I$〔C〕の電気が a から b へ通過していくんですが，位置エネルギーの公式 $U=qV$ を思い出してほしい。a での位置エネルギー IV が b では 0 に減ってしまう。それが熱に変わる。だから **VI の方が基本の形**なんですね。それに適用範囲が広い。電球なら VI は熱と光に変わる。

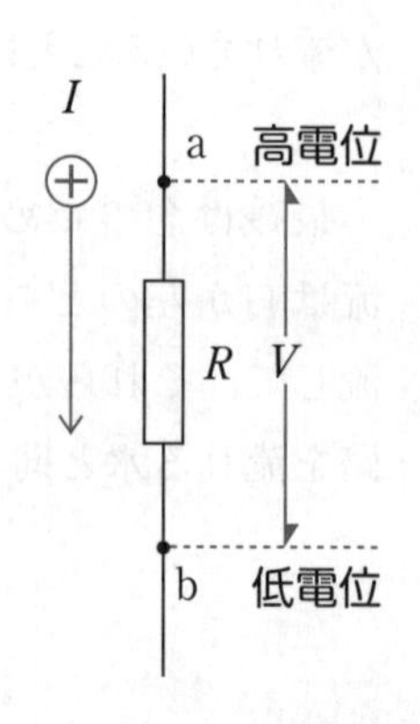

電流を水の流れにたとえると，抵抗は摩擦のあるザラザラの斜面です。水が流れ落ちる間に mgh が摩擦熱に変わるようなものですね。一方，電池はポンプにたとえたんですが，水を持ち上げて mgh を与える。起電力 V〔V〕の電池が I〔A〕を流していると，つまり，1 s 間に $+I$〔C〕を電位の低い負極から高い正極に移すと，IV だけエネルギーを与えたことになる。**電池の供給電力**が VI〔W〕と表されるゆえんですね。その分，電池は化学

エネルギーを減らすわけです。

電池を電流が逆向きに通る場合は，電池がエネルギーをもらえることになります。それは充電（じゅうでん），つまり化学エネルギーを増やすのに使われたり，電池内部で熱になったりするんです。

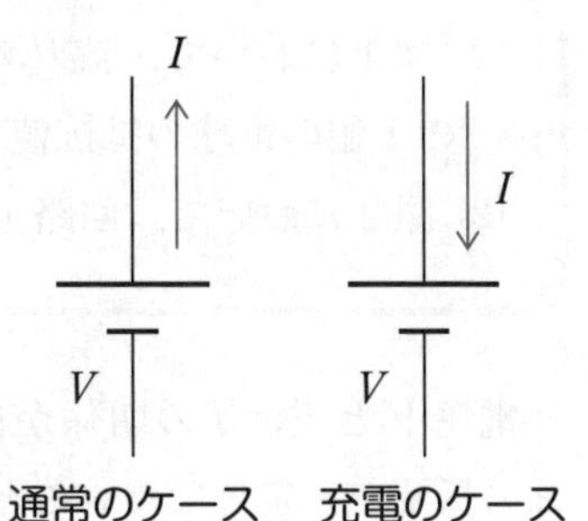

さて，抵抗値 R〔Ω〕は一定としてきたけど，実際には温度とともに少しずつ増していきます。0℃での値を R_0〔Ω〕とすると，t〔℃〕のときの値は，$\boldsymbol{R = R_0(1 + \alpha t)}$　α は温度係数とよばれ，金属の種類によって決まる定数です。

「温度とともに抵抗が増すのはなぜか？」……論述問題として頻出（ひんしゅつ）ですよ。理由は，**金属中の陽イオンの熱振動が激しくなって，自由電子の運動が妨（さまた）げられるから**なんだ。

上の公式を逆用すると，R を測定して温度 t を知ることができる。たとえば，高温の溶岩（ようがん）に普通の温度計をつっ込むわけにはいかないけど，抵抗温度計なら大丈夫。気象台でも，今やすべてこのタイプです。

問題 48　特性曲線と消費電力

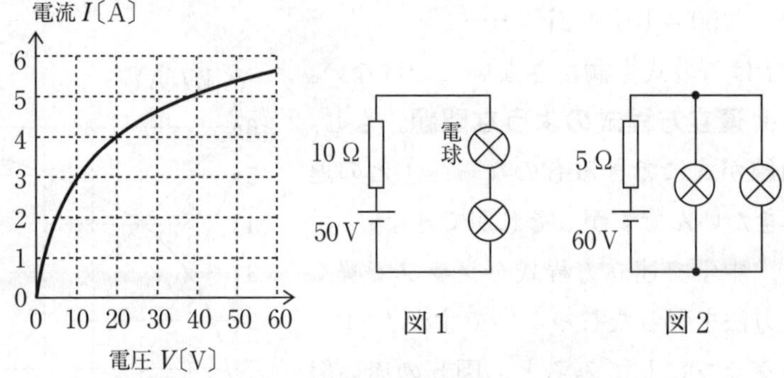

図 1　　図 2

上図のような電流—電圧特性をもつ電球がある。この電球 2 個を用いて回路をつくった。

(1) 図1において，流れる電流の強さはいくらか。また，このときの1個の電球の抵抗値と消費電力はいくらか。
(2) 図2において，回路全体での消費電力はいくらか。

電圧Vと電流Iの関係が曲線(特性(とくせい)曲線)になっているね。これは，電球の抵抗が一定ではないことを意味しています。電球は大きく温度を変えるからね。だってRが一定なら，$V=RI$からして直線になるはずでしょ。そこで，どうするかなんですね。電池については特に断りがなければ，内部抵抗は0と思ってください。

(1) **1個の電球にかかっている電圧をVとし，電球を流れている電流をIとします。** VとIの答は特性曲線上にしかありません。2個にかかる電圧をVとしちゃダメだよ。特性曲線が生きなくなってしまうからね。

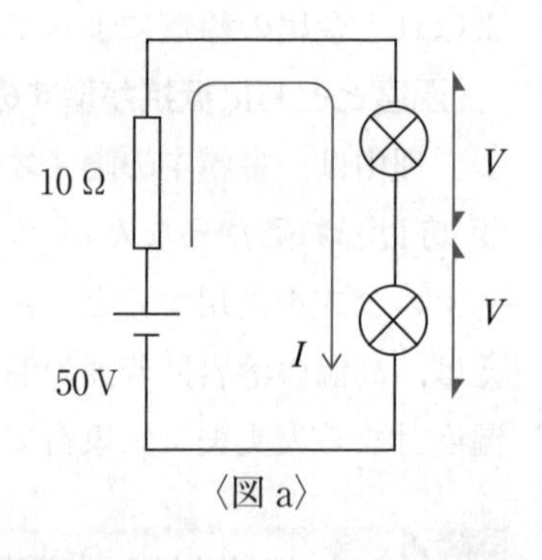

〈図 a〉

2つは直列だから，同じ電流Iが流れる。ということは，同じ電圧Vがかかっている。同じ電球だからね。そして図aを見てキルヒホッフの法則を用いると，

$$50=10I+2V \quad \cdots\cdots①$$

VとIはこの式も満たさないといけない。つまり，**連立方程式のような問題**。もし，特性曲線が式にできるものなら，①との連立で解きたいんですが，それができない。

でも，中学で連立方程式をグラフで解くという方法を習ったじゃないですか！ ①の関係をグラフにしてみると，図bの赤い線①のようになります。そして**グラフの交点こそ求める答え。** 2つの条件を満たせるV，Iは交点だけでしょ。こうして，

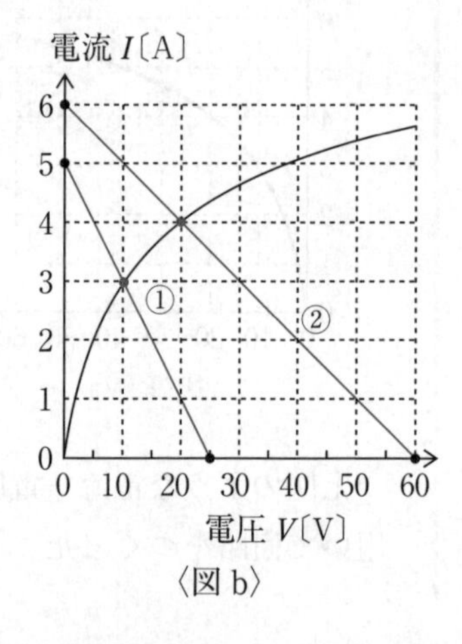

〈図 b〉

$$V=10\text{〔V〕},\qquad I=\mathbf{3}\text{〔A〕}$$

電球の抵抗値Rは，$R=\dfrac{V}{I}=\dfrac{10}{3}\fallingdotseq \mathbf{3.3}$〔Ω〕 ただし，この抵抗値はこの $V=10$ でしか使えない値ですからね。電球1個の消費電力は，$VI=\mathbf{30}$〔W〕 RI^2で求めてもいいけどね。30W の 90% 以上が熱になり，光になるのは 10% 以下。電球はエコとは言えませんね。

あっ，そうそう，①をグラフにするとき，$I=-0.2V+5$と変形して，傾きや縦軸の切片を調べる人が多いんだけど，①を見れば**IとVは1次式の関係だから，直線になることはすぐ分かる。直線は2点が分かれば引ける。**$V=0$ としてみると $I=5$ また，$I=0$ としてみると $V=25$ この2点(黒い点)を結べばいいんですよ。

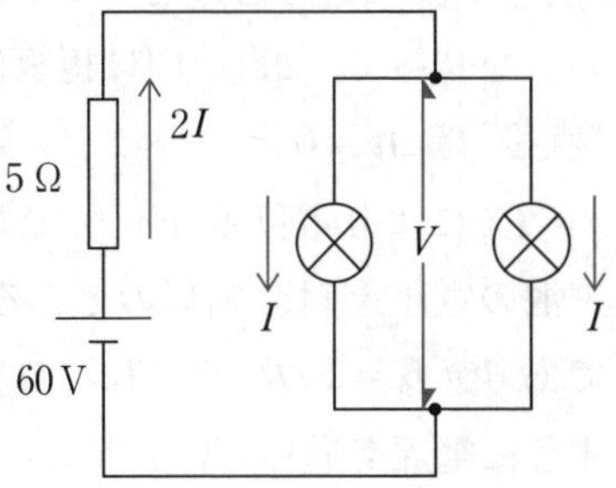

(2) 2つの電球が並列の場合です。やはり1個の電球の電圧と電流をV，Iとおく。それが特性曲線を利用するときの鉄則だね。

並列だから，Vは同じ。だからIも同じ。**5ΩにはIとIが合流して$2I$が流れることに注意。**キルヒホッフは，

〈図 c〉

$$60=5\times 2I+V \quad \cdots\cdots②$$

$V=0$のときの$I=6$と，$I=0$のときの$V=60$の2点を押さえて，直線②を引く。交点は，　$V=20$，　$I=4$

全体での消費電力は，電球2個と5Ωによる分の和だから，

$$VI\times 2+5\times(2I)^2$$
$$=20\times 4\times 2+5\times(2\times 4)^2=\mathbf{480}\text{〔W〕}$$

エネルギー保存則からして，電池の供給電力を調べてもいい。

$$E\times 2I=60\times 2\times 4=480\text{〔W〕}$$

この見方も重要ですね。だって，電球や抵抗がいっぱいあったら1つ1つの消費電力を調べるのは大変だからね。

■ 直流回路の中のコンデンサー

直流回路に組み込まれたコンデンサーを扱うとき，2つのことがキーポイントになります。

「電気を帯びていないコンデンサーは，スイッチを入れた直後なら1本の導線として扱ってよい」

ということと，

「十分時間がたてばコンデンサーは電流を通していない」

ということです。

それを理解するのにちょうどよいのが，**コンデンサーを充電（じゅうでん）する話**だからやってみよう。図aはスイッチを入れた直後の状況です。すぐに電流I_0〔A〕が流れ始めるけど，コンデンサーの電気量qは0のままといっていい。なぜって，Δt〔s〕間に極板に流れ込んでくる電気量は$I_0 \Delta t$〔C〕だけど，“直後”は$\Delta t=0$ということ。電気のたまる間がないわけだ。$q=0$なら，$q=Cv$により電位差 $v=0$ でしょ。つまり，極板間に電位差がないのです。電池の電圧Vは，結局のところ抵抗Rにかかっている。だから，$V=RI_0$であり，$I_0=V/R$ ですね。**コンデンサーはこのとき，1本の導線と同じように電流を通していますね。**

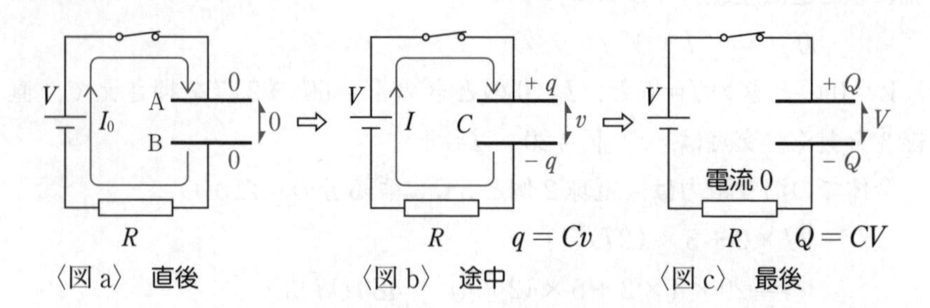

〈図a〉 直後　〈図b〉 途中　〈図c〉 最後

コンデンサーが電流を通すといっても，極板間を電子が飛ぶわけではないよ。Aから電子が1個出ていくと，Bに1個入ってくる。コンデンサーの部分を手でおおってみると，電流を通しているように見えるということだね。

一般に，コンデンサーの電気量が時間的に不連続に変わることはありません。もっと平（ひら）たくいえば，**コンデンサーは電気量をパッとは変えない。スイッチをONあるいはOFFした直後の電気量は直前と同じ**なのです。$Q=CV$ により電圧 V も直前と同じです。

さて，コンデンサーの電気量 q が増してくると，同時に電圧 v も増し，電流 I は弱くなっていきます(図b)。キルヒホッフにより式で表してみると…… $V-v=RI$ ですね。ここではコンデンサーを，電圧 v の電池のように見なしました。「**電気を帯びているコンデンサーは電池と見なす**」ことができる。もちろんプラス極板側を正極として扱うんです。

コンデンサーでは，電位が v 下がるとみて電位降下として扱い，$V=v+RI$ としてもいいですが，電池と見なした方が応用範囲が広いんです。以前話したでしょ，コンデンサーは電池の代用もできるって。横道（よこみち）にそれるけど，電圧 V で充電されたコンデンサーの両端を，抵抗 R で結ぶと放電（ほうでん）が始まりますが，直後の電流は V/R となることもすぐ分かるでしょ。

もとに戻ってと……**十分に時間がたつと，電流は0となって，抵抗はもはや等電位ですね。コンデンサーの電圧は電池の電圧 V に等しくなり，$Q=CV$ となって充電が終わります。**充電なんてアッという間のことと思っていないかな？　ものによっては何10分もかかるんですよ。

第23，24回のコンデンサーのところでは，十分時間がたった状態ばかりを扱っていて，抵抗は等電位になってしまっているので，分かりやすいよう回路の図から省略していたんですよ。決して回路に抵抗がないわけじゃないからね。第23, 24回の回路の図すべてに，抵抗のマークを入れて，見直してみてください。

■ 充電時のエネルギー保存則

「コンデンサーの充電の際に抵抗で発生するジュール熱 H を求めることはできますか？」

ジュール熱というと，RI^2 の公式がすぐ頭に浮かぶんですが，I は変化しているし，何秒間で充電が終わるのかも分からない。さあ，困った。……

この場合は，エネルギー保存則で求めるんですね。

（電池のした仕事）＝（静電エネルギー）＋（ジュール熱）

電池のした仕事って妙（みょう）な言葉だね。実は，**電池が供給したエネルギーのことです**。それは，**電池が通した電気量 Q と起電力 V の積で求められます**。考え方は電池の供給電力と同じで，＋Q〔C〕の位置エネルギーを QV〔J〕上げるからなんです。上の関係を式にしてみると，

$$QV=\frac{1}{2}QV+H \qquad \therefore\ H=\frac{1}{2}QV=\frac{1}{2}CV^2$$

ま，結果から見ると，電池の出したエネルギーの半分は静電エネルギーに，残り半分はジュール熱になったということだね。でも，それは結果論ですよ。たとえば，充電の途中でスイッチを切ったとしたら，半分ずつにはなりません。

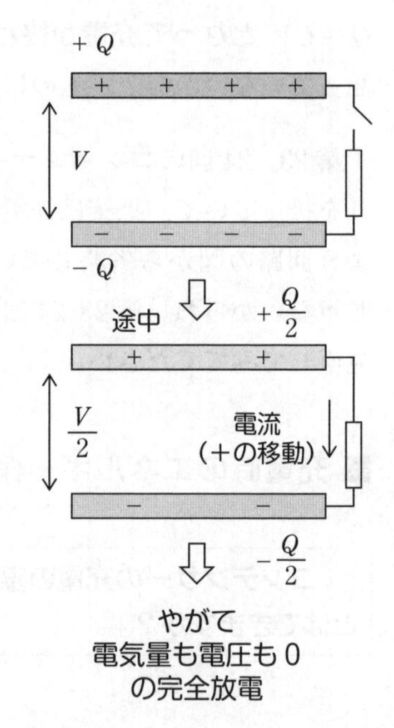

さて，今まで静電エネルギーの公式を利用してきましたが，その導出にはふれないままでした。ちょうどよい機会なので立ち入ってみましょう。少し頭の痛い内容なのでスッ飛ばしてくれてもいいですけど。

電圧 V，電気量 Q の充電されたコンデンサーがどれだけのエネルギーを蓄えているか？　それは放電させてみると分かるんです。一見（いっけん），Q〔C〕が V〔V〕の電位差を下りてくるので QV〔J〕と思うでしょ。間違いですが，それが出発点。電気量が徐々（じょじょ）に減っていくとき，「電位差も減る」ことに注目。半分($Q/2$)がいなくなった(中和（ちゅうわ）した)時，電

圧も半分で$V/2$　結局，放電の始まりの電位差Vと終了時の0の平均をとるべきだとなって，

$$Q\times\frac{V+0}{2}=\frac{1}{2}QV$$

こうして公式に到達。この例ではジュール熱に変わっています。電池の場合と比べてみると理解が深まりますよ。電位差を一定に保っている電池と，放電していくと電位差が減るコンデンサー。その違いが$\frac{1}{2}$という係数の出現になっているんですね。教科書は充電時に着目して導出しているけど，放電で考えた方が簡明（かんめい）だと思います。とは言っても「分かった気がしない」という人もいるでしょうね。

問題49 直流回路とコンデンサー

図のような回路がある。はじめコンデンサーは帯電していない。

(1) スイッチSを閉じた直後，起電力Eの電池を流れる電流I_0はいくらか。

(2) 十分時間がたったとき，Cの電圧V_1はいくらか。

(3) 最後にSを開く。その後$3R$で発生するジュール熱を求めよ。

(1)　スイッチを入れた直後は，コンデンサーの部分を導線に置き換えていいから，図1と同じ状況だね。よく見れば$2R$と$3R$は並列だから，その合成抵抗rは，

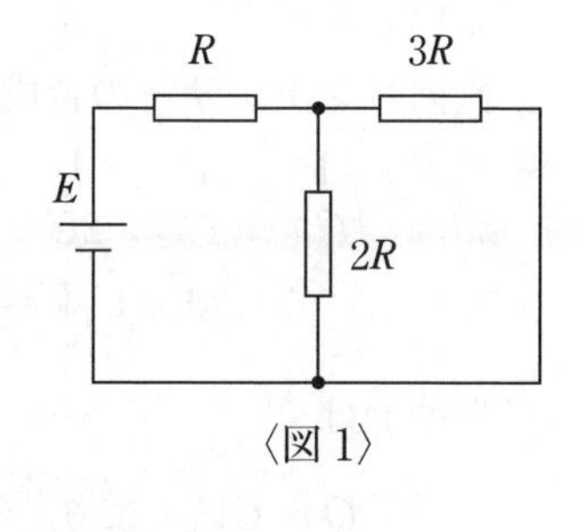

〈図1〉

$$\frac{1}{r}=\frac{1}{2R}+\frac{1}{3R}\qquad\therefore\quad r=\frac{6}{5}R$$

$$\therefore\quad I_0=\frac{E}{R+r}=\frac{5E}{11R}$$

これは，とても点差のつく問題なんだ。直後というといかにも難しく思

える。でも，図1のように実は単純な回路の問題だね。**“直後”は一般に何かが単純化されていて――値が0とかね，簡単に扱えるんですよ。その「何か」を見つけることが，“直後”を扱うときの秘訣**だね。力学でもそんなケースに出合うことがありますよ。

(2)　次は，十分時間がたったときの話。コンデンサーは充電を終わって電流を通さなくなる，その性質を使っていきます。

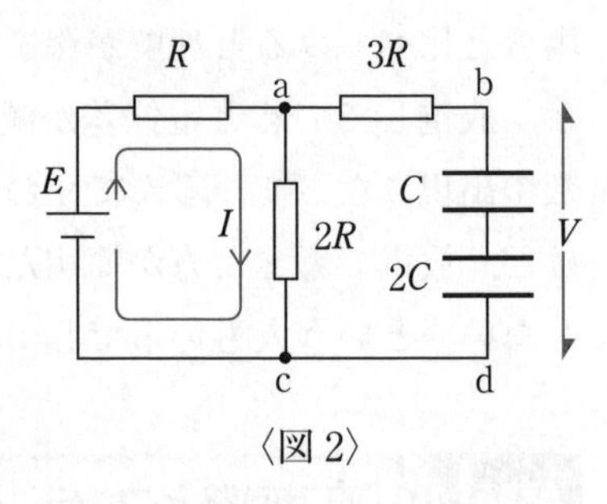

〈図 2〉

まず考えるべきことは，電流はどこを流れるのか，ということだね。電池から出た電流Iは左半分を1周するしかないでしょ。図2のようにね。Rと$2R$が直列だから，$E=(R+2R)I$ ですね。そして，2個のコンデンサーは，はじめ電荷なしだったから直列ですよ，と分かりやすく描き直してあります。

さて，**直列コンデンサーにかかっている電圧Vは，$2R$での電位降下に等しいことに注目。**$3R$には電流が流れていないからab間が等電位で，cd間も等電位だからだね。コンデンサーだけを10年見続けたって，bd間の電圧Vは読み取れないよ。**等電位のところをたどって，ac間の電位降下に目を向ける。これが極意**ですね。

$$V=2R\cdot I=2R\cdot\frac{E}{R+2R}=\frac{2}{3}E$$

Rと$2R$が直列だから，電圧は抵抗に比例することを利用してVを出してもいいよ。

直列コンデンサーの合成容量C_Tを求め，電気量Qを調べてみよう。

$$\frac{1}{C_\mathrm{T}}=\frac{1}{C}+\frac{1}{2C}\qquad\therefore\quad C_\mathrm{T}=\frac{2}{3}C$$

$$\therefore\quad Q=C_\mathrm{T}V=\frac{2}{3}C\cdot\frac{2}{3}E=\frac{4}{9}CE$$

C単独では，

$$Q=CV_1\quad\text{より}\qquad V_1=\frac{Q}{C}=\frac{4}{9}E$$

「直列での電圧は電気容量の逆の比になる」ことを知っておくと便利だ

よ。いまの場合なら，

$$V_1 = V \times \frac{2C}{C+2C} = \frac{2}{3}E \times \frac{2}{3} = \frac{4}{9}E$$

として V_1 がイッキに出てしまう。電気量 Q が共通だから，電気容量の大きなコンデンサーほど電圧が小さいからなんですね。

(3) Sを開くと電池はもう無関係。直列コンデンサー C_T が放電を始め，電流を反時計回りに $3R$ と $2R$ を通して流します。やがて C_T は完全に放電して電気を失います。本当かって？

十分時間がたつと，コンデンサーは電流を通さないんだから，電流は0になるでしょ。すると，$3R$ と $2R$ は等電位となり，C_T の電圧は0になる。だったら電気量も0だね。

この間，**C_T がもっていた静電エネルギー $\frac{1}{2}C_TV^2$ は，$3R$ と $2R$ でジュール熱になっていく。**あとはその配分の問題。電流 i は変わっていくけれど，時々刻々のジュール熱の比は $(3R)i^2 : (2R)i^2 = 3R : 2R = 3 : 2$ と一定でしょ。だったらトータルでの比も同じはず。そこで，

$$\frac{1}{2}C_TV^2 \times \frac{3}{3+2} = \frac{1}{2} \cdot \frac{2}{3}C\left(\frac{2}{3}E\right)^2 \times \frac{3}{5} = \frac{4}{45}CE^2$$

$\frac{1}{2}C_TV^2$ の代わりに，2つのコンデンサーの静電エネルギーの和を調べてもいいけど，せっかく直列として1つにまとめたんだからね。

■ カラスに笑われる？

これで，本当の意味でコンデンサーの話が完結（かんけつ）したのです。が，ちょっと待った。

> **「いまの問題で，$3R$ の抵抗がなくて，ab 間が導線になっていたとしたら，問(1)の答えはどうなりますか？」**

まずコンデンサーを導線に置き換えてと……，ここでハタと困ってしまう人が多いんだ。電流はどんなふうに流れるんだろう？　あなたは大丈夫？　……

正解は，$2R$の抵抗がバカになっているから，$I_0 = E/R$です。$2R$には電流が流れず，導線部を流れるんです。**ショート**とか短絡（たんらく）とよばれるケースだね。ま，簡単にいえば，電流は流れやすいところを流れる。抵抗を通る必要がないんです。

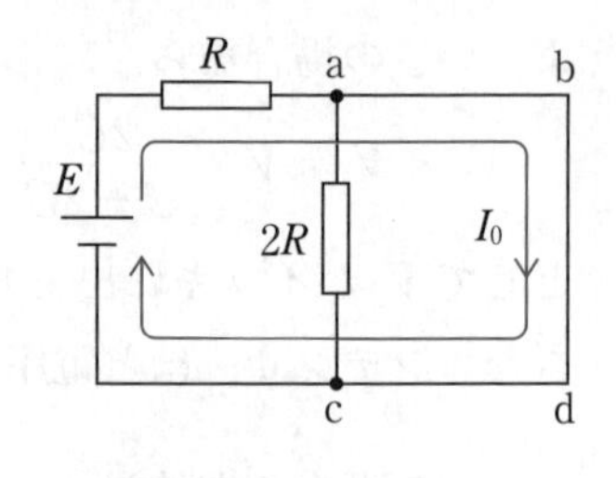

まだ信じられないっていう顔の人がいるね。a から b，d，c と等電位でしょ。$2R$には電圧がかかっていない，だから電流は流れない。**抵抗の両端を導線で結ぶと，その抵抗は事実上ないも同じ**になります。念のためつけ加えておくと，問(2)の答えは同じになるよ。

唐突（とうとつ）だけど，「カラスが高圧電線に止まっていられるのはなぜだろう」と疑問に思ったことはありませんか？　いまや答えられるはずですよ。

……

カラスはショートされ，体に電流が流れないからだね。1本の電線は等電位で，両足に電圧がかからないからといってもいい。高圧という意味は，電線は2本張ってあり，間に何万ボルトかの電位差があるということ。家庭の電気コードだって2本の電線からできているでしょ。もし，カラスが2本の高圧電線をまたいで止まったら……黒コゲでしょうね。見かけは変わらないか。もっともそんなでっかいカラスはいないけどね(笑)。

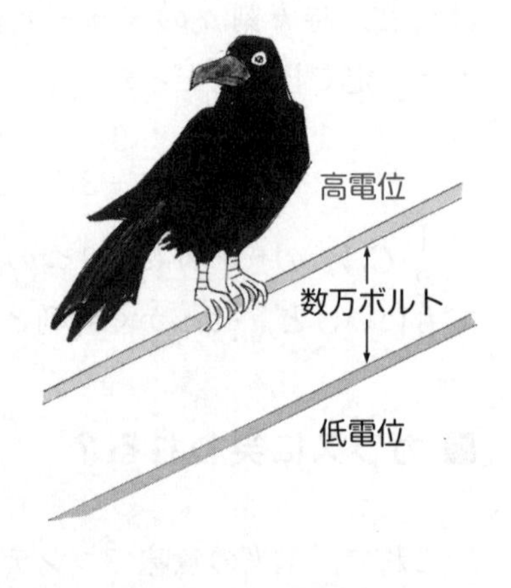

電気の分野において，電位がいかに重要なものか分かってくれましたか？　至るところで活躍していたでしょ。**電位の大切さをどれだけ感じているか，それが電気分野の実力のバロメーター**と言ってもいいでしょう。

さて，次回からは電磁気の後半，磁気の分野に入ります。

第28回 磁場と電流

両者の密接な関係をつかむ

電磁気の後半，磁気の分野に入ります。まずは磁石の話から。

■ 磁気の理論は電気の理論と対応

磁石(じしゃく)が力をおよぼし合うことは誰でも知ってるね。N極どうしやS極どうしは反発し，N極とS極は引き合う。クーロンは，磁極(じきょく)間の力が電気の場合と同じような法則に従っていることに気づいたのです。磁石のもつ磁気量〔Wb(ウェーバ)〕を m_1，m_2 とし，距離を r〔m〕とすると，力の大きさ F〔N〕は，$F = k_m \dfrac{m_1 m_2}{r^2}$ と表される。k_m はまわりの媒質(ばいしつ)で決まる定数です。電気に関するクーロンの法則とそっくりですね。電気量のかわりに磁気量が顔を出し，距離 r の2乗に反比例しています。

N　F →　← F　S
$+m_1$　$-m_2$
← r →

このように**基本法則が同じ形なので，磁気の理論は電気の理論と対応して進められます**。まず，N極をプラスの，S極をマイナスの磁気量で表し，電場 $\vec{E}$ に対して**磁場**(ば) $\vec{H}$ を定義します。符号は形式的なものに過ぎません。磁場は**磁界**ともいいますが，+1Wb(つまり1WbのN極)が受ける力で決める。**N極は磁場の向きの力を受け，S極は磁場と逆向きの力を受けます**。m〔Wb〕が受ける力 $\vec{F}$ は $\vec{F} = m\vec{H}$ と表される。これは $\vec{F} = q\vec{E}$ に対応するものですね。

実をいうと，ここまでの式は忘れたとしても入試上は困ることはまずありません。じゃあ，どうして話したかというと，物理学としては，基本法則が似ていることは大いに意味のあることだし，いきなり「磁場はねえ……」と話し始めるわけにもいかなかったからです。

大学でやりますが，電気と磁気は驚くほどよく対応しているんです。ただ，1つだけ違いがある。それは磁石を2つに切ってNとSを分離しようとしても，切った端にまたSとNが現れてしまうこと。いつまでもN，Sのペアになってしまい，Nだけとか，Sだけとかにならないこと。電気は＋と－に分離できましたけどね。

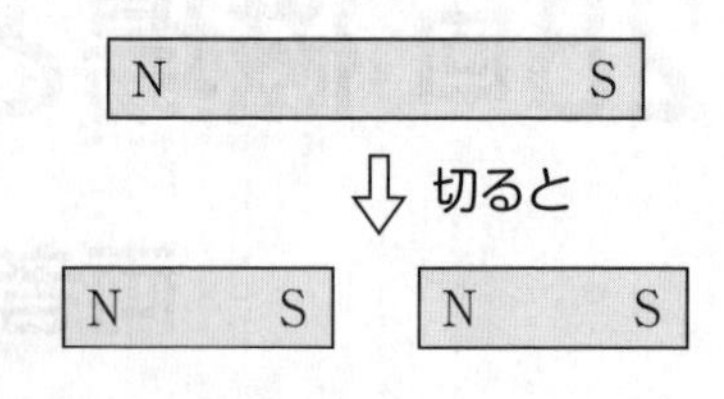

でも，分離された磁極(モノポールとよびます)を求めて現在も実験が進行中です。それはあったとしても電子のように小さなものですが，発見できればノーベル賞ものなんだよ。

だいぶ脱線してしまった。**さて，磁場の様子を表すのに，電気力線に対応した磁力線を用います。**電気リキ線でしたが，こんどは磁リョク線とよんでやってください。磁力線の性質は電気力線と同様で，次のようになっています。

磁力線の性質

① 接線の向きが磁場の向き。
② N極から出てS極に入る。
③ 密集しているところほど磁場が強い。
④ 交差や分岐をしない。

p. 36の図を見てください。図aはN極とS極がある場合，図bはN極どうしの場合の磁力線の様子(ようす)ともいえます。

電気力線と磁力線は伸ばされたゴムひものように縮もうとする性質をもっています。図aでの引力につながります。また，隣り合う電気力線(磁力線)どうしは反発するという性質もあり，図bでの反発力につながります。

■ 電流は磁場をつくる

電気の世界と磁気の世界はよく対応していると言いましたが，形式だけのことではなくて，2つの世界はワープしていたんです。**電流が流れると，まわりに磁場ができる。**これは電流の近くに方位磁針（ほういじしん）を持ってきたとき，磁針が振れたことから分かりました。磁極が力を受けた，つまり，磁場ができていたのです。

下の3つのケースだけ公式として覚えておくこと。いまのところは実験で得られた結果と思っていてください。ある法則で導けるんですが，それは大学へ行ってからの話です。

このうち，**最も大切なのが直線電流**の場合だね。その確認からいこう。

電流 I〔A〕が流れている直線導線から r〔m〕離れたところにできる磁場 H は $H=\dfrac{I}{2\pi r}$ と表されます。さて，磁場の単位は何だった？　えーと……と思い出そうとすることはないね。いまの式に書いてあるんだから。単位的には I/r，つまり，〔A/m〕ですね。下の図には，まわりの磁場の様子が磁力線で描かれています。電流に近い所ほど磁場が強く，磁力線もかなり密集してきます。

直線電流	円形電流	ソレノイド
$H=\dfrac{I}{2\pi r}$ (十分長い導線)	$H=\dfrac{I}{2r}$ (円の中心での値)	$H=nI$ (内部は一様磁場)
I, r, H, 磁力線, このrは変数	H, I, r, 半径(定数)	I, 長さ, 単位長さ当たりの巻数 n

式だけでなく，磁場の向きも決められるようにしておいてください。決め方は左端に描いたように，**右ねじの法則**を用います。**電流の向きにねじ**

を進めるとき，ねじを回す向きが磁場の向きです。女の子はねじなど回したことないだろうね。ビンのふたでもいいんです。ふたを閉めるとき，回す方向です。まあ，世の中には左ねじ(逆ねじ)もないことはないんですが，ほとんどが右ねじです。

あとは，円形電流とソレノイドのつくる磁場Hの式を覚えておいてください。用いるときの注意は，**円形電流の $H=\dfrac{I}{2r}$ は円の中心1点だけの磁場を表す式**だということ。一方，**ソレノイドの内部にはほぼ一様な磁場Hができます**。「ほぼ」と言ったけど，入試問題では一様と思っていいです。磁力線は平行で等間隔になってますね。ソレノイドの $H=nI$ の **nは巻数そのものではなくて，単位長さ当たりの，つまり1m当たりの巻数であることに注意**。ソレノイドは円筒状で，筒方向1m当たりの巻数です。20cmの長さに500回巻いてあるソレノイドなら，nはいくつ？　100cmの長さが続いていれば……と考えて，$n=500\times5=2500$ だね。$500\div0.2$ と考えてもいいよ。

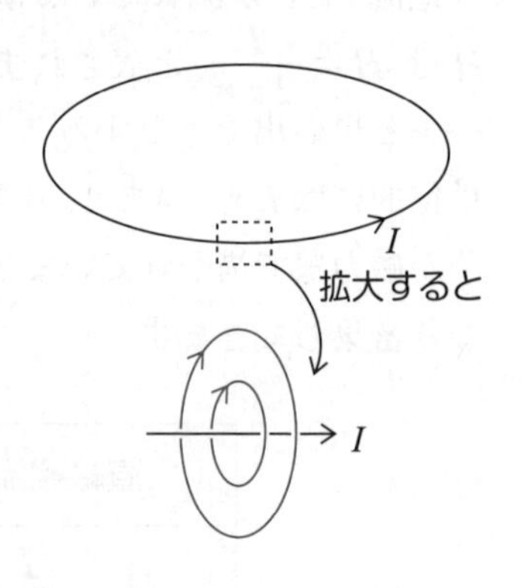

磁場の向きも決められないといけないんだけど，決め方は人さまざま。驚くほどいろんな方法があるね。私自身は，さっきの**右ねじの法則を一貫(いっかん)して用いています**。円形電流でも部分的に見れば，一種の直線電流なんですね。さっきのように回してみる。

実際には，そうして得られる磁場の合成になるんですが，1箇所やってみれば十分だね。ソレノイドも同じようにできるよ。ケースごとに方法を変えている教科書が多いんだけど，ご都合(つごう)主義で物理の精神に反しているゾ！　とまあ，文句を言いたくなるんですね。

大分昔の話ですが，うちのテレビは真っ青な空の画面になると，一部がピンク色になったんですね。別のことで修理に来た電気屋さんが，「これは磁気を帯びてるからですよ。簡単に消磁(しょうじ)できるからついでにやってあげよう」と言って取り出したのが，コードを何重にも巻いて輪にした直径

20 cm ぐらいのもの。コンセントにつないで，ブラウン管の前で神妙(しんみょう)に動かし始めました。アッ，これは円形電流じゃないか！ って気づきました。逆向きの磁場で消磁しようとしてたんですね。**巻数を増やせば磁場の重ね合わせで強くなる**んだ。「へぇー，こんなところにも応用されてたのか」と感心してたんですが，結局テレビの方は直らずじまいでした。オソマツ。

■ 磁場中を流れる電流は力を受ける

さて，電流が磁場をつくり，磁石に力をおよぼすことが分かったんですが，そこで**作用・反作用の法則**を思ってみると，逆に電流は磁石から力を受けるかもしれない，と予想されるわけです。電流は磁場をつくるんだから磁石のようなものなので，磁石どうしが力をおよぼすことの類推(るいすい)と言ってもいいかな。実際，ソレノイドは棒磁石のようなものというか，まさに電磁石ですね。

話をもとに戻すと，磁石のつくる磁場中で電流を流してみました。予想通り，電流が流れている電線は力を受けて動いたんですね。**電流は磁場から力を受ける**，それが次のテーマです。

その前に少し準備。今後の話には，磁場 H と透磁率(とうじりつ) μ が積の形でいつも現れてきます。そこでまとめて $B=\mu H$ とおき，これを**磁束密度**(じそく)とよびます。**透磁率** μ は，磁気に関するクーロンの法則の定数 k_{m} で決まる量ですが，細かいことはいいでしょう。まわりの媒質で決まる定数とだけ認識しておいてください。今後は B が H に代わって活躍しますので，ヨロシク。その単位〔T(テスラ)〕は覚えておくこと。

電流 I〔A〕に垂直に磁場をかけると，電流は力（**電磁力**(でんじりょく)）を受けます。電磁力 F〔N〕は，磁束密度を B〔T〕，導線の長さを l〔m〕として $F=IBl$ と表されます。

電磁力の向きも決められるようにすること。フレミングの左手の法則を使う人が圧倒的に多いね。中指から親指にかけて，**電流**，**磁場**，**力**，すなわち，**電磁力**と覚えるといいでしょう。

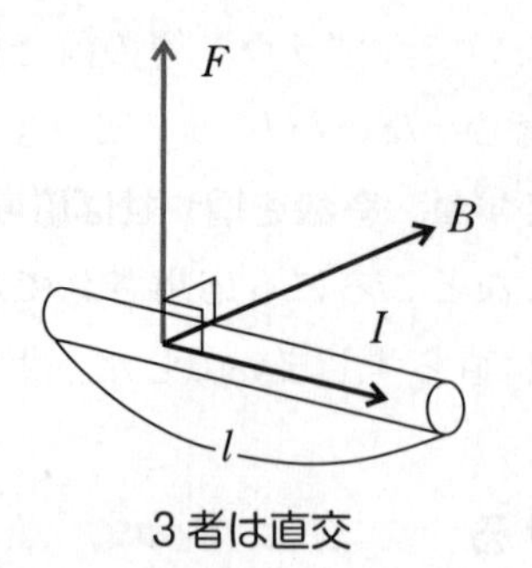

3者は直交

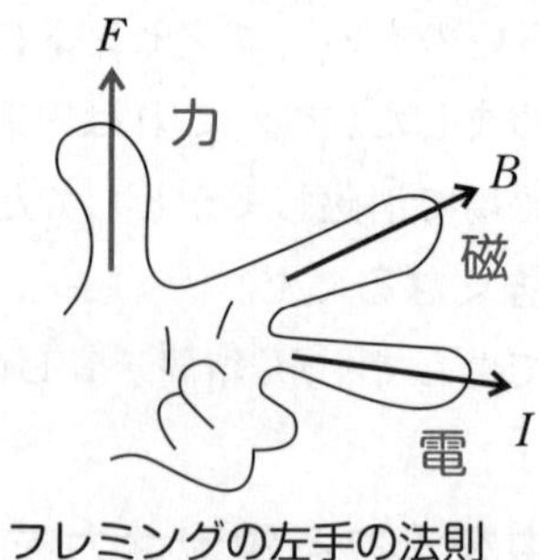

フレミングの左手の法則

電磁力の向きもいろいろな決め方があり，私自身は電流$\vec{I}$から$\vec{B}$へ向けて右ねじを回してみて，ねじの進む向きで決めています(図 a)。だから，BIlではなくIBlと覚えるんです。$\vec{I}$から$\vec{B}$へねじを回すからね。慣れてきたら，ねじの進み(締め)だけでなく，戻り(ゆるみ)も使うと便利だよ(図 b)。とにかく，ねじの動く向きが$\vec{F}$の向きなんですね。

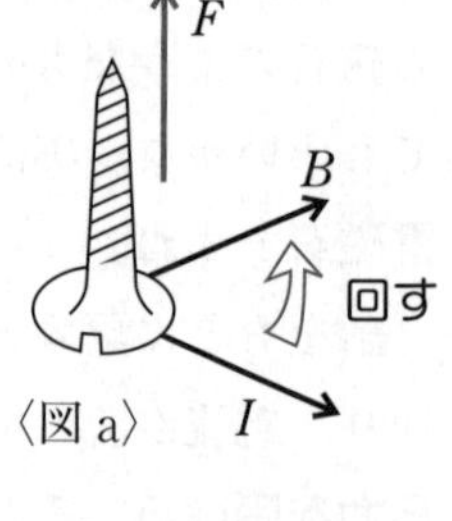

〈図 a〉

教科書はフレミングを重視。でも3本の指を出して，手首を無理やりひねりながらやってるのを見ると，子供じゃあるまいし……という気になっちゃうね。入試会場で文系の教官が監督していたら何と思うだろうね。妙な手の動きを見れば，ブロックサインの送り合いじゃないかって思うかもしれないよ(笑)。とにかく，右ねじの方がずっとカッコイイし，早いんですよ。

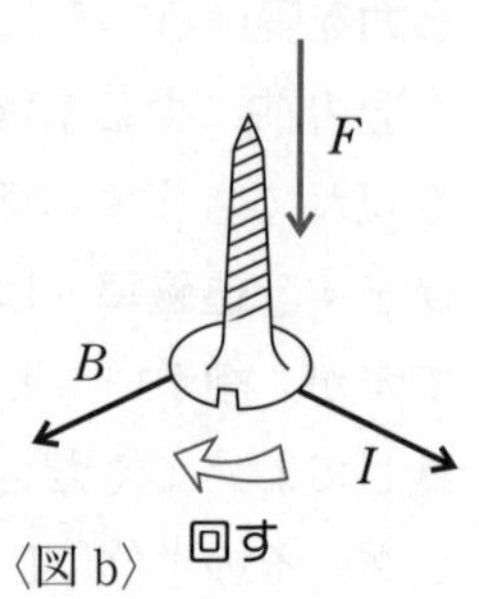

〈図 b〉

あとひとこと。**電流と磁場が垂直でないときは，磁場を分解して垂直成分を用いてください。電流と同じ向きの磁場は力を発生させません。**

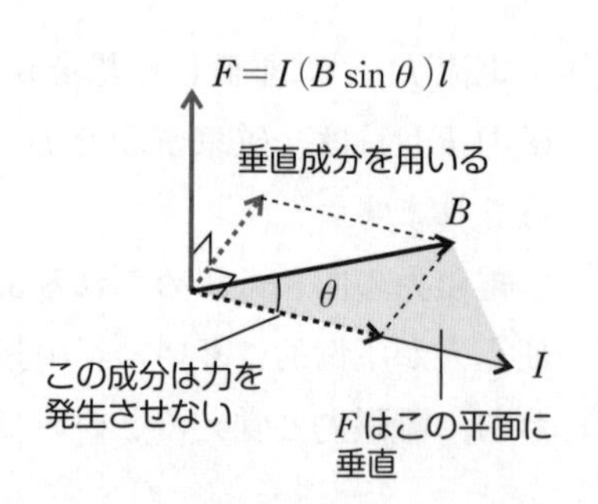

では，問題に入ろう。

問題 50 電磁力

電流Iが流れている十分長い直線導線から距離d離して，一辺の長さlの正方形コイルPを置き，電流iを図の向きに流す。Pが電流Iから受ける力の大きさFと向きを求めよ。透磁率をμ_0とする。

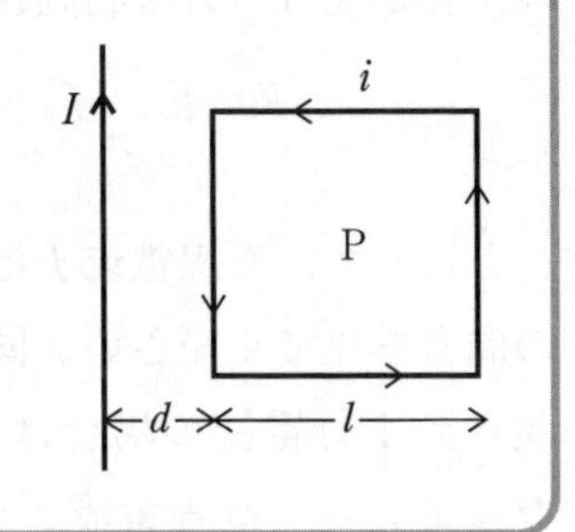

まず直線電流が磁場をつくっている。グルッと右ねじを回してみると，Pのある側ではあっち向きの磁場ですね。紙面の表から裏へ向く磁場。⊗のような記号で表します。その磁場の中を電流iが流れるから力を受ける。力の向きを調べてみると，……フレミング派(は)は左手を出してと……辺abとcdは図のように力F_1，F_2を受けるね。

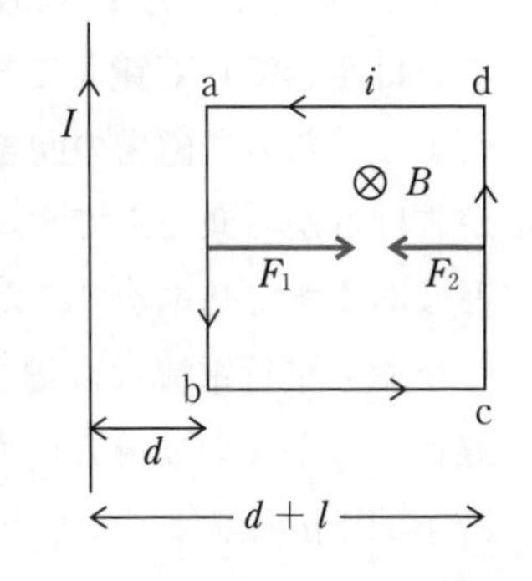

辺adとbcにも力が働くんですが，adには下向き，bcには上向きの力が働く。逆向きで同じ大きさになるからキャンセルしてくれるので，図ではカットしています。一度経験したら，次からはキャンセルが起こることを念頭において，問題を解くといいんです。

F_1を求めてみよう。まず，辺abでの磁束密度B_1は直線電流の公式を用いて，

$$B_1 = \mu_0 H_1 = \mu_0 \frac{I}{2\pi d}$$

$$\therefore \quad F_1 = iB_1 l = \frac{\mu_0 iIl}{2\pi d}$$

μ_0の付け忘れが多いから注意してください。同様にF_2は，直線電流からの距離$d+l$を用いて，

$$F_2 = iB_2 l = i\mu_0 \frac{I}{2\pi(d+l)} l$$

F_1とF_2は逆向きで，F_1の方が大きい。磁場が強いからね。だからコイル全体が受ける力は**右向き**で，大きさはF_1とF_2の差に等しいから，

$$F = F_1 - F_2 = \frac{\mu_0 i I l}{2\pi}\left(\frac{1}{d} - \frac{1}{d+l}\right) = \frac{\boldsymbol{\mu_0 i I l^2}}{\boldsymbol{2\pi d(d+l)}}$$

> 平行電流
> ・同方向は引力
> ・逆方向は反発力

ところで，直線電流Iと辺cdを流れる電流iの向きを見てください。同じ向きですね。同じ向きの平行電流の場合は，F_2のように**引力**となっている。直線電流Iと辺abを流れる電流の向きは逆で，力F_1は**反発力**となってるね。これは**定理にして覚えておく**と何かと便利なんだよ。いちいち磁場の向きを決め，電磁力の向きを決めて……という操作が省けるから楽なんです。いきなりパッと見て分かる。でも，こういうことはあくまで基本ができた上でのことだからね。

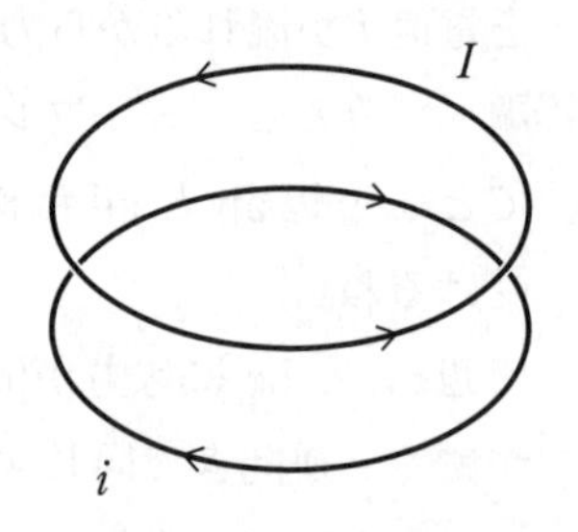

なお，平行電流は直線である必要はなく，曲線状でもかまいません。たとえば，図のような2つの円形電流は……そう，反発し合いますね。ばねに電流を流すと……こんどは1巻き1巻きに同じ向きの電流が流れるから，ばねは縮みます。

■ ローレンツ力の登場

電流は電子の流れだったね。電流が磁場から力を受けるということは，電子が磁場から力を受けるからだ，と考えるのは自然の成り行きですね。実際，電子に限らず，**荷電粒子が磁場中を動くと力を受ける**ことが確かめられました。この力を**ローレンツ力**といいます。

ローレンツ力f〔N〕は，荷電粒子の電気量の大きさをq〔C〕，速さをv〔m/s〕として，$\boldsymbol{f = qvB}$と表されます。

ただ，その向きの決め方までマスターしておかねばなりません。

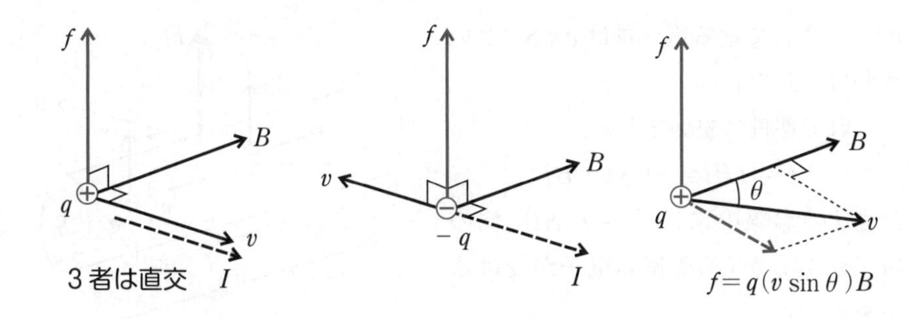

ローレンツ力の向きの決め方は，荷電粒子がプラスかマイナスかで違いが生じます。電磁力の決め方を利用するのが普通(ふつう)だね。

荷電粒子がプラスの場合，速度の向きをそのまま電流の向きとして扱う。あとはいままで通り，フレミング派は左手を出してやればいい。

荷電粒子がマイナスのケースは，電子がそうだけど，速度の向きと逆向きを電流の向きとしてから調べる。電子の動きと電流の向きは逆だったことを思い出してください。

$\vec{v}$と$\vec{B}$が直交していないときは，$\vec{B}$に垂直な速度成分（赤点線矢印）を用います。磁場の方向に動いても，ローレンツ力は発生しません。

■ 電磁力を突きつめていくとローレンツ力

電磁力 $F=IBl$ からローレンツ力 $f=qvB$ を導く過程もよく出題されます。ざっと流れを確認しておこう。まず，電流Iと電子の関係が大切だね。かつて（第25回）話したことですが，

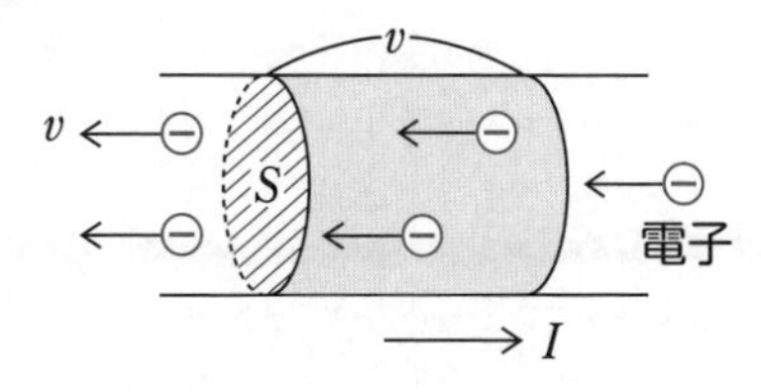

大切なので復習してみます。電子の電気量の大きさ（電気素量(そりょう)）をe，電子の速さをv，導線中の電子の個数密度をnとして，導線の断面積をSとすると，

$$I = enSv$$

1 s 間にSを通る電気量が電流Iだったね。電子は1 s 間にv〔m〕動くから，図の灰色をつけた範囲の電子が通る。体積がSvだから電子の総数は

nSv　よって通る電気量は $enSv$ というわけでした。

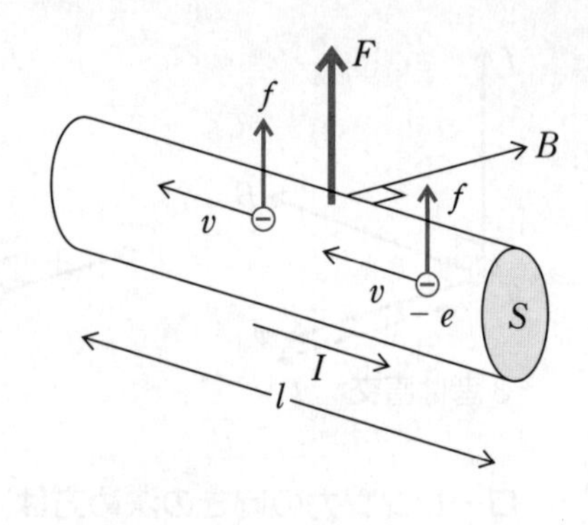

これで準備は整いました。

$$F=IBl=enSv\cdot Bl$$

長さ l の導線中には $N=n(Sl)$ 個の電子があるから，1個の電子が受ける力を f とすると，

$$f=\frac{F}{N}=\frac{enSvBl}{nSl}=evB!$$

現在では，ローレンツ力の方が電磁力より基本的な法則と考えられています。$f=evB$ から $F=IBl$ を導くプロセスで出題されるかもしれませんが，同じことだね。このように**ローレンツ力と電磁力はつながっているので，ローレンツ力の向きの決め方は，電磁力の向きの決め方で対処できる**というわけだったんだ。

今回は目くるめくように新しいことが次々と登場しましたが，一言でまとめれば，電気の分野と磁気の分野は深いところでつながっているということでしょう。次回の電磁誘導では，さらにつながりが深くなっていきます。

第29回 電磁誘導
ポイントは電池の出現

いよいよ電磁気分野のクライマックス，**電磁誘導**です。

■ 導体棒が磁場中を動くと電池になる

導体棒(金属棒)が磁場中を動いているとき，導体棒は1つの電池になっているんです。その起電力を**誘導起電力**（ゆうどうきでんりょく）といいます。導体棒の速さを v〔m/s〕，長さを l〔m〕，磁束密度を B〔T〕とすると，誘導起電力 V は，$V=vBl$〔V〕

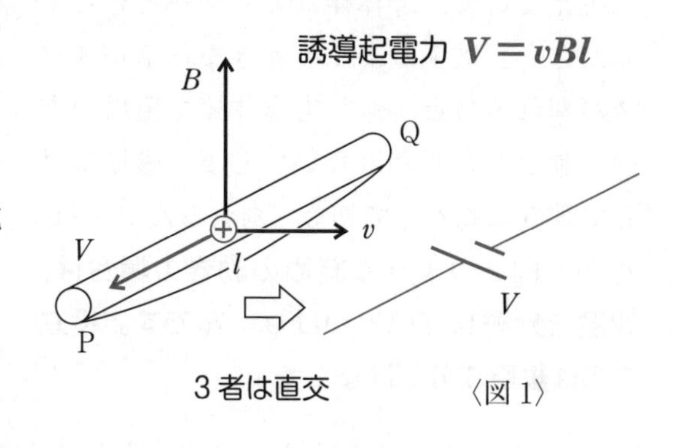

〈図1〉

記述模試の採点をしていたときのこと。誘導起電力を求める難問を見事に解いている答案に出合ったんですが，最後の答えの単位が〔N〕と書いてある！ ズッコケルというやつだね。起電力は電池の電圧のことですからね。

電池が電流を流そうとする向きを起電力の向きといいますが，誘導起電力の向きが決められるようにしてください。導体棒中に「プラスの荷電粒子を考えて，それが受けるローレンツ力の向き」で決めます。図1の場合は赤い矢印の向きになります。つまり，導体棒は赤で描いたような電池になっているのです。

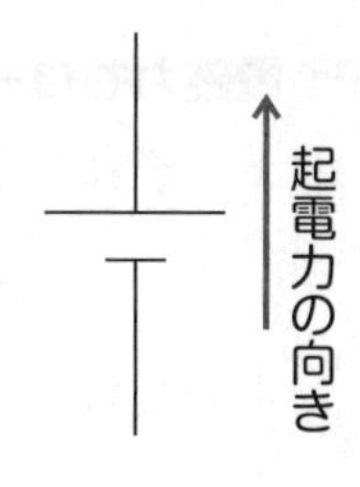

ただし，この正統的な方法はだいぶ手間（てま）がかかるね。

ローレンツ力の向きを決めるのに，電磁力の決め方をさらに利用していくわけだから。そこで提案！　右ねじを利用しよう。「**右ねじを$\vec{v}$から$\vec{B}$へ回したときねじが動く向き**」が，**誘導起電力 V の向き**なんです。だから必ず，公式はvBlと覚えておくこと。やってみて，本当に早いから。フレミングの右手の法則というのもあるけど，右ねじと比べてみると，ダサイと思えてくるよ。

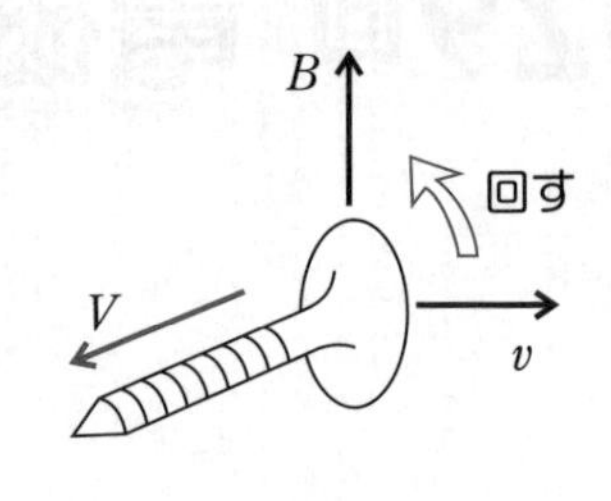

一言（ひとこと）つけ加えると，**導体棒が磁力線を切って進まないと，誘導起電力は発生しません。**磁力線がたくさん草のように生（は）えていて，導体棒はカッターと思ってください。図1のような動きなら草がスパスパ刈（か）れるけど，もしも導体棒を磁場の方向に動かしたら刈れないでしょ。磁場に対して垂直に動かして初めて刈れるんですね。だから図2のような**斜めの動きの場合は，速度を分解しないといけないんです。役立つのは垂直成分だけなんです。**

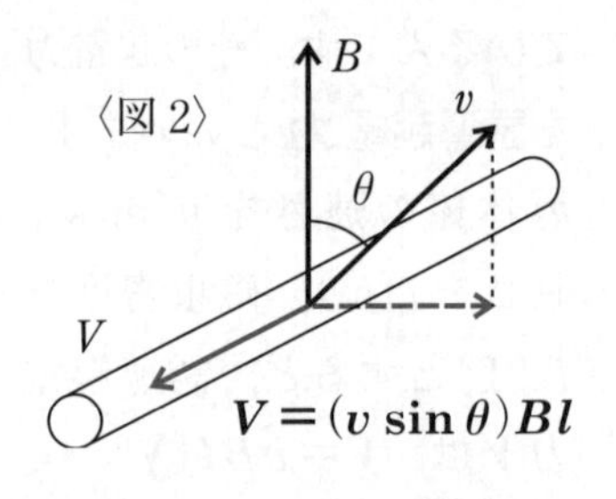

$vBl\sin\theta$と覚える人もいます。もしそうなら，$\vec{B}$と$\vec{v}$の間の角度がθであることまで覚えておくこと。でも，公式はシンプルにvBlと覚えておいて，いつも磁場に対して垂直成分を使うようにすればいい。$\vec{v}$を生かして$\vec{B}$を分解してもいいです。

電磁力もローレンツ力も誘導起電力も，すべて垂直成分が大切だったでしょ。それさえ心得ておけば，公式は，

$$F = IBl, \qquad f = qvB, \qquad V = vBl$$

で十分だね。 Simple is best！

■ 誘導起電力の原因はローレンツカ

「なぜ導体棒に起電力が発生するのか？」——それを理解することは入試の上でも大切です。やや頭の痛い話になるけど，がんばって進もう。

図1(p. 105)で導体棒の中の自由電子に注目すると，磁場中を速さvで動いているから，ローレンツ力 $f=evB$ を受ける。向きはどっち？……そう，マイナスの粒子だからP→Qの向きだね(図3)。電子はQ端に集まって，Q端がマイナスに帯電する。一方，P端は電子がいなくなってプラスに帯電する。ちょっとコンデンサーに似た状況だね。プラスからマイナスに向かって電気力線が走るでしょ。つまり，導体棒中に電場が生じたってこと。すると電子はローレンツ力の他に，静電気力も受け始める。

静電気力が弱いうちは，なおも電子がQ端に集まって，Q端のマイナスを増やし，同時にP端のプラスも増える。そして，電場Eと静電気力eEはだんだん強くなっていく。ローレンツ力evBは一定だから，**やがて静電気力がローレンツ力に等しくなって……終わる**。力がつり合えば，電子の移動はこれ以上は起こらないからね。

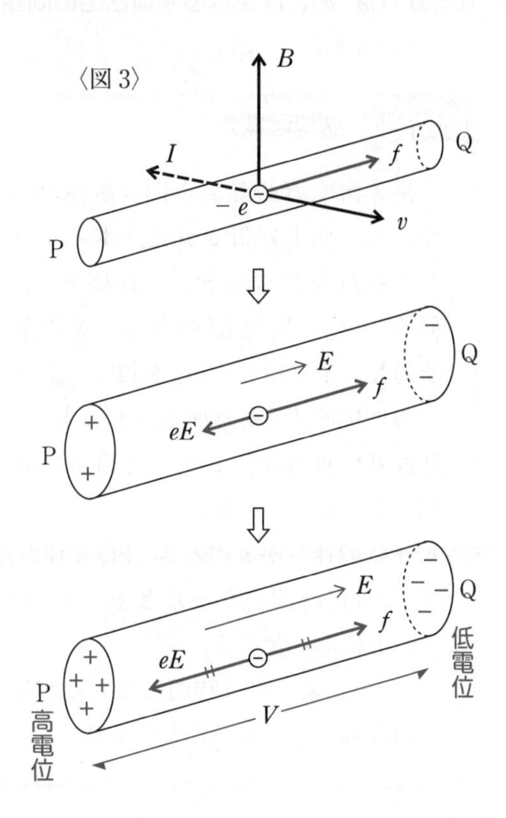

Q端はマイナスに帯電してるから低電位で，P端はプラスに帯電してるから高電位でしょ。両端には電位差(起電力)Vができているんですね。

とまあ，見てきたように話したんですが，実際にはあっという間の出来事(できごと)ですし，ほんの一部の電子が移動するだけのことです。「講釈師，見てきたようなうそを言い」なんて川柳があるけど，物理の講義もいくらか似た面がないとはいえませんね。えっ？　ああ，講釈師って講談を語る人のことだよ。講談が分からないって？　えーと，まあどうでもいいや(笑)。

さて，事態がつかめたから V を求めてみよう。まず，力のつり合いから，$eE=evB$，よって $E=vB$　長さ l の導体棒中には一様な電場ができているから，$V=El=vBl$!

誘導起電力の原因は，ローレンツ力だったんですよ。ローレンツ力からは電磁力 $F=IBl$ も導けます(前回の話)。ローレンツ力 $f=qvB$ が最も基本的な法則と言われるのももっともでしょ。

さて，話を戻すと**誘導起電力の大きさと向きが分かれば，あとは単なる直流回路の問題**になってしまいます。

電磁誘導は
電池のアブリ出し

問題 51　誘導起電力

磁束密度 B の鉛直上向き磁場の中で，水平面上に置かれた2本のレールを抵抗 R でつなぎ，導体棒 PQ を置く。PQ と質量 M のおもりを滑車を通して糸で結び，PQ を放す。レールの間隔を l，重力加速度を g とし，R 以外の抵抗や，レールと滑車の摩擦はないものとする。

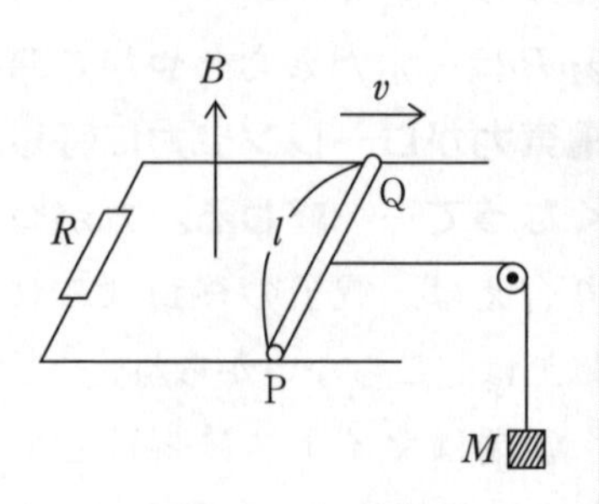

(1) PQ の速さが v のとき，PQ を流れる電流の向きと強さを求めよ。

(2) 十分に時間がたったときの PQ の速さ v_{f} を求めよ。PQ はレール上にあるとする。

(3) (2)のとき，単位時間におもりが失う位置エネルギーと抵抗での消費電力が等しいことを示せ。

業界用語で“2本レール”と言われる問題です。電磁誘導の中では最頻出のタイプだね。

(1) 落下するおもりに引かれてPQは右に動いていく。誘導起電力の向きを決め，電池の記号に直すと図のようになるね。右ねじなら，ゆるみを利用するといい。だから電流の向きは**QからP**だね。$V=vBl$ の公式を使って，電流 I がオームの法則で決められます。

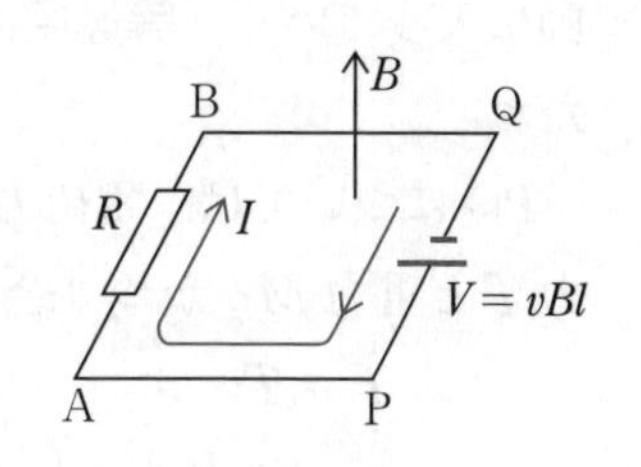

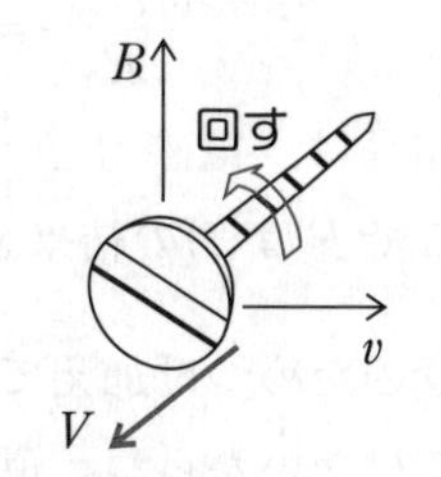

$$I=\frac{V}{R}=\frac{vBl}{R}$$

ちょっとみんなに質問があるんですが，

「このとき，PとQはどっちが高電位になっているの？」

電流がQからPへ流れている。電流は高電位から低電位へ流れるから，Qが高電位だ……って言う人が間違いです。まさかそう思わなかったでしょうね。冷(ひ)や汗(あせ)タラーリかな(笑)。それは抵抗で成り立つ論理なんで，この場合は相手が電池だからダメ。PQ全体で1つの電池で，電池の中をのぞいているようなものなんだ。

電池の記号を見てほしい。Pが正極側だから，Pが高電位側と即断できるでしょ。抵抗 R に目を向けてもいいですよ。電流はAからBへと流れるから，Aが高電位側。AとP，BとQはそれぞれ等電位だから，Pが高電位側と判断することもできるんだよ。

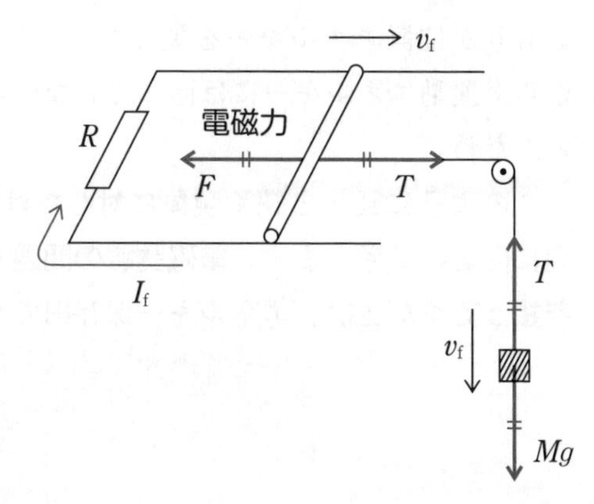

(2) QからPへと電流 I が流れ，PQには電磁力 $F=IBl=\dfrac{vB^2l^2}{R}$

が左向きに，ブレーキ的にかかっている。PQがスピードを増すとともに電磁力Fも増していくので，やがて力はつり合い，PQとおもりは等速運動に入っていく。「**等速度は力のつり合い**」，これは力学の重要ポイントだったね。

PQについては，電磁力Fと張力Tがつり合う。おもりについては，張力Tと重力Mgがつり合う。そこで，

$$F = T \qquad\qquad T = Mg$$

$$\therefore \quad \frac{v_f B^2 l^2}{R} = Mg \qquad\qquad \therefore \quad v_f = \frac{MgR}{B^2 l^2}$$

結局は，電磁力 $F = Mg$ といきなりつないじゃえばいいんだけどね。ここでFは(1)の結果を利用しています。vをv_fに置き換えて。

念のためつけ加えておくと，v_fに達するまでのPQの運動は等加速度運動ではないからね。運動方程式で加速度を求めて，等加速度運動の公式を使って……という方式は通用しないよ。

(3)　1s間におもりはv_f〔m〕下がるから，失う位置エネルギーは，

$$Mg v_f = \frac{M^2 g^2 R}{B^2 l^2}$$

最終段階で流れている電流をI_fとおくと，消費電力はRI_f^2だから，

$$RI_f^2 = R\left(\frac{v_f Bl}{R}\right)^2 = R\left(\frac{Mg}{Bl}\right)^2$$

ほら，両者は一致してるでしょ。実は，これはエネルギー保存則ですね。おもりが位置エネルギーを失っていることは一目瞭然（いちもくりょうぜん）。でも等速運動だから，運動エネルギーには回っていない。抵抗でジュール熱に変わっているんだね。

このように延々と続く現象に対しては，エネルギー保存則は時間を1s間に区切って考えます。**電磁誘導の問題では，エネルギー保存則にも注意を払ってください。**エネルギー保存則でしか解けない問題もあるからね。

■ すべては電磁誘導の法則の下に

導体棒が磁場中を動くと誘導起電力が生じましたが，静止したコイル(金属の輪ですね，形は円でも三角形でもいいんです)に磁石を出し入れしてもコイルには電流が流れる，つまり，誘導起電力が生じるのです。ファラデーは，電磁誘導の現象一般に成り立つ法則を発見しました。

その話に入るために，**磁束 Φ**（じそくファイ）の定義を確認しておこうか。磁束密度を B，コイルの面積を S とすると $\Phi = BS$ ですね(図 a)。磁束の単位は〔Wb〕。もし，磁場がコイル面に垂直でなかったら，垂直成分(赤点線矢印)を用いてください(図 b)。$\vec{B}$ を生かして，それに垂直な有効面積を用いてもいいですよ(図 c)。Φ はコイルを貫く磁力線の本数に相当します。

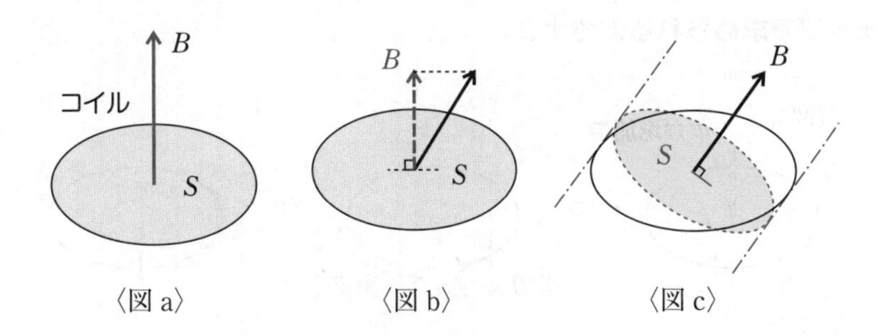

〈図 a〉　〈図 b〉　〈図 c〉

ファラデーは，**コイルを貫く磁束が変化するとき，誘導起電力が生じる**ことに気づいたのです。1巻きのコイルなら，V は磁束の時間変化率 $\dfrac{\Delta\Phi}{\Delta t}$ に等しいし，N 巻きのコイルなら，

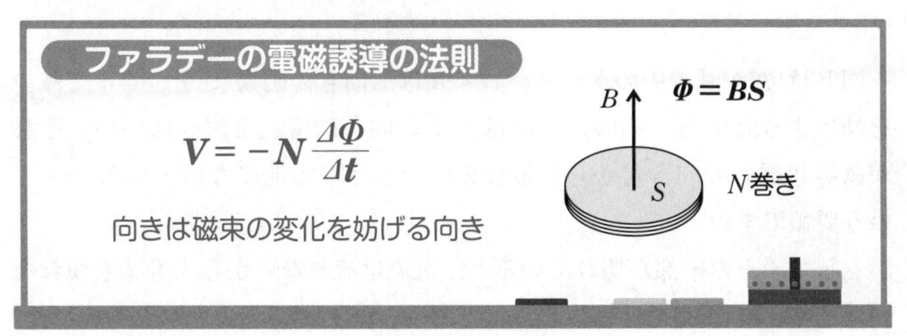

1巻きずつのコイルが電池になって，それらの電池が直列につながれているため，N倍しているんです。式のマイナスは一種の“精神論的”なもので，**誘導起電力の向きは磁束の変化を妨げる向きに生じる**ことを主張しているんです。**実際は大きさ（絶対値）を計算し，誘導起電力の向きは別途考えるんです。**

次図aのように磁束$\Phi=BS$が増えているとしましょうか。BまたはSが増していくケースです。Sが増す例が，さっきの[問題51]で，PQBAがコイルですね。さて，Φが上向きに増すから，コイルは下向きの磁場B'を①のようにつくって妨げようとします。そのためには，電流Iを②のように流せばいいんですが，その向きこそ誘導起電力Vの向き③ですね。

こうしてコイルは電池に置き換えられます。**この①，②，③の呼吸をつかんでほしいんだね。慣れると②と③は直結してるから，事実上は2ステップで求められる**んですよ。

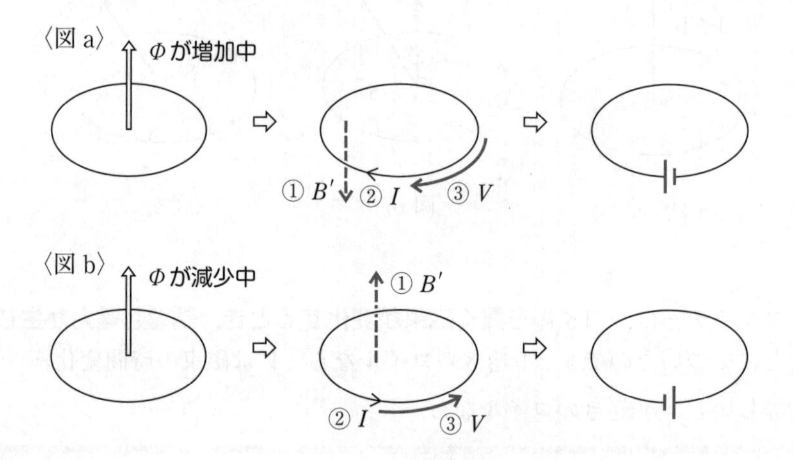

図bはΦが減少中のケース。コイルは上向きの磁場①をつくって減少を妨げようとする。そのためには，②の向きに電流を流せばいい。それが誘導起電力の向きだから，最後の図のような電池になっている——という要領ですね。

もしコイルの一部が切れていると，電流は流れないから①も②も現れないけど，誘導起電力だけは生じるんだよ。①，②は踏み台みたいなものだね。

2つのコイルAとBを向かい合わせ，Aに矢印の向きに電流Iを流し，電流を強めていくとしよう。このとき，「**BにはX，Yどちら向きの電流が流れる？　それと，BはAからどちら向きの力を受ける？**」さあ，ちょっと考えてみてください。

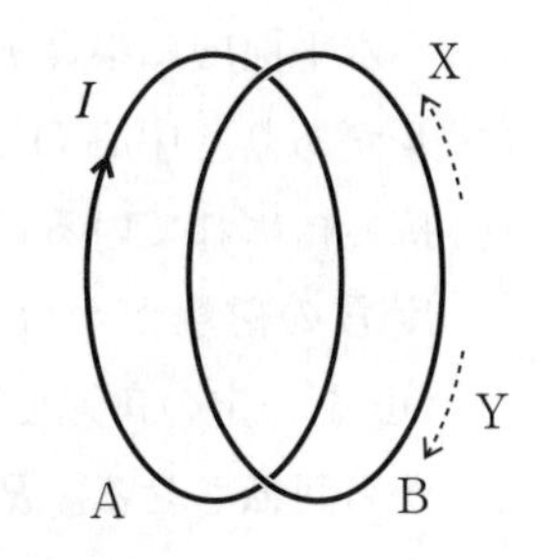

……………

Aに流れる電流Iにより，左向きの磁場と磁束ができますね。それが増している。だから，Bには右向きの磁場をつくるように，Xの向きに電流が流れるね。この現象を**相互誘導**(そうごゆうどう)といいます。AとBには逆向きの平行電流が流れるから……そう，反発力だね。Bは右向きの力を受けます。

とにかく，**電池にまで変えられれば，もはや直流回路の問題に帰**(き)**してしまう**からね。ただし，［問題51］のように導体棒が動くケースは，ファラデーで解くより$V=vBl$を用いる方がずっと速く解けるよ。実際，ファラデーで考えると，右下の図のように微小時間Δtの間に導体棒は$v\Delta t$動き，コイルの面積が灰色部 $l\cdot v\Delta t$ だけ増す。すると磁束の増加分は$\Delta\Phi=B\cdot lv\Delta t$，そして$V=\Delta\Phi/\Delta t=Blv$　やっとvBlにたどり着いた！　さらに，電池の向きを決める(p. 112の図aと同様)。これだけの手続きが必要なんですね。

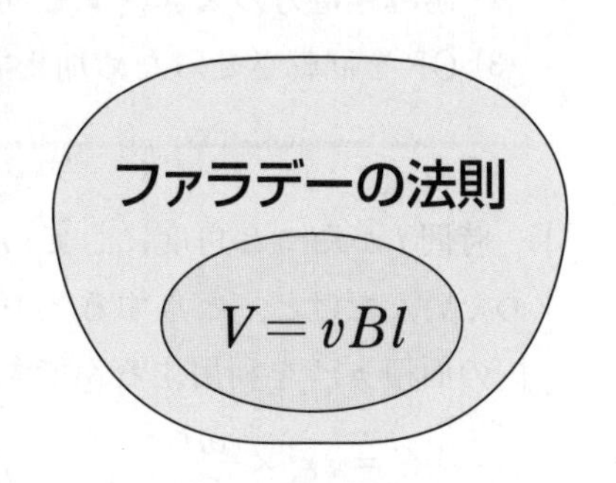

結局，導体棒が動くケースは$V=vBl$で解き，一方，コイルが固定されていて，Bが時間変化する場合はファラデーでしか解けないので，要は**使い分ける**ことですね。

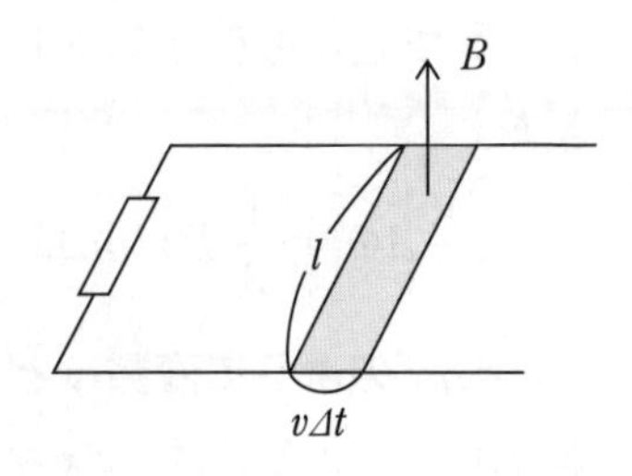

問題 52 ファラデーの電磁誘導の法則

水平面内に半径rの滑らかな円形レールがあり，中心Oと点Aの間がRの抵抗で結ばれている。鉛直下向きに磁束密度Bの磁場がかけられている。導体棒OPを一定の角速度ωでOを中心に点Aから回転させる。R以外の抵抗はないとする。

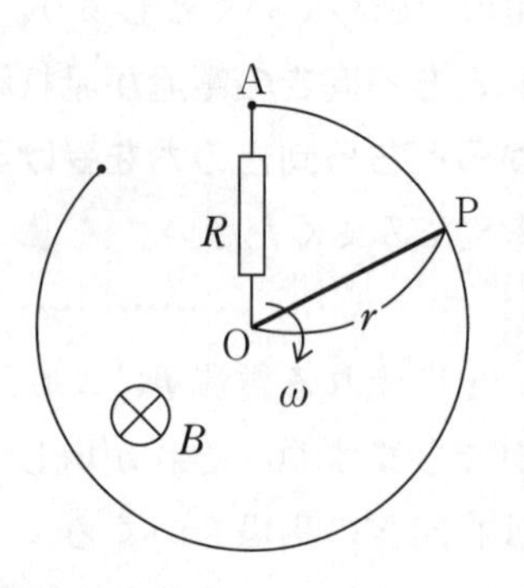

(1) 時間tたったとき，コイルOAPを貫く磁束を求めよ。

(2) 誘導起電力の大きさVと向き(O → PかP → Oか)を答えよ。

(3) OPを回転させるため加えている外力の仕事率を求めよ。

(1) 時間tがたつと角度にしてωtだけ回転しています。扇形の面積Sを求めたいんだけど，どうする？……

円の面積πr^2を利用するんです。面積は中心角に比例するから，

$$S=\pi r^2\times\frac{\omega t}{2\pi} \qquad \therefore \quad \Phi=BS=\frac{1}{2}Br^2\omega t \quad \cdots①$$

(2) ファラデーの法則は，磁束の時間変化を調べないといけないので，時間が $t+\Delta t$ のときの磁束を $\Phi+\Delta\Phi$ として，①式を利用して，

$$\Phi+\Delta\Phi=\frac{1}{2}Br^2\omega(t+\Delta t) \quad \cdots②$$

②−①で辺々の引き算をして$\Delta\Phi$を求め，ファラデーの法則を用いていきます。

$$\Delta\Phi=\frac{1}{2}Br^2\omega\Delta t \quad \cdots③ \qquad \therefore \quad V=\frac{\Delta\Phi}{\Delta t}=\frac{1}{2}Br^2\omega$$

$y=ax$のように変数yとxが比例する場合は，変化分を扱う際，いきなり両辺にΔをつけ，$\Delta y=a\Delta x$とすることが可能です。いまの場合なら

①から③へすぐ移せるよ。この知識はいろんなケースで応用できるから，知っておくと得(とく)ですよ。ただし，比例の関係に対してしかできないことをわきまえて使ってください(詳(くわ)しくは1次式 $y=ax+b$ の関係まで $\Delta y=a\Delta x$ はOK)。

微分(びぶん)を習った人なら，電磁誘導の法則に出てくる $\dfrac{\Delta\Phi}{\Delta t}$ は $\dfrac{d\Phi}{dt}$ として扱っていいよ。すると，①からすぐに $V=\dfrac{d\Phi}{dt}=\dfrac{1}{2}Br^2\omega$ とできるね。

誘導起電力の向きにいきましょう。いま，コイルAOPの面積が増えています。磁場はあっち(⊗)向き。だからあっち向きの磁束 Φ が増えつつあるね。そこで減らそうとする。手前向きの磁場をつくればいい。そのためにはOからPの向きに電流を流せばいい。**O→P** が誘導起電力 V の向きだね。コイルは閉じてるから，実際その向きに電流が流れます。

(3) **仕事率は1s間当たりの仕事のこと。外力の仕事率はエネルギー保存則より，抵抗での消費電力に等しい**はずだね。手のした仕事はジュール熱に変わっているわけ。

$$RI^2=R\left(\frac{V}{R}\right)^2=\frac{B^2r^4\omega^2}{4R}$$

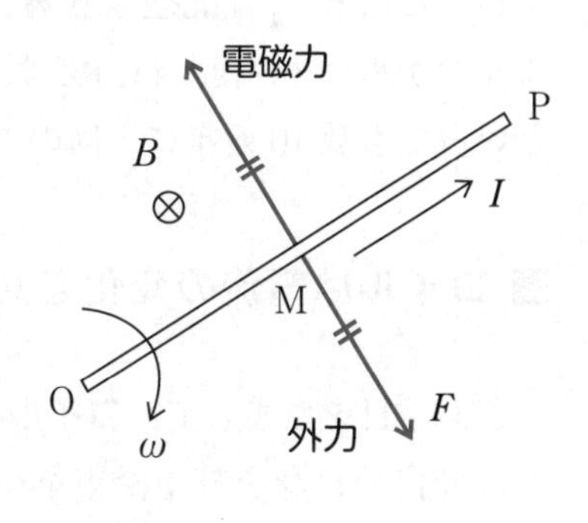

仕事率は直接に計算することもできます。少しやっかいだけどやってみようか。OPにはO→Pの向きに電流 $I=V/R$ が流れ，電磁力 IBr がブレーキとして働くね。ただし，作用点は中点Mであることに注意。そこで，角速度 ω を一定に保つには，同じ大きさの外力 F を点Mで加えればいい。Mの速さは $v_{\mathrm{M}}=\dfrac{r}{2}\omega$ だね。外力 F の仕事率は，1s間に v_{M} の距離だけ円周上を動かすから，

$$Fv_{\mathrm{M}}=IBr\cdot\frac{r}{2}\omega=\frac{B^2r^4\omega^2}{4R}$$

もしも F を点Pに加えるなら，力のモーメントのつり合いから $F=IBr/2$ ですみます。でも，$v_{\mathrm{P}}=2v_{\mathrm{M}}$ だから仕事率に変わりはないよ。

■ 地球はなぜ磁石になっているのか

少し脱線しよう。眠い人はしばらく休んでいていいよ。……と言うと，みんな目が輝くんだよね(笑)。地球はなぜ磁石になっているかという話です。

地球の中心部は鉄やニッケルでできてるんだけど，高温のため液体になっています。鍋(なべ)のお湯が対流(たいりゅう)を起こすように対流が起き，さらに地球が自転するために液状の金属が磁場中を動く。すると電磁誘導を起こして電流が流れる。電流は磁場をつくる。磁場中を液状の金属が動く……という，ちょっとした堂々(どうどう)めぐりのおかげで磁石になっているらしいのです。

「えっ，何だって？ “磁場があって”という前提(ぜんてい)で話が始まってるじゃないか，おかしいヨ」と思う人も多いでしょうね。いやもっともなことです。だったら，はじめに“電流が流れた”からスタートしてみたら……。磁場が先か，電流が先か？　なんだか，「卵が先か，ニワトリが先か」のような議論だね。

正確に言えば，地球はなぜ磁石になって*いられるのか*の説明だったんですね。ところで，**「北極はN極，S極のどちら？」**……磁針のNが引かれるんだから……S極だね。実は，SとNは入れ替わることもあるんですよ。といっても数10万年に1回のこと。液体金属の動きが反転するんですね。

■ コイルは電流の変化を妨げる

さあ，目をさまして。**コイルの話へ進もう**。コイルは自分自身が流した電流で自分自身を貫く磁束をつくっていて，**電流が変化すると磁束が変化するから，電磁誘導で1個の電池になってしまうんですね。自己(じこ)誘導**とよばれる現象です。誘導起電力Vは電流の時間変化率$\frac{\Delta I}{\Delta t}$に比例し，$V=-L\frac{\Delta I}{\Delta t}$と表されます。$L$は**自己(じこ)インダクタンス**とよばれ，コイルの巻数や面積で決まる定数です。

マイナスは，**電流の変化を妨げる向きに起電力が生じる**ことを意味します。図aのように電流が右向きに増しつつあるときは，「増やさないゾ」って左向きの電池になってるし，図bのように電流が減りつつあるときは，「減らさないゾ」って右向きの電池になります。一定電流に対しては誘導起電力が生ぜず，コイルは単なる導線に過ぎません(図c)。

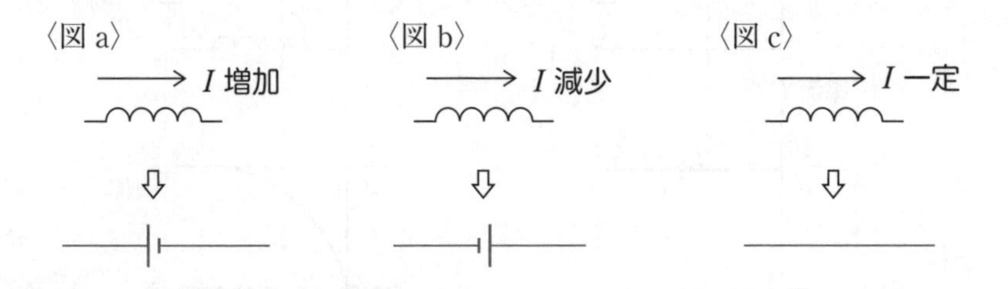

実は，電流と起電力の正の向きを合わせておくと，誘導起電力がちゃんと向きも含めて出るようにマイナス記号はセットされてるんだけど，図のように考えた方が扱いやすいし，物理らしいね。

電流の変化を妨げるといいましたが，**コイルは今流れている電流の値を維持しようとしている**のです。その意味でコイルは“超”の付く現状維持派。コイルは電流に対して不連続変化を起こさせません。回路のスイッチを閉じたり開いたりしたとき，**コイルを流れる電流Iは，スイッチの開閉の直前・直後で変わらない**のです。

次ページの図1は抵抗だけの回路。スイッチを閉じると，いきなり$I=V/R$ の電流が流れ始めます。コイルを加えると(図2)，事態はガラリと変わります。スイッチを閉じた直後の電流は0です。いままでコイルは電流を流していなかったんだから。電流はだんだん増していって，やがてV/Rになるのです。

コイルでは
I(直後)$=I$(直前)

直流回路の中のコイルは，やがては1本の導線になることも知っておいてください。一定電流を流している状態が，コイルにとって最も気持ちのいい状態なんです。あ，また「見てきたような」ことを言ってしまった(笑)。

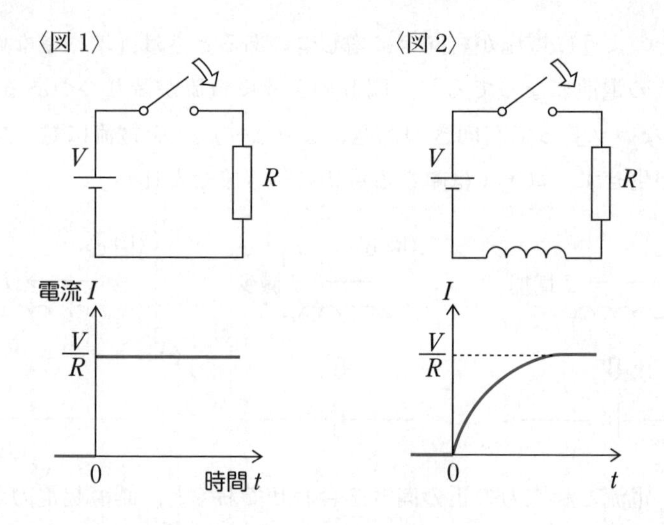

最後に，回路のスイッチを閉じた後のコンデンサーとコイルは正反対の振る舞いをするから，まとめて表にしておきましょう。**過渡現象への処方箋**だね。

	ON 直後	やがて
コンデンサー	1 本の導線	電流を通さない
コイル	電流を通さない	1 本の導線

※ コンデンサーははじめ帯電していないとする。
コイルの直流抵抗はないとする。

スイッチの開閉の際，コイルは電流をパッと変えない——対して，**コンデンサーは電気量をパッと変えない**——対句にしておくとよいでしょう。

第30回 交 流

交流なんか恐くない

交流は苦手な人が多いと思いますが，入試では出題率の低い分野です。それに，ある程度の知識さえもっていればいいのです。

■ 交流にも良さがある

交流は，電圧 v や電流 i が時間 t とともに変わっていきます。電流は回路を時計回りに流れたり，逆回りに流れたり，しかも強さも変わっていきます。たとえば，

$i = I_0 \sin \omega t$ のようにね。あっ，もうイヤーな顔してる人がいる。でも，この式なら単振動で習ったでしょ。

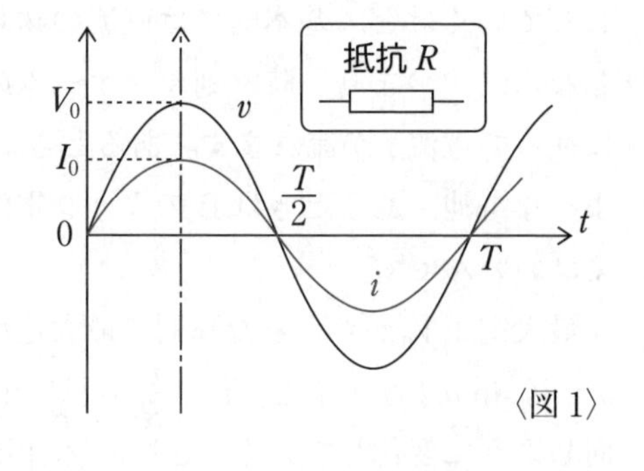

〈図 1〉

sin にこだわることはありません。cos だって物理としての本質は同じことです。だって，どの時点を時刻 0 とするかだけの違いなんですよ。点線のように縦軸をセットすれば $i = I_0 \cos \omega t$ となります。実態は何も変わりません。

ω はもともとの等速円運動では角速度だったけど，交流では**角周波数**（かくしゅうはすう）といいます。**周期**は $T = 2\pi/\omega$ で，その逆数が**周波数** f ですね。$f = 1/T$ で，単位は〔Hz〕です。なお，$\omega = 2\pi f$ だから，角周波数と周波数は違いますからね。

東日本は 50 Hz，西日本は 60 Hz を用いています。電流の向きの入れ替わりが，1 s 間に 50 ないし 60 回も繰り返されるんだから，相当速い変化

ですね。同じ扇風機でも，東京より大阪で使った方が羽の回転が少し速いんです。交流モーターには影響が出るけど，大半の電気製品の制御は，交流を直流に直して使っているから引っ越しても大丈夫。

しかし，何だって交流なんてメンドイものを作ってくれたんだ，直流でやりゃあいいのに……とは誰しも思うことだね。でも**交流には，直流化が容易なこと**(逆はやっかいなんだ)，**変圧器で電圧が簡単に変えられることなど，メリットがいろいろある**んですね。ま，ガマン，ガマン。

■ 抵抗の性質

まず，抵抗に交流電圧をかけた場合の話からいきましょう。電圧 v の大きさと向きが変わっていくけど，基本的には直流の物理と同じなんだ。つまり，時々刻々(じじこっこく)，オームの法則に従って電流 i が流れます。あるときはAのような電池，あるときはBのような電池と思えばいいんです。

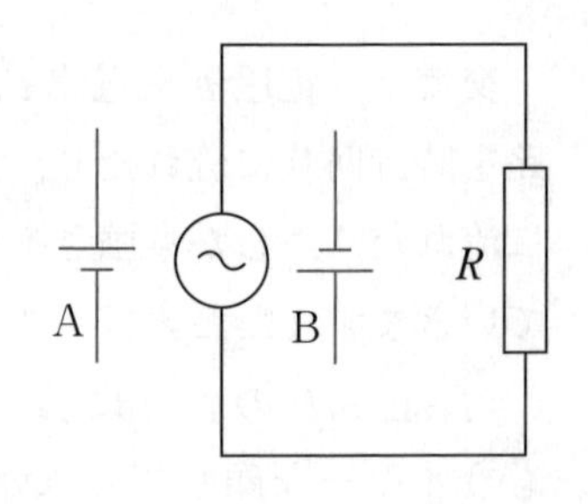

最大電圧 V_0 がかかった瞬間に最大電流 I_0 が流れ，　$V_0 = RI_0$　一般には，$v = V_0 \sin \omega t$ とすると，$i = \dfrac{v}{R} = \dfrac{V_0}{R} \sin \omega t$　図1のように電圧と電流が同じように変化していくことを，“位相が同じ”といいます。三角関数の中身(なかみ)が位相。角度のことですね。いまの場合，v と i の sin の中身が ωt で，一致しているんです。

また，交流では最大値よりも，それを $\sqrt{2}$ で割った実効値(じっこうち)を重視します。**実効値** $= \dfrac{\textbf{最大値}}{\sqrt{2}}$ です。電圧，電流の実効値を V_e，I_e で表すと，さっきの $V_0 = RI_0$ の両辺を $\sqrt{2}$ で割って，$V_e = RI_e$　**最大値どうしで成り立つ関係は，実効値どうしでも成り立ちます。**そこで，両方を含めて　$V = RI$

電圧計や電流計の示す値は実効値です。とにかく交流では実効値優先。何も断りがなければ実効値と思ってください。コンセントの電圧が 100 V といえば実効値のこと。最大値は $\sqrt{2}$ 倍の 141 V だね。

ところで，コンセントには穴が2つあるけど，穴の大きさ(長さ)が違っていることに気づいている人は？……ずいぶん少ないんですね。みんな17年以上も人間やってるのにね(笑)。そこら辺にありますから，後で見といてください。

実は大きな穴の方はアースされています。つまり電位は0V。それに対してもう1つの方の電位が，+141Vまでいったり，−141Vに下がったりしているわけです。たまに，赤ちゃんが針金(はりがね)をコンセントにつっこんで感電する事故が起きるけど，あれは確率1/2なんですね。0Vの方なら何事もないんです。とはいっても，「じゃあ今度(こんど)はこっち」ともう一方に入れるから，やっぱり確率は1に近いか。みんなも大きな穴の方に入れてみたら？　私はいやですよ。電気屋さんが間違って配線していないとも限らないからね(笑)。

■ コイルの性質

次はコイルの場合。ここから交流独特の話に入ります。

自己インダクタンスLのコイルについて，$V=\omega L \cdot I$が成り立ちます。ωLは**(誘導)リアクタンス**とよばれ，交流に対する抵抗のような意味をもつ量だね。$V=RI$と見比べてみれば分かるように，ωLの単位は〔Ω〕。最大値の関係にすれば，$V_0=\omega LI_0$

ただし注意することは，**電圧が最大になった瞬間に電流が最大になっているわけではない**，ということだね。

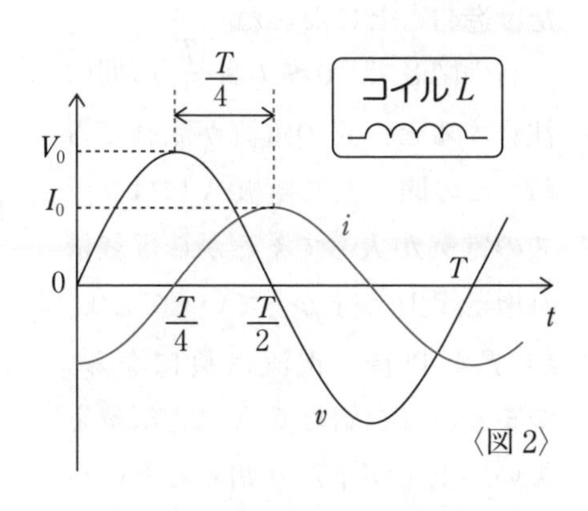

〈図2〉

図を見てください。**電圧が最大になってから**1/4**周期後に，電流が最大**になっています。**電流が遅れている**のです。位相でいうと，1周期が2π〔rad〕に対応しますから，電流は1/4周期，つまり $\frac{\pi}{2}$ **の遅れ**です。このことを覚えておく必要があります。

なぜ電流が遅れるかというと，コイルは自己誘導を起こして，電流の変化を妨げるからです。最大電圧をかけたからといって，すぐ電流を最大にしてくれるわけではなく，重い腰を上げてやっと最大にしてくれるという感じです。微分を習った人は，自己誘導の式 $L\frac{di}{dt}$ を思い出してほしいんですが，図2では $\frac{di}{dt}$ はグラフの接線の傾きに等しく，$t=T/4$ では傾きが最大だから電圧が最大だし，$t=T/2$ では傾きが0だから電圧が0になっているのです。

$\frac{\pi}{2}$ の遅れがこうして生じます。でも，このあたりのことは分からなくても構わないからね。

■ コンデンサーの性質

最後はコンデンサー。電気容量 C のコンデンサーに対して，$V=\frac{1}{\omega C}\cdot I$ が成り立ちます。$\frac{1}{\omega C}$ は(容量)**リアクタンス**とよばれ，単位はやはり〔Ω〕だね。コンデンサーの場合は電圧が最大になる前に，電流が最大になります。時間にして1/4周期前だから，**電流の位相は電圧に対して** $\frac{\pi}{2}$ **だけ進む**ことになるね。

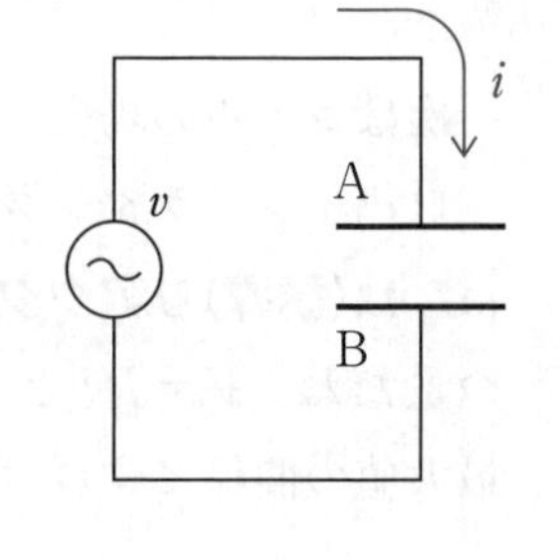

右の図3で，$0 \leqq t \leqq \frac{T}{4}$ の間に注目すると，正の電流が流れてるね。この間，上の極板Aにはプラスの電気が入ってくるから電気量が増え，電圧が上がっていくでしょ。$t=T/4$ 以後，電流は負になる。つまり逆流を始めてAは電気量を失い，電圧が下がり始めるというわけ。$\frac{\pi}{2}$ だけ電流が進んでいます

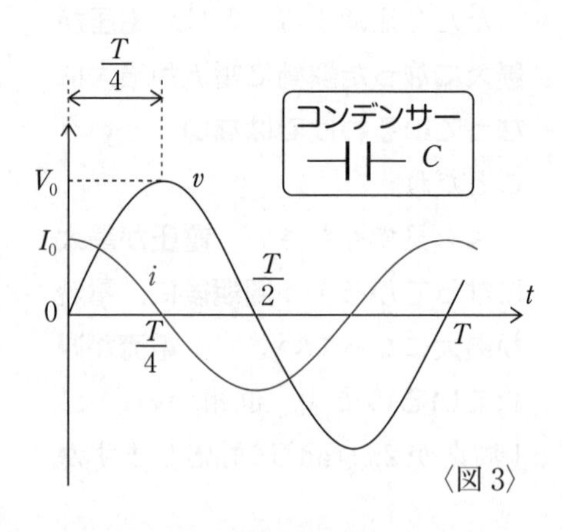

〈図3〉

ね。簡単にいえば，電流が流れて電気量をためるから電圧が上がる——だから電流が先なんだね。

コイルとコンデンサーに対しては，厳密には微積分（びせきぶん）を用いて上の関係を導くんですが，入試上はいくつかの知識をもっておけば十分です。それをまとめてみると，

抵抗 $\boldsymbol{R}$〔Ω〕	コイル $\boldsymbol{L}$〔H〕	コンデンサー $\boldsymbol{C}$〔F〕
$\boldsymbol{V=RI}$	$\boldsymbol{V=\omega L\cdot I}$	$\boldsymbol{V=\dfrac{1}{\omega C}\cdot I}$
電圧の位相と 電流の位相は同じ	電圧に対して 電流は $\dfrac{\pi}{2}$ 遅れる	電圧に対して 電流は $\dfrac{\pi}{2}$ 進む

V, I は実効値どうしか，最大値どうしで。**位相の関係がやっかいですが，コイルとコンデンサーでは逆になっているので，どちらかだけ覚えておくのが知恵（ちえ）というものだね。**私は「コイルでは自己誘導のため電流が $\dfrac{\pi}{2}$ 遅れる」と覚えています。というか，忘れたら考えることにしてるんだ。ただ，$\dfrac{\pi}{2}$ だけは覚えておかないとね。ひとつ実例でまとめの関係が使いこなせるかどうかチェックしてみよう。

コイルとコンデンサーは正反対の性格

〈例題〉 インダクタンス L のコイルにかかる電圧が $v=V_0\sin\omega t$ のとき，流れる電流 i を式に表せ。また，同じ電圧を容量 C のコンデンサーにかけたとき，流れる電流 i を式に表せ。

コイルの場合，電流の方が位相が $\dfrac{\pi}{2}$ だけ遅れているから，最大値を I_0 とすると，$i=I_0\sin\left(\omega t-\dfrac{\pi}{2}\right)$ **位相が遅れているとは，位相が小さいことなんです。**関数形は必ず合わせること。もしも電圧が cos なら電流も

cos を用います。そして，$V_0 = \omega L I_0$　これから I_0 が決まり，

$$\therefore\quad i = \frac{V_0}{\omega L}\sin\left(\omega t - \frac{\pi}{2}\right) = -\frac{V_0}{\omega L}\cos\omega t$$

コンデンサーの場合は，位相が進んでいることと，$V_0 = \dfrac{1}{\omega C}I_0$ より，

$$\therefore\quad i = I_0 \sin\left(\omega t + \frac{\pi}{2}\right) = \omega C V_0 \cos\omega t$$

■ 抵抗だけがエネルギーをムダ使い

コイルとコンデンサーは電力を消費しません。たとえばコンデンサーは，静電エネルギーをためたり回路に戻したりしていますが，むだ使いはしません。**電力消費は抵抗だけで起こり，ジュール熱となっていきます。消費電力は RI_e^2 または V_eI_e** です。**ここは実効値を用いること，**最大値ではないからね。

実は，消費電力 Ri^2 は電流 i とともに変動しているので，きちんと時間平均して計算してみると，$\frac{1}{2}RI_0^2$ または $\frac{1}{2}V_0I_0$ となり，$\frac{1}{2}$ が付いてきて，直流での公式とはズレてしまう。そこで，最大値を $\sqrt{2}$ で割った値を用いてやればいい。これを実効値と名づけようということになったのです。こんな具合ですね。

$$\frac{1}{2}RI_0^2 = R\left(\frac{I_0}{\sqrt{2}}\right)^2 = RI_e^2 \quad \text{または，}\quad \frac{1}{2}V_0I_0 = \frac{V_0}{\sqrt{2}}\cdot\frac{I_0}{\sqrt{2}} = V_eI_e$$

■ 嫌(きら)われ者のインピーダンス

抵抗，コイル，コンデンサーを直列につないだ場合（順番は関係なし），全体の電圧 V と電流 I の関係は，

$$\boldsymbol{V = ZI} \qquad \boldsymbol{Z = \sqrt{R^2 + \left(\omega L - \frac{1}{\omega C}\right)^2}}$$

Z〔Ω〕は**インピーダンス**とよばれ，合成抵抗を表しています。ただし，直流のように，$R + \omega L + 1/\omega C$ とはできないんだ。流れる電流は共通（時々刻々(じじこっこく)の瞬間値まで共通）なのですが，R，L，C の各電圧が最大値をとるタイミングがバラバラであるためです。が，細(こま)かいことは抜(ぬ)きにしよ

う。先ほどの式は入試直前に覚えておけばよい——そんな程度の式です。

覚えるときのコツとしては図 b がいいでしょう。Z は三平方の定理で求められる上に，電圧と電流の位相の差 ϕ が顔を出しているからです。

もし，R，L，C のうちどれか1つが欠けていれば，たとえばコンデンサーがなかったら，$Z=\sqrt{R^2+(\omega L)^2}$ のように $1/\omega C$ をはずせばよいということも知っておくとよいでしょう。

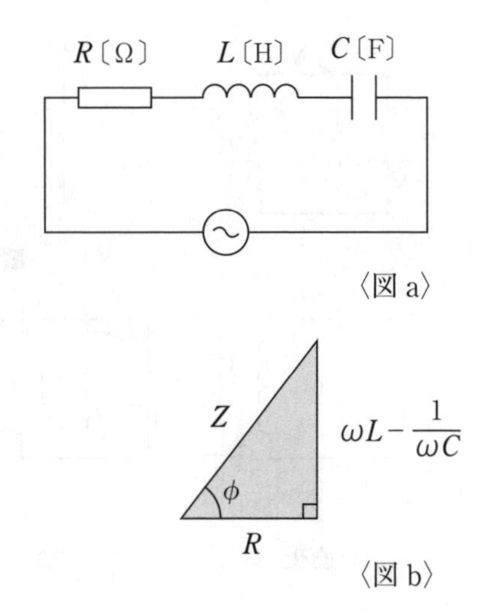

〈図 a〉

〈図 b〉

電磁気　交流

■ 電気振動は4つの図が描けるように

交流の出題率が低い原因は，以上のように知識だけで問題が解けてしまうからですが，**電気振動**の問題は結構よく出ます。物理としての面白さと実用性をもっているからでしょう。

まず，コンデンサーを充電して電気量 Q をもたせます。そしてコイルにつないでやると交流電流が流れ始めるんです(次ページの図)。

スイッチを閉じた直後の図①から見ていこう。**コンデンサーは放電を始めようとする**んだけど，直後の電流は0です。コイルがいるからだね。この時コイルは，赤で示したような電池と化しています。以下，どの図もそうだけど，**コンデンサーとコイルは並列になっていて，電位差がたえず等しい**ことに気をつけてください。

電流は0から徐々に増し，やがて最大 I_0 になったのが図②です。このときコンデンサーの電気量は0。両者ともに電圧は0だね。電流が最大で $\frac{di}{dt}=0$ だから，コイルの誘導起電力は0だという判断もできます。コンデンサーとしては放電が終わってホッとしているんだけど，しかし**コイルは電流を流し続けようとします。**現状維持派だったからね。

そこで，下側の極板に電流を送り続け，＋に帯電させていきます。下

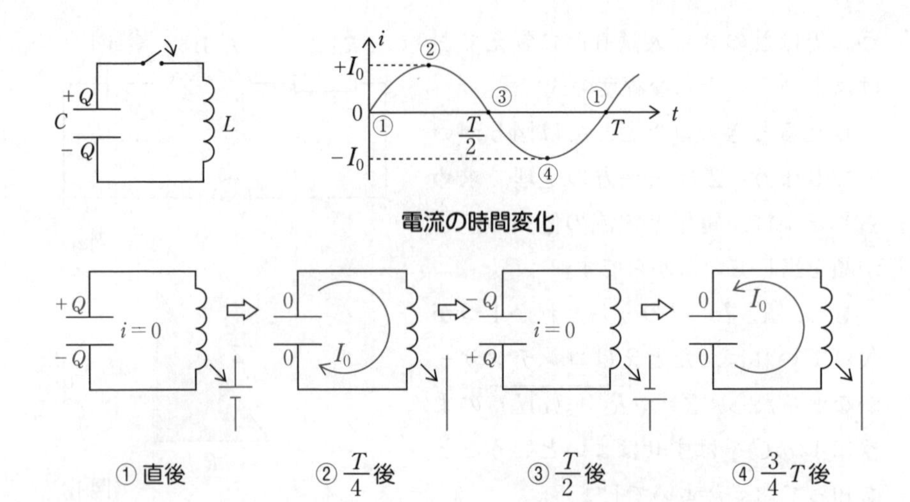

電流の時間変化

側には $+Q$ までたまって，電流が0となったのが図③。これははじめのひっくり返しに過ぎないでしょ。コンデンサーはまた放電を始め，逆向きに電流が流れて最大となったのが図④です。コイルは電流を流し続けて……図①に戻ります。この繰り返し。

■ 電気振動の周期とエネルギー保存則

電気振動の周期 T は，電気容量を C，自己インダクタンスを L として，$T=2\pi\sqrt{LC}$ と表されます。上の図は $T/4$ ごとの図になっています。コンデンサーもコイルも電力を消費しないから，完全に元の状態に戻ることができ，電気振動が持続するんですね。このとき，次のエネルギー保存則が成り立っています。

（静電エネルギー）＋（コイルのエネルギー $\frac{1}{2}Li^2$）＝一定

コイルのエネルギーとは，コイルを流れる電流 i がつくる磁場のエネルギーのことです。と言ってみても，ちっとも分かった気がしないね。コンデンサーの静電エネルギーは，極板間にできた電場のエネルギーでもあるんです。対応させてみると少しは分かった気になれるかな。なんとなく雰囲気（ふんいき）だけでいいでしょう。

問題に入る前に，周期の公式を導いておこう。コンデンサーとコイルは並列になっていて，最大電圧 V_0 が共通でしょ。それに電流は一回りするから，両者は直列でもあり，電流 I_0 が共通になっている。だから，$V_0=\omega L \cdot I_0$ と $V_0=\dfrac{1}{\omega C}\cdot I_0$ が両立するんですが，そのためには $\omega L=\dfrac{1}{\omega C}$ でなければいけない。よって，$\omega=\dfrac{1}{\sqrt{LC}}$ であり，$T=\dfrac{2\pi}{\omega}=2\pi\sqrt{LC}$ です。

並列でもあり，かつ直列にもなっているという風変(ふうが)わりな回路なんだね。

問題 53 過渡現象・電気振動

容量 C のコンデンサー，インダクタンス L のコイルと，起電力 V の電池，抵抗 R を図のようにつないだ。はじめコンデンサーは電気を帯びていない。スイッチSを閉じる。

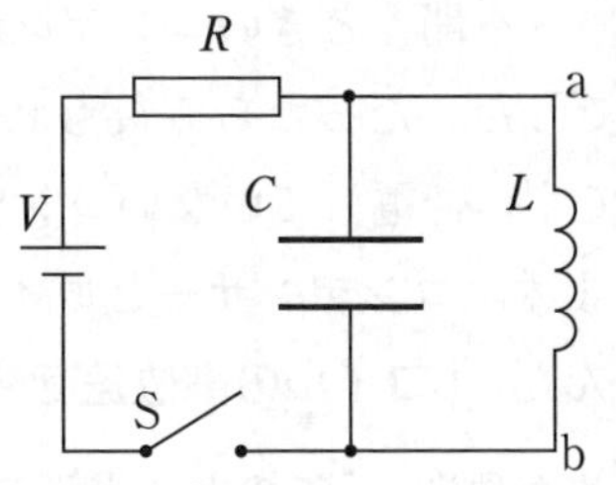

(1) その直後，電池を流れる電流 I_0 を求めよ。また，十分時間がたったときの電流 I_1 を求めよ。

(2) 十分時間がたった後にSを開く。その直後のab間の電位差を求めよ。

(3) ab間の電位差の最大値 V_{m} と，Sを開いてから V_{m} になるまでの時間 t を求めよ。

なかなかの難問ですよ。前回の終わりにやったコンデンサー，コイルの過渡(かと)現象に関する知識もフルに動員する必要があるからね。

(1) **直後だからコイルは電流を通さない。コンデンサーは1本の導線に置き換えていい。**すると，何のことはない，V と R だけの回路。最も素直なオームの法則の世界ですね。よって，$I_0=\dfrac{V}{R}$

十分時間がたつとコイルは1本の導線。一方，コンデンサーは電流を通していない。やはり，$I_1=\dfrac{V}{R}$　I_0 と I_1 が一致したのは，たまたまのことだよ。この間，電流はコンデンサーとコイルの両方を通って流れ，しかも変化してきています。

ついでのことに，「**十分時間がたったとき，コンデンサーの電気量はいくら？**」……

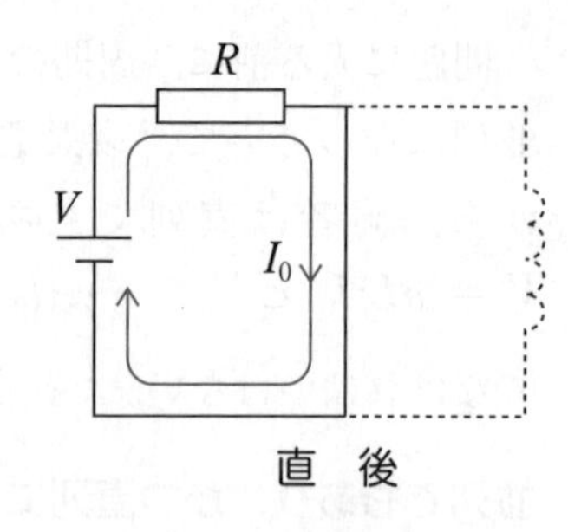

$Q=CV$？　本当に？　極板間の電圧を調べなくっちゃ。……コイルが導線状態でしょ。すると……そうなんだ，ab 間が等電位だから，電圧は0。したがって電気量も0なんだ。不思議そうな顔をしている人もいるね。気持ちは分かりますよ。はじめのうちはコンデンサーを電流が通っていたから，充電されていたはずだからね。でも，その電気はやがてコンデンサーから出て行ったんです。

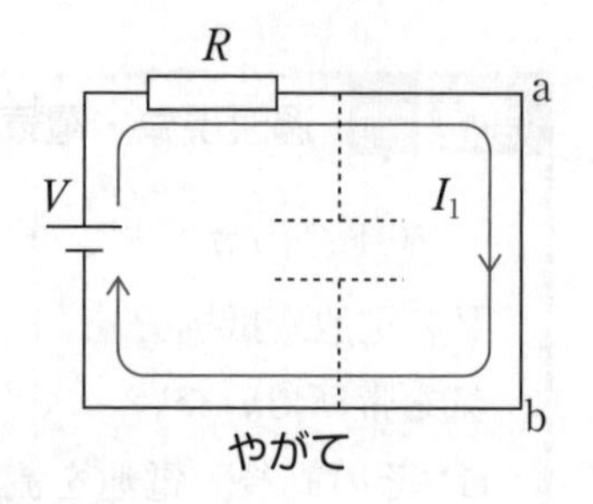

(2)　Sを開くときのコンデンサーの電気量は0でした。だったら直後も0。よって電圧も0です。帯電していないコンデンサーは導線扱いできたことからもそういえます。コンデンサーとコイルの電位差はいつも同じ。よって，答えは**0**なんだ。「**コイルの電位差を聞かれたら，コンデンサーに目を向けよ**」だね。

また質問。「**このときどこをどんな電流が流れてる？**」……

Sを開く直前までI_1を流していたコイル，直後もI_1を流すね。どこを通って？　……コンデンサーですね。導線状態になっているコンデンサーを上向きに流れるんです。この状態，見覚えはありませんか？　電気振動の図②(p. 126)と同じになってるよ。いよいよ電気振動が始まるのです。

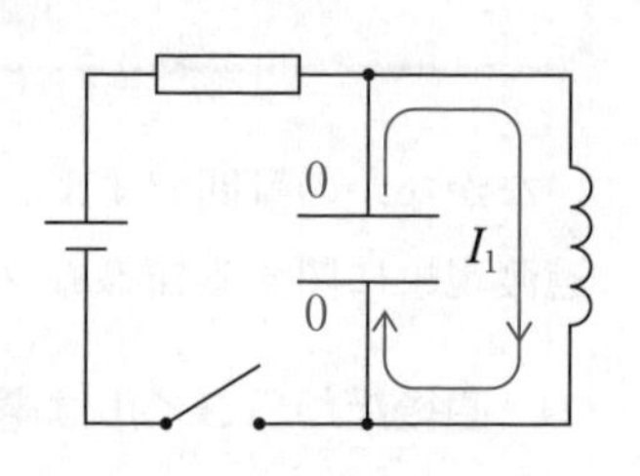

(3)　エネルギー保存則より，

$$0+\frac{1}{2}LI_1{}^2=\frac{1}{2}CV_m{}^2+0 \qquad \therefore\ V_m=I_1\sqrt{\frac{L}{C}}=\frac{V}{R}\sqrt{\frac{L}{C}}$$

はじめはコイルだけがエネルギーをもっていて，やがてそれがコンデンサーのエネルギーに変わる。このときが電圧も電気量も最大になるときだね。p. 126 では図③のときです。

図②から③へは 1/4 周期で移れるから，

$$t=\frac{1}{4}T=\frac{1}{4}\times 2\pi\sqrt{LC}=\frac{\pi}{2}\sqrt{LC}$$

■ 電磁波の出現

さて，実は電気振動の回路からは，**電磁波**(でんじは)が出ます。実際上は**電波**(でんぱ)です。電気振動のエネルギー保存則を用いた後，舌(した)の根(ね)も乾(かわ)かぬうちに……と言われそうだけど，電波のエネルギーは非常に小さいから，入試問題では前ページのように適用してください。放射(ほうしゃ)される電波の周波数(振動数)fは，電気振動の周期 T の逆数に等しく，$f=\frac{1}{T}=\frac{1}{2\pi\sqrt{LC}}$ です。

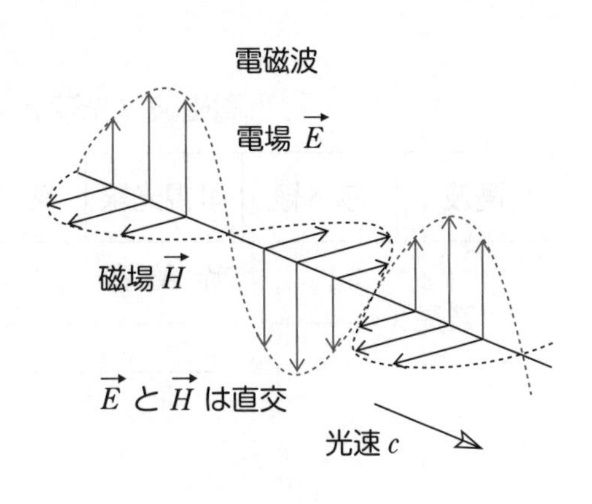

fは回路の**固有周波数**(こゆう)ともいわれます。放送局はこうして L，C を調節して，電波の周波数を決めているのです。受信する側もそうです。ラジオならチューナー，テレビならチャンネルで周波数を合わせます。

「光」は狭い意味では可視(かし)光線，つまり目で見える光ですが，広い意味では電磁波と同義語です。電磁波は，電場と磁場が相伴(あいともな)って変動しながら光速 c で伝わっていくもので，**横波**です。波長と名称の対応を知っておいたほうがいいでしょう。

赤外線(せきがい)は目には見えませんが，膚(はだ)では温かく感じられます。紫外線(しがい)は日焼けの原因。そして，殺菌作用がある……ということはあまり浴(あ)びない方がいいものですが，ビタミンDをつくるというプラスの面ももっています。可視光線では赤・黄・青の順番を覚えておくように言いましたが，紫が波長が最も短いので，紫外線と名づけられています。入試で赤・黄・紫のセットで出題されても動じないように。X（エックス）線は物質を透過しやすく，レントゲンとして利用されています。γ（ガンマ）線は放射性物質から出る放射線の一種ですね。

太陽からの電磁波は可視光線が主で，目が可視光線を見ることができるようになったのは一つの進化です。直射日光が暑いのは赤外線のせい。紫外線の大部分は上空のオゾン層で吸収されています。

太古の地球には太陽からの強烈な紫外線が降りそそいでいました。そのため生物は陸では生きられず，海の中にとどまっていたのです。やがて海の微生物が光合成をして酸素 O_2 をつくり出し，オゾン O_3 の層ができました。こうして，生物の陸への進出が可能になったのです。

電磁波（光速 $c=f\lambda$）

電波	赤外線	可視光線	紫外線	X 線	γ 線
		赤 黄 青			

波長 λ ←――――

――――→ 振動数 f

第31回 電磁場中の荷電粒子

基調となる運動は2種類

荷電粒子は電場内や磁場内でどのように運動するのだろうか，というのが今回のテーマです。もちろん，真空中での運動です。電場内での運動は第22回の静電気の続きの話ですし，磁場内での運動は第28回のローレンツ力の続きの話ですね。

■ 電場による加速と減速

プラスの荷電粒子より，マイナスの荷電粒子の方がなにかとやっかいでしょうから，電子の例で話を進めましょう。図1は加速の場合です。2枚の極板間に電圧Vをかける。高電位側である陽極板BからAに向かって，左向きに電場Eができる。電子はマイナスの粒子だから，右向きの静電気力を受けて加速されるというわけです。

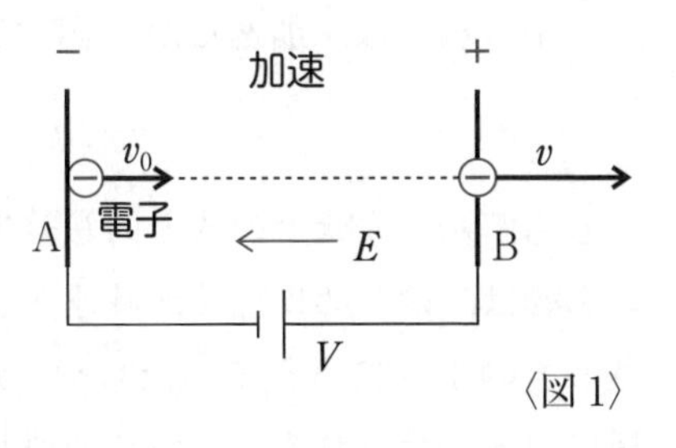

〈図1〉

> **「電子の電荷を$-e$，質量をm，Aでの初速をv_0とします。電子がB(の小穴)に達したときの速さvを求めたい。さあ，どうするか？」**

極板間が一様電場だとして，運動方程式を用いて加速度を決め，vを求めることもできるけど，**一様かどうかに関わりなく解ける方法を用いたいね。……そう，力学的エネルギー保存則ですね。**Aの電位を0とすると，Bの電位は$+V$だから，前にやったように(p. 37)，

$$\frac{1}{2}mv_0{}^2+(-e)\times 0=\frac{1}{2}mv^2+(-e)V$$

この方法は正統的なんですが，ややメンドクサイ。そこで，力学でのことを思い出してみると，力学的エネルギー保存則を使うとき，はじめは形通り「$\frac{1}{2}mv^2+mgh=$一定」と当てはめるんですが，慣れてきたらそうはしなかったでしょ。机の上に物を落とす場合でも，本当に必要としている量は基準位置(たとえば床)からの高さではなく，机からの高さ，つまり問題にしている2点間の位置エネルギーの差なんですね。落下すれば，その分が運動エネルギーに変わっていく。

電位差(電圧)Vは1Cに対する位置エネルギーの差ですね。だから，q〔C〕が電位差V〔V〕の2点間を動くときの位置エネルギーの差はqV〔J〕。単に差だけが知りたいので，qには符号は含めません。電気量の絶対値です。まあ，覚え方としては，

(電気量の大きさ)×(電位差) だけ運動エネルギーが増減するとしておくといいかな。

図1の場合は，加速だからeVだけ増える。そこで，

$$\frac{1}{2}mv_0{}^2+eV=\frac{1}{2}mv^2$$

もちろん，先ほどの式と同じ結果だよ。この方法では粒子の電荷の符号の影響は，はじめに加速か減速かを決めたとき取り入れています。それもさっきのように考えていたらやっかいだから，「マイナスの電子はプラス極に引き寄せられる，よって加速」と，図から即断したいんですね。初速が0なら $eV=\frac{1}{2}mv^2$，最もよく出合うケースです。

図2の場合は，右へ向かう電子はプラス極Aに引かれる。つまりブレーキを受けるから減速と分かります。すると，運動エネルギーは減っていくから，

$$\frac{1}{2}mv_0{}^2-eV=\frac{1}{2}mv^2$$

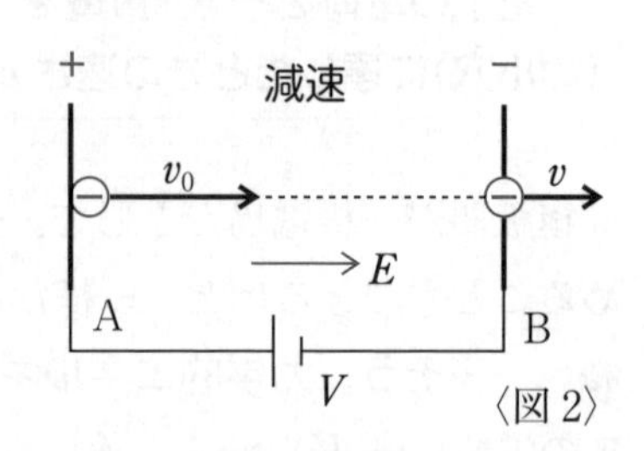

〈図2〉

以上を振り返ってみると，何も粒子が**直線運動をする場合に限らない**ことも分

かります。大切な量は2点間の電位差Vであり，qVなんですね。

■ 一様な電場内での運動

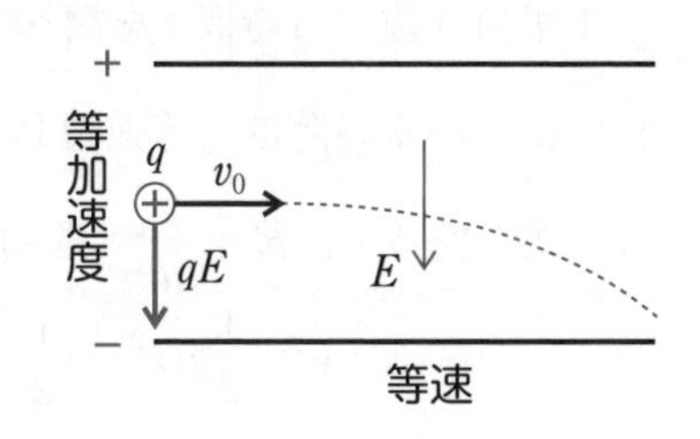

コンデンサーの極板間のような一様な電場Eの中に，荷電粒子が飛び込む場合の話です。図のように正電荷qの粒子が，極板に平行に初速v_0で飛び込んできたとしよう。結論からいうと，放物線を描きます。だって，粒子に働く静電気力はいつも一定でqE，重力mgと同じ性質だからね。例のanalogy（アナロジー）です。だから，**放物運動のイメージで解いていけばいい。**

運動を縦・横に分解して考えると，**横方向は力を受けないから等速運動でしょ。縦方向は静電気力qEによる等加速度運動。**もちろんその加速度aは，運動方程式$ma=qE$で決めればいい。図の場合なら水平投射と同じだね。初速度が斜め向きになっていたら，斜方投射と同じように解いていけばいいんです。gの代わりにaを用いるだけのこと。放物運動はみんな得意（とくい）でしょうから，これ以上口を差（さ）しはさむこともないでしょう。さっそく問題に入ってみよう。

一様電場では放物運動

問題 54 電場内での運動

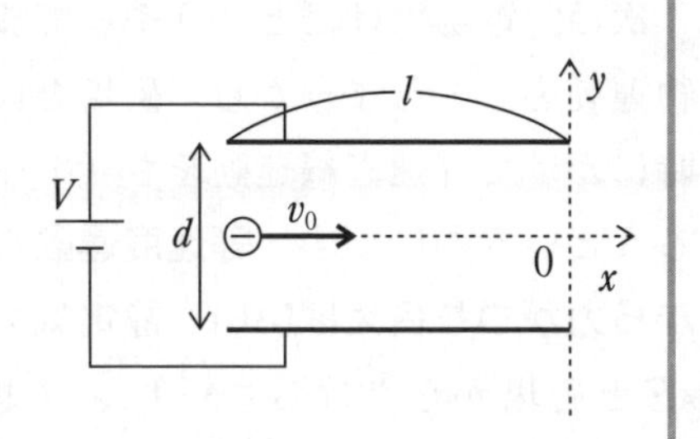

長さlの2枚の極板をdだけ離して電圧Vをかけ，電子（質量m，電荷$-e$）を左端の中央から速さv_0で打ち込む。極板の右端で電子が現れる位置のy座標を求めよ。また，そのとき電子の速度の向きがx軸となす角をθとして，$\tan\theta$を求めよ。

次に，極板間に磁場を紙面に垂直にかけ，電子を v_0 のまま直進させたい。磁場の向きと磁束密度 B を求めよ。

まず通り抜ける時間 t を調べておこう。横方向に目を向けて，距離 l 進むのにかかる時間は，等速運動だから，$t=\dfrac{l}{v_0}$ 一様電場だから $V=Ed$ の公式を使って，$E=\dfrac{V}{d}$ 運動方程式 $ma=eE$ より $a=\dfrac{eE}{m}=\dfrac{eV}{md}$

$$\therefore\quad y=\frac{1}{2}at^2=\frac{1}{2}\cdot\frac{eV}{md}\left(\frac{l}{v_0}\right)^2=\frac{eVl^2}{2mdv_0^{\,2}}$$

このときの速度の y 成分 v_y は，$v_y=at$ で求められるから，右の図を見て，

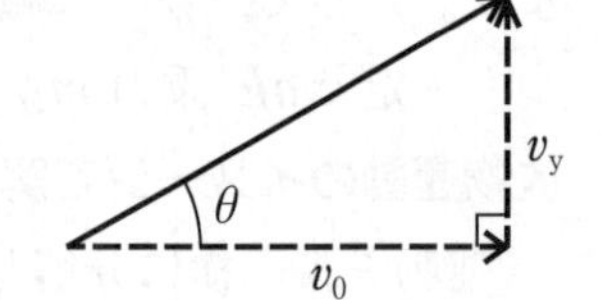

$$\tan\theta=\frac{v_y}{v_0}=\frac{at}{v_0}=\frac{eVl}{mdv_0^{\,2}}$$

$\tan\theta$ を求めさせたのにはわけがあるんだ。極板から離れた位置に蛍光板（けいこうばん）を y 軸に平行に置いて，電子をキャッチするケースが多い。極板の右端からの距離を L として，**「蛍光板上に現れる電子の y 座標 Y を尋（たず）ねられたらどうする？」**

………………

極板間を出れば電場はなく，電子は等速直線運動をするから，θ 方向にまっすぐ進む。だから，

$$Y=y+L\tan\theta=\frac{eVl}{2mdv_0^{\,2}}(l+2L)$$

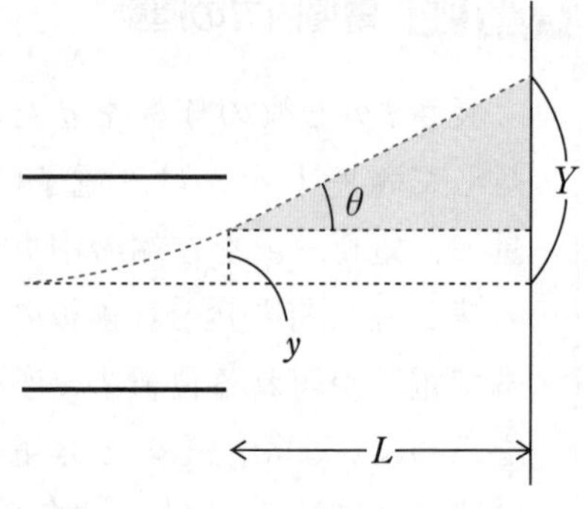

次は，電場だけだとこうやって放物運動をしてしまうから，磁場を同時にかけて等速直線運動をさせてやろうというわけです。**等速度運動だから力がつり合えばいい。**静電気力 eE と磁場から受けるローレンツ力 ev_0B のつり合いだね。静電気力は上向きだから，ローレンツ力は下向き

にしたい。そこで磁場の向きは……マイナスの粒子だから左向きに電流をワンクッション入れてと……まあ，2通りやってみればいいんですよ。磁場は⊗向きといずれ出る。**表から裏への向き**だね。

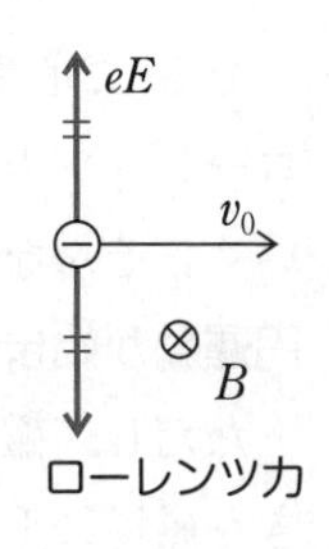

さて，力のつり合いの式は，

$$eE = ev_0B \qquad \therefore \quad B = \frac{E}{v_0} = \frac{V}{v_0 d}$$

■ 一様な磁場内では基本的に等速円運動

それでは磁場中の運動へいきましょうか。荷電粒子は，磁場中を動くとローレンツ力を受けるんですが，**ローレンツ力の特徴は，速度の向きに垂直に働くこと**だね。速度と同じ向きの力は粒子を加速するし，逆向きの力は減速するんですが，垂直に働く力は加速でも減速でもなく，速度の向きだけを変えていくんだ。だから必然的に**等速での曲線運動**が始まります。

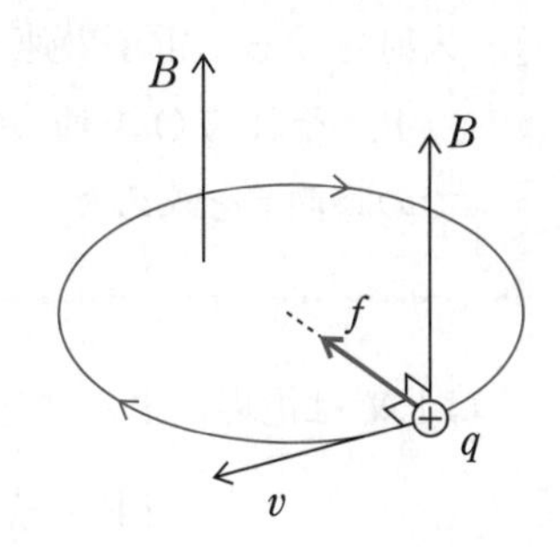

⇩ 真上から見ると

もう少しカッコウをつけて話すと，**ローレンツ力は仕事をしない**のです。力学でやった振り子の運動では，糸の張力は仕事をしなかったでしょ。曲面上を滑る物体に働く垂直抗力も仕事をしなかったね。いずれも力の向きと速度の向きが，たえず直角だったからです(第1巻，p. 67)。

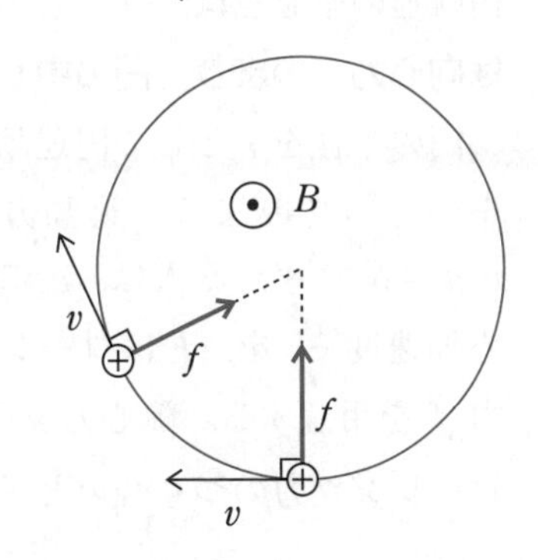

ローレンツ力の仕事は0だから，荷電粒子の運動エネルギーを増やしも減らしもしない。つまり，粒子の速さは変わらない。等速での曲線運動だね。複雑な磁場だと，軌道はもうグニャグニャになってわけ分かんないですけど，とにかく等速で動きます。

でも，ご心配なく。出題されるのは**一様な磁場中での運動**です。すると，ローレンツ力は一定の大きさを保つから，速度の向きを同じように変えていく。そんな軌道は円軌道ですね。**ローレンツ力が向心力となって，等速円運動が始まる。磁場に垂直な面内で回ります。**

ただし，磁場に垂直に荷電粒子を打ち込んだ場合のことです。速度の向きが磁場に垂直でない場合は多少のつけ加えがあるんですが，その話は後に回しましょう。

問題 55　磁場内での運動

図で蛍光板Aより上には，紙面の表から裏への向きに磁束密度 B の一様な磁場がかけられている。質量 m，電荷 $-e$ の電子（初速は0）を電圧 V で加速してAの穴Oから入射させる。電子の速さ v とA上に現れる点P，それにOを通ってからPに達するまでの時間 t を求めよ。

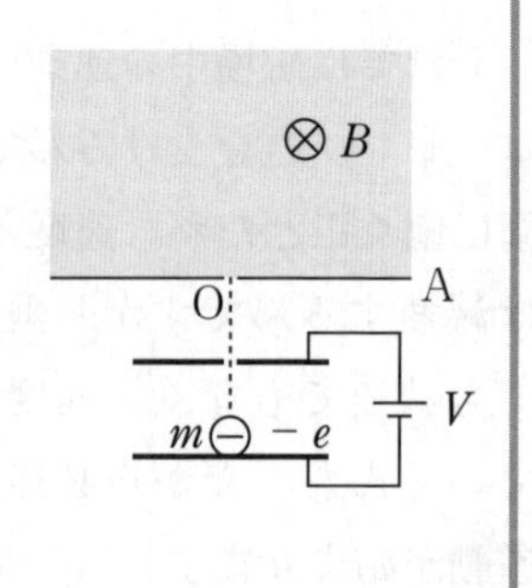

はじめは電場による加速ですね。もう軽く片づけられるでしょ。

$$eV=\frac{1}{2}mv^2 \qquad \therefore \quad v=\sqrt{\frac{2eV}{m}}$$

Oでのローレンツ力 f の向きを調べてみると……右向きだね。これで円軌道の中心点は，Oの右側にあることが分かる。だって，**ローレンツ力は向心力，つまり，円の中心を指している**んだからね。

円の半径を r として円運動の式をつくってみよう。運動方程式 $ma=F$ で考える人は，a には向心加速度 $\frac{v^2}{r}$ を，F はローレンツ力 f を用意する。遠心力 $m\frac{v^2}{r}$ とローレンツ力のつり合いと考えて

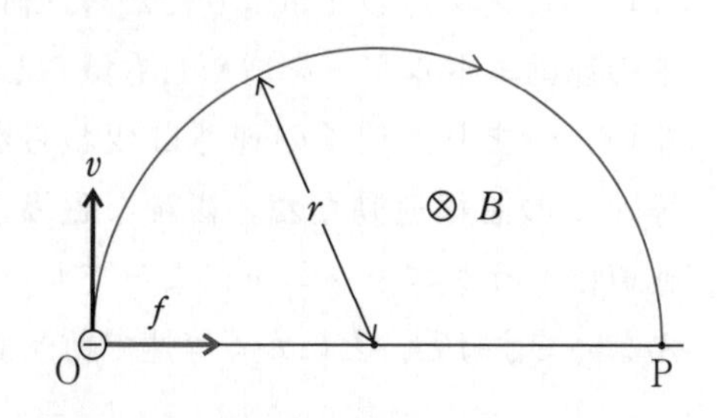

式をつくる人もいる。式が書けるだけでなく，どちらの意識で書いているかが大切だね。

$$m\frac{v^2}{r}=evB \qquad \therefore\ r=\frac{mv}{eB}=\frac{1}{B}\sqrt{\frac{2mV}{e}}$$

電子は半円を描くから，OPは円の直径$2r$に等しいね。**PはOの右側で，**

$$\mathrm{OP}=2r=\frac{2}{B}\sqrt{\frac{2mV}{e}}$$

まず等速円運動の周期Tを求めよう。tは半周期に等しいからね。

$$T=\frac{2\pi r}{v}=\frac{2\pi m}{eB} \qquad \therefore\ t=\frac{1}{2}T=\frac{\pi m}{eB}$$

$v=r\omega$から角速度ωを出し，$T=2\pi/\omega$として求めてもよいでしょう。

ついでのことに，$r=\dfrac{mv}{eB}$と$T=\dfrac{2\pi m}{eB}$に注目。**速さの速い電子ほど大きな円を描いて回るけど，1周する時間は速さによらない**んですね。原子核の実験装置で，サイクロトロンという荷電粒子の加速器があるんですが，この性質はそこで利用されています。

一様磁場では
等速円運動

■ 斜めのときはらせん運動

荷電粒子が，磁場に対して斜め向きに飛び込んだ場合は，速度を分解して考えます。磁場方向がu，垂直な方向がvとしよう。磁場に垂直な面内では，vによってローレンツ力が発生し，速さvでの等速円運動に入ります。ここまではさっきと同じ。

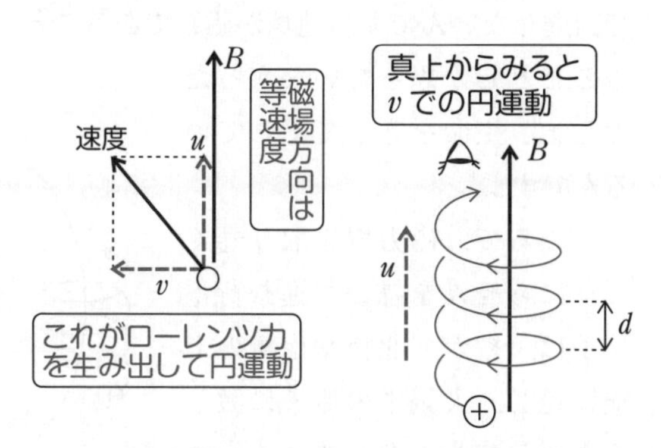

一方，磁場方向はuで等速運動をすることになります。もともと磁場方向に動いてもローレンツ

力は生ぜず，等速直線運動になるからね。結局，2つの運動の組み合わせとなって，**粒子はらせんを描いていきます**。磁力線を取り巻くようにね。

「**らせんのピッチが求められますか？**」 ピッチ d は図で分かるように，円を1周する間に磁場方向へ進む距離のことです。粒子の電気量 q，質量 m と u，v，B のうち必要なものを用いてください。さあ，計算スタート！

……………………

磁場方向は速さ u で進んでいるから，円運動の1周期 T の間には，$d=uT$ ですね。T を求めればいい。円の半径を r とすると，$m\dfrac{v^2}{r}=qvB$ よって $r=\dfrac{mv}{qB}$ ですか。そこで，

$$T=\frac{2\pi r}{v}=\frac{2\pi m}{qB}$$

やっと出ましたね。 $d=uT=\dfrac{2\pi mu}{qB}$ です。

とにかく，**磁場に垂直な面内では v による円運動，磁場方向は u での等速運動と分けて扱うこと**ですね。そのために速度の分解をきちんとやっておくことです。

太陽や宇宙からは，宇宙線（うちゅうせん）とよばれる高速の荷電粒子（主に陽子（ようし）や電子）が地球に降り注（そそ）いでいます。放射線（ほうしゃせん），あるいは放射能といったほうが分かりやすいかな。生物にとっては危険なものなんですが，地球には防御（ぼうぎょ）するバリアーが備わっているんです。それは，地球磁石のつくる磁場。大部分の荷電粒子は磁力線につかまり，それに沿ってらせん運動をして，地表まで到達しないんです。地球が磁石であることの恩恵（おんけい）といえば，南北が分かることとしか思っていなかったでしょ。生命を守ってくれているんですよ。

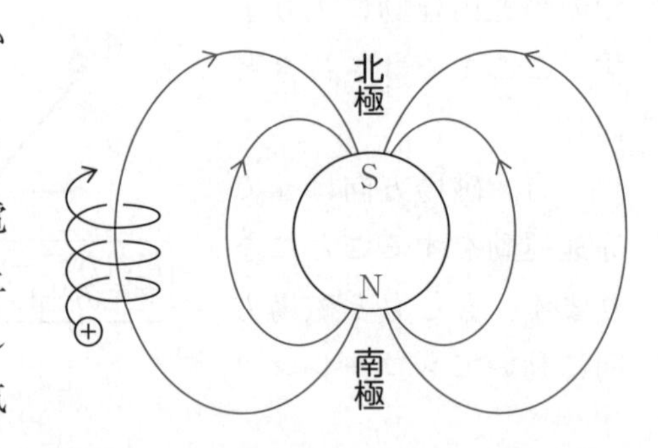

ところで，磁力線を取り巻くようにらせんを描いて進む荷電粒子は，やがて北極や南極の上空に達し，大気中の原子に激しく衝突して光を発します。大気

は薄いベールのようなものだった。時として太陽は黒点(こくてん)の所で爆発を起こし，たくさんの荷電粒子を放出します。すると……カンのいい人はもう分かったでしょう。そう，オーロラが現れるんですね。

電磁気もこれで終わりました。電気の分野は，静電気に始まり，コンデンサー，直流回路に分かれていましたが，それらを貫いているともいえるのが「電位」でした。磁気の分野は，電流がつくる磁場の話に始まり，電磁力，ローレンツ力，誘導起電力と華々(はなばな)しく展開しました。それらは関連性をもっているため，難しく思えたかも知れませんね。何度も振り返って頭の中を整理していってください。

電磁気の頂点にあったのが電磁誘導ですが，それも誘導起電力を決め電池に置き換えれば，直流回路の問題に帰(き)することがつかめたでしょうか。最後にやった電磁場内の荷電粒子の運動は，やや独立していて力学に近いものでした。

入試では力学と電磁気は必ず出題されます。特に電磁気で差がつくのでマスターに励んでほしいですね。

第32回 光電効果

光は粒子でもあった！

今回からいよいよ最後の分野，「原子」に入ります。ここは歴史を抜きにしては語れない分野です。そのあたりは気楽に聞いていてください。まずは古くて新しい問題，光の本性の話から始めましょう。

■ 光は何なのか

光の正体は何なのか？　粒子なのか，波なのか，それが問題になったのはずいぶん古いことで，ニュートンの時代です。**ニュートンは粒子だと**思っていました。一方，**ホイヘンスは**――あのホイヘンスの原理のホイヘンスですね――**波だと主張しました。**いろんな現象を取り上げて論争が続いたんですが，**粒子でも波でも説明できて，なかなか決着がつかなかった**んですね。

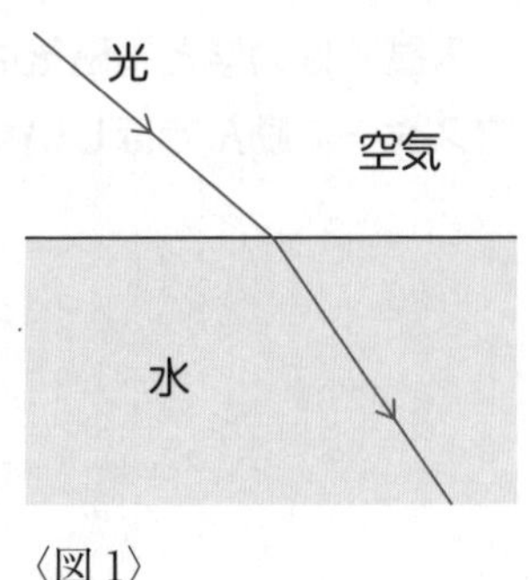

〈図 1〉

たとえば，赤と黄色の細い光線２本を交差させても，２つは何事もなく直進する。ホイヘンスは「これこそ波の証拠。波の独立性じゃ。粒子なら衝突して飛び散ろうが」と言う。しかし，ニュートンは，それは光の粒が非常に小さくて，ほとんど衝突せずにすむからだと言ってゆずらない。とにかく，“ああ言えば，こう言う”の状況だったんですね。

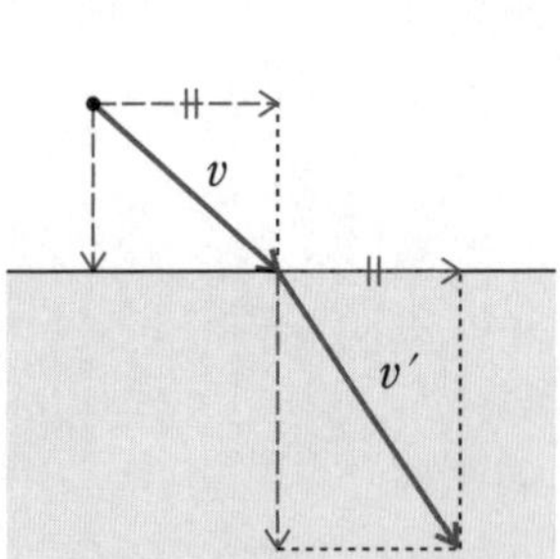

でも，**光の屈折について，両者の結論は大きく分かれることになった**のです。光が水の中に入ると，図１のように屈折するでしょ。

〈図 2〉　**ニュートン説**

ニュートンは，光が水中では速くなるからだと考えたんです。光の粒子は境界面に沿っては力を受けないだろうから，図 2 のように速度成分は一定に保たれる。一方，境界面に垂直な方向は，密度の大きい水に引き込まれるような力を受けて，加速されるというわけです。

もちろん**ホイヘンスは**，ホイヘンスの原理に基づいて，図 1 のように屈折するのは，**水中の方が光の速さが遅いからだ**と説明します。こうなれば，水中での光の速さを調べれば，どちらが正しいのかはっきりします。

そんな実験がなされたのは，その後かなりたってからですが，**光は水中では遅くなっていた**のでした。**ホイヘンスの勝利**に終わったわけですね。

しかし何にもまして，**光が波であることを決定づけたのは，ヤングの実験**でした。2 つのスリットに光を当てると，スクリーン上には縞(しま)模様が現れるという実験ですね。あれは，スリットで回折(かいせつ)された光がいろいろな方向に進み，スクリーン上で出合って干渉(かんしょう)するというものでした。

この**「回折」と「干渉」こそ，波の二大特徴**だったね。粒子だったらスリットの正面に 2 本の線しか現れないはずが，何本もの縞(しま)ができるんだからね。

19 世紀には電磁気学が完成され，電場と磁場の変動が，横波(よこなみ)として光の速さで伝わっていくことが理論的に導かれ，光の本性が明らかになり，**電磁波(でんじは)**とよばれるようになりました。実験的にも，電気振動の回路から電磁波(電波(でんぱ))が出ていることがヘルツによって確かめられ，さらにはヨーロッパからアメリカへの無線通信に成功したんですね。こうして，**光が波であることは，動かしようのない事実となった**んです。

ただ一言(ひとこと)加えると，電波は直進し，地球は丸いでしょ。だから，ヨーロッパから発した電波がアメリカに届くはずはなかったんです。じゃあなぜ届いたかというと，上空に電離層(でんりそう)があって，電波を反射してくれたからなんです。それは後に分かったことで，まあ，ツイてたんですね。

■ 光電効果とは何か

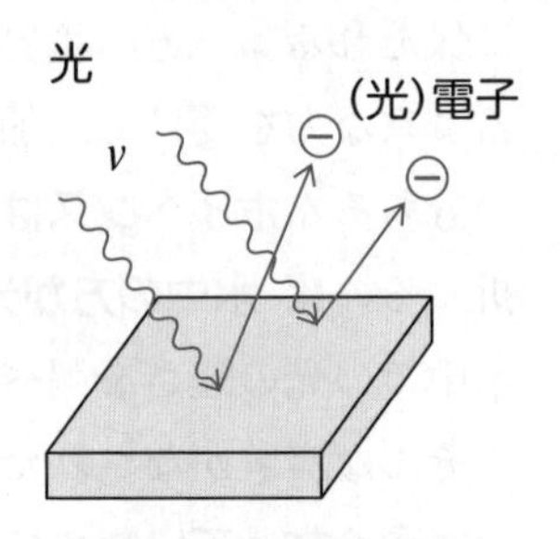

さて，光が波であることを誰も疑わなくなった19世紀末に，妙（みょう）な現象が見つかってきたんです。それが**光電効果**（こうでんこうか）。**金属に光を当てると，金属中から電子が飛び出す**というものです。

もともと，**金属中の自由電子は陽イオンに引っ張られているため，金属の外へ出るにはエネルギーが必要**なんです。光電効果は，**そのエネルギーを光からもらった**ということで，それ自体（じたい）は驚くほどのことではありません。

実際それまでも，電子の実験をするときには——どうしてたと思う？電子をピンセットでつまみ出すわけにはいかないからね。——金属を熱してたんですね。それだけで電子が出てきます。熱エネルギーをもらって出てきた電子だから，熱電子とよんでいます。

光電効果では，光のエネルギーをもらって出てきた電子だから**光電子**（こうでんし）とよんでいるけど，単なる電子です。ただ，光電効果について調べを進めてみると，**光を波だと考えたのでは説明のつかないことが，次々と出てきた**んです。

■ 光電効果の不可解（ふかかい）さ —— 波動説の破綻（はたん）

たとえば，**光電効果はある振動数 ν_0 より小さな振動数の光に対しては，まったく起こらない**のです。あ，そうそう，波動分野では振動数は f としてきたけど，原子分野では光の振動数は，ギリシア文字「ν（ニュー）」を用いるのが慣用です。ν_0 を**限界振動数**といいますが，そうですね，ν_0 が黄色の光だったとしましょうか。

すると，振動数の小さい（波長の長い）赤い光では，光電効果は起こらないんです。明るくしてやってもダメ。サーチライトでもダメ。いくら明るさを増しても電子が出ないんです。明るいほど当てているエネルギーは大きいはずなのに……。

しかし，青い光なら，すぐに電子が飛び出してきます。こちらはどんなに暗い光でもOK。星の光でさえ出て来るんですね。

さっきも言ったように，電子が出るかどうかは，基本的にはエネルギーの問題。**金属の材質で決まる値 W があって，仕事関数**（しごとかんすう）とよんでますが，**W 以上のエネルギーを電子に与えれば，出てくるはずなんです。**

波は模様（もよう）**の伝わる現象だけれど，エネルギーを伝える現象でもある。**水面を揺すってやれば，遠くに浮いているテニスボールを振動させることができるでしょ。振幅の大きな波ほど，激しくボールを揺することができる。**波が伝えるエネルギーは，振幅の2乗に比例する**のです。

波が運ぶエネルギーを，**波の強さ**という量で表します。**光なら明るさ**ですね。波の強さは〔J/(m²·s)〕という単位で表されます。太陽に手をかざしたとき，大きな手ほどたくさんのエネルギーを受け取れるし，長い時間をかけるほどたくさん受け取れるでしょ。波の強さを表すには，面積と時間を決めておかないとね。

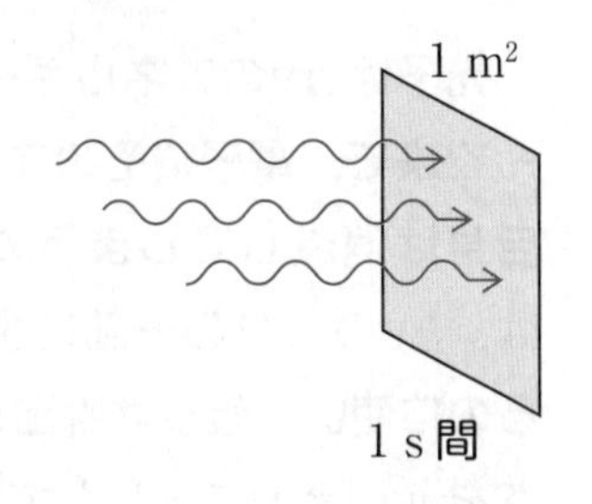

波の進行方向に垂直な1 m² の面積を，1 s間に通り過ぎていくエネルギーが，波の強さです。電子にエネルギーを与えるには，光波の振幅を大きく，つまり明るくしてやればいいはずなんですね。**波動説では，限界振動数などというものは存在しないはずなんです。**

しかも，もう1つおかしなことがありました。**ν_0 を超えた振動数の光に対しては，即座**（そくざ）**に電子が飛び出して来る**んです。星の光のような弱い光でもいいんです。

もし光が波だとすると，まんべんなく金属に当たる。したがって暗い光だと，電子が W のエネルギーを受け取るためには，時間がかかるはずなんですね。計算してみると数10分もかかるはずなのに，すぐに出てくる。何が何だかさっぱり分からない！　もう，お手あげ！――というのが，当時の状況でした。

原子
光電効果

■ 粒子説の復活 ―― 天才アインシュタインの登場

この混迷（こんめい）を，快刀乱麻（かいとうらんま）を絶（た）つがごとく解決したのが，アインシュタインです。「光を波と考えていたのではダメだ。粒子と考えてみよう」というわけです。歴史というのは面白いものですね。かつて否定された粒子説が復活したんです。

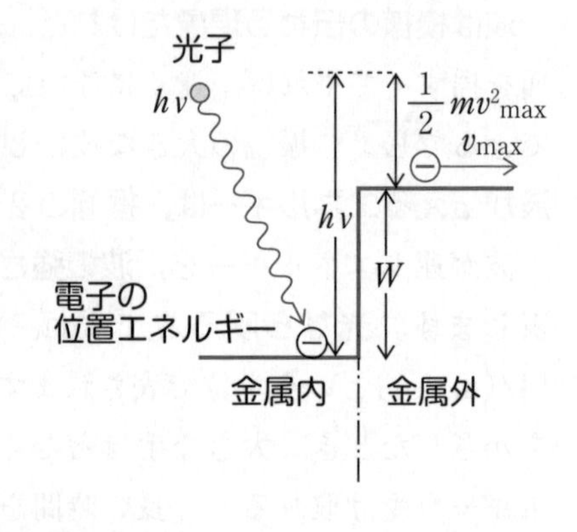

光の粒子を光子（こうし）といいますが，1個の光子のエネルギー E は振動数 ν に比例し，$E = h\nu$ と表されます。比例定数 h はプランク定数とよばれます。

光子は $h\nu$ のエネルギーをもって飛んで来て，電子にそのすべてを与え，自身は消滅してしまうのです。電子は，$h\nu$ のうちの一部を金属の外へ出るのに使い，残りは脱出した後の自分の運動エネルギーにする。電子の速さを v_{max} として式にしてみると，こんなふうですね。

$$\frac{1}{2}mv^2_{max} = h\nu - W \quad \cdots\cdots \mathbf{A}$$

光電効果で出て来る電子の速さはいろいろで，速いのも遅いのもあります。この式が表しているのは，そのうち最も速い電子についてです。仕事関数 W とは，金属中から電子が出るのに最小限必要なエネルギーです。

まあ，簡単にいえば，「表面近くにいる電子ほど出やすい，それでも W だけは必要」ということだね。奥深くから出るには，もっとエネルギーが必要なんです。つまり，奥の方にいた電子は，もらった $h\nu$ のかなりの部分を外へ出るのに使ってしまい，残りが少なくなる。したがって，運動エネルギーの小さい，遅い電子になるんですね。

■ 光子説による説明

さて，なぜ限界振動数ν_0が存在するかですが，電子を外に出すには，Wだけのエネルギーがどうしても必要です。**Wに等しいエネルギー$h\nu_0$をもつ光子が，光電効果を起こせる限界**です。

前ページの式**A**を見てください。このときのv_{max}は0。つまり表面にいた電子だけが，何とか外に出られるという状況。式で表せば，

$$h\nu_0 = W \quad \cdots\cdots \mathbf{B}$$

ですね。

νが$\nu < \nu_0$のような光では，光子のエネルギーがWに達していないから，電子はまったく外に出られないのです。**光を明るくすることは，光子の数を増やすこと**。電子は光子をため込むことはできないので，いくら光子の数を増やしてみても無駄鉄砲（むだでっぽう）というわけ。

一方，ν_0より大きな振動数νの光だと，暗くても，つまり光子がまばらにしか飛んでこなくても，**1つ1つの光子が電子に$h\nu$のエネルギーをドサッと与えるから，電子はすぐに出てこられる**ということなんですね。

まだピンとこない人のために，たとえ話をしようか。電子の集団を捕（と）らわれた無数の捕虜（ほりょ）に，エネルギーをお金にたとえてみよう。一人一人は，そう，保釈金（ほしゃくきん）W＝100円を払えば，収容所から抜け出せるとしよう。

いま，10000円を捕虜に与える。波動説では，捕虜にまんべんなくお金を降り注ぐことになる。そこで，1円玉で1万枚バラまくとしよう。それを100枚かき集めるのは大変でしょ。でも，粒子説だったら500円玉でバラまく。だから，受け取った幸運な人はすぐに脱出できるわけ。余った400円は旅立ちの旅費に使えばいい。これ，運動エネルギーのことだよ。

波動説では1円玉でといったけど，本当はもっともっと細かいお金にたとえたい――というか，コインのイメージじゃないんだけどね。波動のエネルギーはムラなく行き渡るからね。100円を集めるのがどんなに大変なことか想像できるでしょ。

■ 実験装置のキーポイントはここだ！

でも，**光電効果が起こっているかどうか，どうして分かるのだろう？** 電子は目に見えないんだからね。そのための装置が図 a。陰極 K に光を当てて，電子を飛び出させる。それを陽極 P に引きつける。もちろん次から次へと光子を当てるから，電子も次々に飛び出して P に入ってくる。そして，電池を通って再び K に戻る。

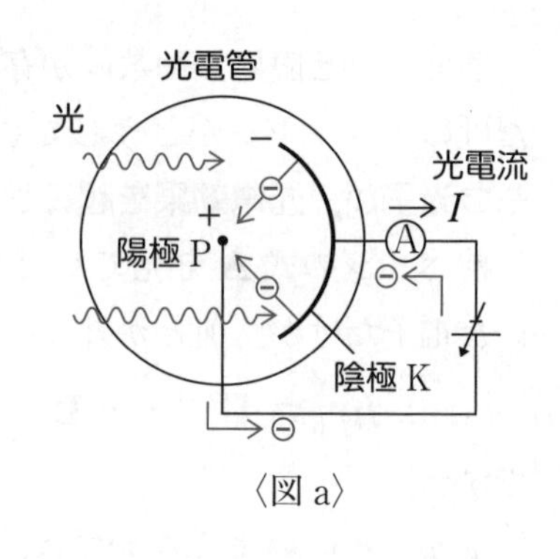

〈図 a〉

つまり，電子は回路をグルグル回る。したがって電流が流れる。**電流計の針が振れるので，「電子が飛び出しているな」と分かる**わけだね。こうして流れる電流を光（こう）電流なんてよんでますが，単なる電流のことです。

光の強さを 2 倍にすると，光子の数が 2 倍になる。正確にいえば，単位時間に陰極 K に当たる光子の数が 2 倍になる。すると，当然飛び出してくる電子の数も，2 倍になる。で，電流も 2 倍になる。光電効果を利用すると，光の明るさの測定にも使えるんですよ。

明るさ∝光子数∝電子数∝電流

次に，光電効果で出てきた**電子の運動エネルギーの最大値，$\frac{1}{2}mv_{\max}^2$ を調べるには，どうしたらいいか**を話しておこう。それには図 b のように，逆電圧をかけてやればいい。K より P の電位を低くする。P に向かって飛ぶ電子は減速される。P の電位をだんだん下げていくと，**最大の速さ $v_{\max}$ の電子でさえ，P の直前で U ターンする。**

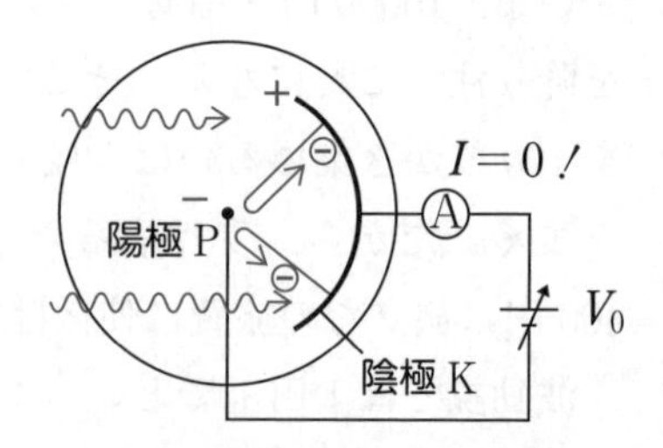

電圧を逆にしても，陽極，陰極の呼び名はそのまま
〈図 b〉

もちろんもっと遅い電子は，途中でＵターンしてＫに戻ってしまっている。すると，Ｐには電子がやってこなくなるから，電流計の針が振れなくなる。

このときのKP間の電位差をV_0とすると，v_{max}の電子がV_0で減速されて止まる。電磁気(p. 132)でやったように，

(電気量の大きさ)×(電位差) だけ運動エネルギーが減るから，

$$\frac{1}{2}mv_{max}^2 - eV_0 = 0 \qquad \therefore \quad \frac{1}{2}mv_{max}^2 = eV_0 \quad \cdots\cdots\mathbf{C}$$

V_0は電子がＰにやってくるのを阻止(そし)するのに必要な電圧だから，阻止電圧とよばれています。用語として覚えなくてもいいけど，感じのよく出ている言葉だね。

振り返ってみると，**式Ａが最も大切**。イメージをもって扱ってください。$h\nu$のエネルギーをもった光子が，金属中の電子に当たってすべてのエネルギーを電子に与え，自分は消えてしまう。金属の表面近くにいた電子はWだけを脱出に使い，残りは運動エネルギーとして使うんだったね。

イメージを伴う
エネルギー保存を

式Ｂは，まあ，Ａの付属品(ふぞくひん)みたいなものです。電子を外へ出すには，Wが最低限必要。そこで，限界振動数ν_0が存在することになる。**式Ｃは飛び出した電子の，最大の運動エネルギーを測るテクニック**の話ですね。

じゃあ，問題に入ってみよう。

問題 56　光電効果

光電管の陰極Ｋに振動数ν〔Hz〕の光を当てる。Ｋに対する陽極Ｐの電位V〔V〕を変化させて光電流I〔A〕を測定したら，図２のように$-V_0$〔V〕以下では$I=0$となった。光速をc〔m/s〕，電子の質量をm〔kg〕，電荷を$-e$〔C〕とする。

(1) 光電流の向きは図１の矢印**ア**かそれとも**イ**か。

(2) $V=-V_0$ のときのスライド抵抗器の接点Sは XY 間にあるか，それとも YZ 間か。また，光電子の速さの最大値 v_{max}〔m/s〕を求めよ。

(3) Kに当てる光の明るさを半分にすると，図2の曲線はどのようになるか，点線で描け。

次に，光の振動数 ν を変化させ，阻止電圧 V_0〔V〕を測定したところ，図3が得られた。

(4) プランク定数 h を数値で求めよ。また，Kに用いた金属の仕事関数 W を数値で求め，〔J〕単位と〔eV〕単位で表せ。
$e=1.6\times10^{-19}$〔C〕とする。

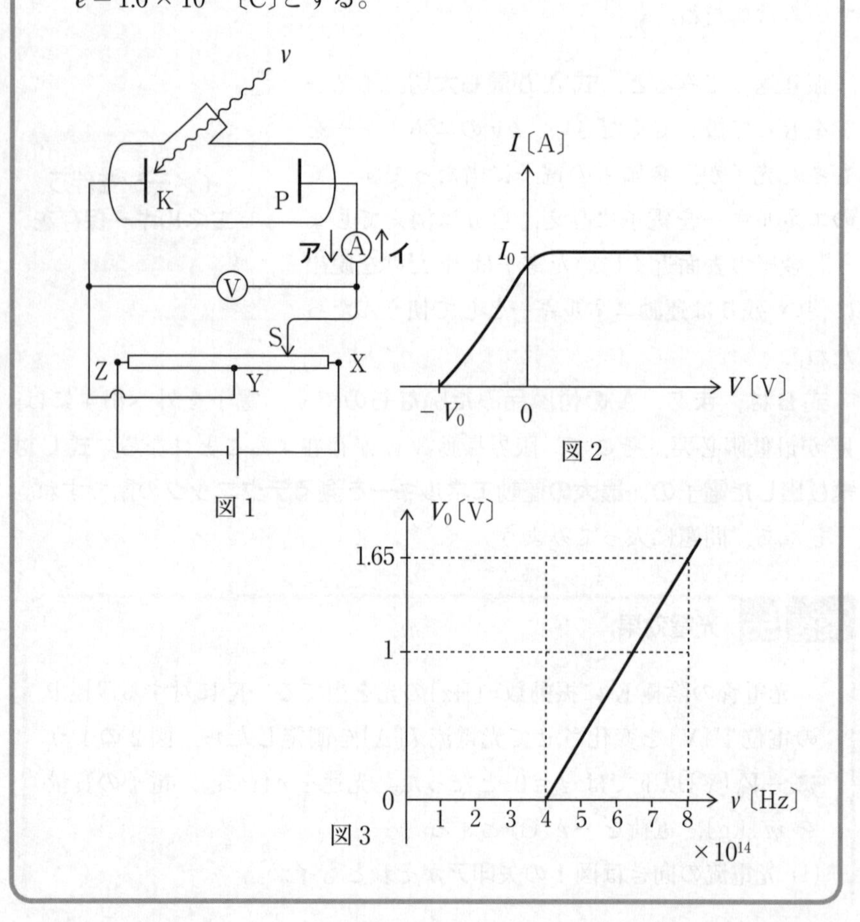

図1

図2

図3

(1)　光電子はＫから出てＰに入り，電流計をアの向きに通過する。**電流の向きは，電子が移動する向きと逆向き**だったから，光電流は**イ**の向きだね。

(2)　電池を出た電流は**赤い矢印のように，抵抗線 XYZ を通って一巡**（いちじゅん）しています。**この電流が XZ 間の電位を決めます。**もちろんＸが最も高電位で，Ｚが最も低電位だね。**Ｘから Ｚ へと電位は低くなっている。**光電流はたいへん微弱なので，XZ 間の電位に影響しないんです。

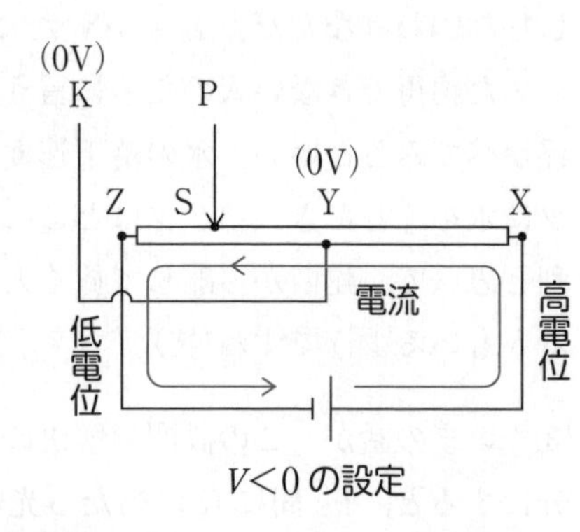

陰極Ｋの電位はＹと同じ。導線で結ばれているからね。ここを０Ｖとしています。「**Ｋに対する**」というのは「**Ｋを０Ｖとしたとき**」という意味だからね。

一方，陽極Ｐの電位はスライド接点Ｓと同じで（電流計Ⓐは導線に置き換えていい），Ｓを動かすことにより，XZ 間で自由に変えられる。ＳをXY 間に置けば，Ｐの電位はプラスになる。これは p. 146 の図ａと同じで，光電効果が起こっているかどうか知りたいときのセットの仕方だね。いまはＰの電位をマイナスにしたいのだから，Ｓは **YZ 間**に置くことになる。

$V=-V_0$ のときは p. 146 の図ｂの状況だね。そこで，

$$\frac{1}{2}mv_{\max}^2=eV_0 \qquad \therefore \quad v_{\max}=\sqrt{\frac{2eV_0}{m}}$$

V を $-V_0$ より少し増してみると，速い電子はＰに到達できるようになる。だから I が０から増していくんだね。ここで質問。

> **「図２を見ると，電位 V をプラスにした後いくら増しても電流は一定値 I_0 のままで増えていかない。それはなぜ？」**

Ｐの電位を増すと，電子は加速されて勢いよくＰに飛び込んでくるから，電流は増えそうな気がするじゃない？　でも，**電流は１s 間に通り抜ける**

電気量だったでしょ。いま，陰極Kから1s間に出る電子の数Nは，当てている光の明るさで決まっている。電子がN個しか出ていないんだから，**どんなに加速電圧を上げても，1s間にPやⒶを通る電気量は，eNしかない**わけなんだ。$I_0=eN$ だね。

まだ納得(なっとく)できない人のために言うと，水道の蛇口(じゃぐち)から出ている水を思い浮かべてみるといい。水の落下速度は下へ行くほど速くなるけれど，バケツに水をくむとき，バケツはどこに置いても同じことでしょ。速い方が有利と思って，蛇口から離して置く人はいないでしょ。アッ，そう思っている人もいるようですね(笑)。

(3)　いまの話が，この設問の解決につながっていきます。光の明るさを半分にすると，1s間にKに当たる光子の数が半分になる。だから，出てくる電子の数も半分になる。そうすれば，電流Iも半分になるでしょ。だから次図の赤点線のようになるわけだね。

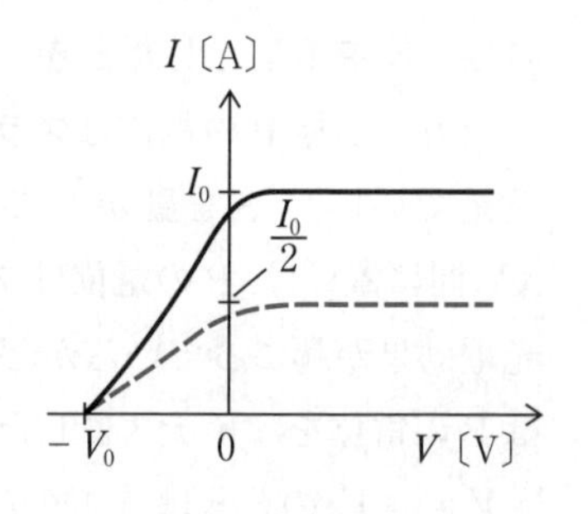

阻止電圧V_0は変わらないよ。光子と電子の数が減っただけで，1つ1つの電子が光電効果で飛び出し，加速されたり，減速されたりする過程に変わりはないからね。

式で考えてもいいよ。公式**A**で，νとWが変わっていないから，v_{max}も一定。そして，公式**C**よりV_0も一定というわけです。

■ グラフのもつ意味を式から考える

(4)　νを変えると，v_{max}が変わるから，V_0も変わっていきます。公式**A**と**C**を組み合わせてみると，

$$eV_0=h\nu-W \qquad \therefore \quad V_0=\frac{h}{e}\nu-\frac{W}{e} \cdots ①$$

この式は，数学的には $y=ax+b$ のようなもの。図3のように，直線となることの裏付(うらづ)けが取れたのです。**h/eは直線の傾きに等しい**から，

$$h = e \times (\text{直線の傾き})$$
$$= 1.6 \times 10^{-19} \times \frac{1.65}{(8-4)\times 10^{14}} = \mathbf{6.6 \times 10^{-34}}〔\mathrm{J \cdot s}〕$$

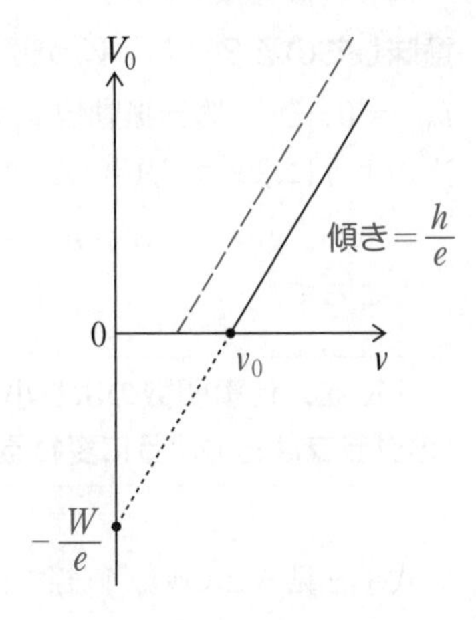

hの単位は，光子のエネルギーの式 $E = h\nu$ から調べるといい。Eが〔J〕で，νが〔Hz〕つまり〔1/s〕だから，**hは〔J·s〕**ですね。〔J/Hz〕と書けないわけじゃないけど，〔J·s〕がいい。プランク定数hは，光速cや電気素量(そりょう)eと並ぶ基本定数で，単位も〔J·s〕に慣れ親しんでいますからね。あ，もちろん“みんなが”じゃなくて，“採点者が”だよ(笑)。

$y = ax + b$ の b に当たる $-W/e$ は，直線の V_0 軸切片ですね。図3の直線を延長して調べてもいいけど，対称性から $\nu = 8(\times 10^{14})$ のときの V_0 を読み取ればいい。$V_0 = 1.65$ だから，

$$-\frac{W}{e} = -1.65$$
$$\therefore \quad W = 1.65 \times 1.6 \times 10^{-19} = \mathbf{2.64 \times 10^{-19}}〔\mathrm{J}〕$$

電子ボルト〔eV〕は，原子分野でよく使う単位です。**1 V の電圧で電子を加速したとき，電子が得る運動エネルギーが 1 eV** です。運動エネルギーは，（電気量の大きさ）×（電位差）だけ増える。だから，1〔eV〕$= e$〔C〕×1〔V〕$= e$〔J〕ですが，いちいち考えてるとめんどくさいから，**1〔eV〕$= e$〔J〕**と覚えておいた方がいいでしょう。

〔J〕を用いると，10 のマイナス何 10 乗というように，指数(しすう)がついて大変だから，原子に見合った小さな単位を用意したわけですね。細胞(さいぼう)の大きさを測るときに，〔m〕は用いないでしょ。〔mm〕や〔μm〕を用いるのと同じことですよ。それに加えて，電子を扱うとき，〔eV〕は非常に便利なんだ。300 V で加速すれば，電子の運動エネルギーは 300 eV 増える，というようにね。

問題に戻って，$1〔\mathrm{eV}〕= e〔\mathrm{J}〕= 1.6 \times 10^{-19}〔\mathrm{J}〕$だから，

$$W = \frac{2.64 \times 10^{-19}}{1.6 \times 10^{-19}} = \mathbf{1.65}〔\mathrm{eV}〕$$

図3の直線は，$\nu = 4(\times 10^{14})$で終わっていますが，**このνの値は何を意味している？**　　　V_0が0，つまり阻止電圧がいらないのだから……$v_{\max} = 0$，そう，**限界振動数ν_0**だね。だから，Wは公式**B**(p. 145)を用いて，次のように求めてもいいんですよ。

$$W = h\nu_0 = 6.6 \times 10^{-34} \times 4 \times 10^{14}〔\mathrm{J}〕$$

ところで，

> **「Kを，仕事関数のより小さな別の金属に取り替えたとしたら，図3のグラフはどのように変わるか，分かりますか？」**

式①を見るといい。直線の傾きを表すh/eは定数だから，**グラフは平行移動する**。切片$-W/e$の絶対値が小さくなるから，上への移動だね。前ページの図の赤い点線のようになります。

夜，空を見上げてみると星がきらめいていますね。微(かす)かな星の光が即座(そくざ)に見えるのは，実は光の粒子性のおかげなんです。目で光を感じるためには，網膜(もうまく)の色素(しきそ)タンパク質にエネルギーを与えて，活性化する必要があるんですが，光子だといきなりドカッと与えられるわけ。もし，光が波動でしかなかったとしたら，夜空に星があることに，人は気づかなかったかもしれません。

まあ，それはともかく，受験勉強に疲れたら夜空の星でも眺(なが)めてみよう。自分が生まれるよりはるか昔に星を旅立った光が，いま地球に届いているんだと思うだけで，心が洗われますよ。

光の粒子性(りゅうしせい)については，もう少し話さなくてはいけないんですが，みんなだいぶ疲れたようですし，次回に回しましょう。

第33回 粒子性と波動性

二重性はミクロの世界を支配する

■ 光子は運動量ももっている

アインシュタインは，光電効果を説明するためには，光が粒子からできていて，1つ1つの粒子，つまり，光子のエネルギーEは $E=h\nu$ で表されるとしたんですが，**粒子であるからには，運動量ももつはずだ**と考えました。

相対性理論によれば，光速cの速さで飛ぶエネルギーEの粒子は，$p=E/c$という運動量pをもつはずなのです。いまの場合なら，$p=h\nu/c$，あるいは $p=h/\lambda$ です。波の基本式 $v=f\lambda$ に対応して，$c=\nu\lambda$ の関係があるからね。

$h\nu/c$とh/λ，どちらもよく用いますから，両方とも覚えておいた方がいいでしょう。

光子の
- エネルギー $E=h\nu$ ── 振動数
- 運動量 $p=\dfrac{h\nu}{c}=\dfrac{h}{\lambda}$ ── プランク定数

相対性理論はもちろん入試の範囲外だから，いまのところは「そんなものかな」という程度でがまんしてください。妙（みょう）な理論を自分でつくり上げないことです。たまに，$h\nu=\dfrac{1}{2}mc^2$ とかやってくれるんだ。でも，**光子の質量は0**なんです。$h\nu$は運動エネルギーではなく，光のエネルギーそのものなんだ。運動量もmcじゃないからね。

相対性理論によると，質量をもつ粒子は，どんなに加速しても光速cに近づけるだけで，cに達することはないことが分かっています。cは特別な値なんですね。光子も特別な存在なんです。

さて，光子の運動量を確かめた実験が，コンプトンという人によって行われました。**光子を電子に当てると，光子は電子を跳(は)ね飛ばして進行方向が変わり，波長が長くなるんです。コンプトン効果**といっていますが，**そのときの衝突は弾性衝突で，エネルギー保存則と運動量保存則が成り立ちます。**くわしくは問題を通して見ていこう。

問題 57 コンプトン効果

静止している電子(質量m)に波長λ_0のX線光子を当てると，光子は波長λとなって角θ方向へ進み，電子は速さvで角ϕの方向へはじき飛ばされた。このときλはλ_0より長くなる。その差 $\Delta\lambda = \lambda - \lambda_0$ をθの関数として求めてみよう。光速をc，プランク定数をhとする。

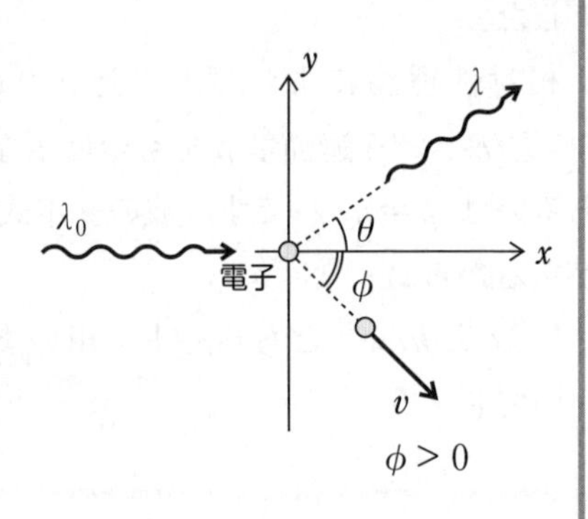

(1) x，y各方向での運動量保存則を記せ。また，エネルギー保存則を記せ。

(2) ϕ，vを消去し，$\Delta\lambda$をθ，m，c，hで表せ。ただし，λはλ_0にほとんど等しいとしてよい。

(1) 図は光を波のように描いているけど，“光子”なんだから，力学でやった**2つの球の衝突のイメージ**で扱ってほしい。

まず，**運動量保存則は，ベクトルの関係でx，y方向の成分ごとに成り立つから，**

x 方向について： $\dfrac{h}{\lambda_0}=\dfrac{h}{\lambda}\cos\theta+mv\cos\phi$ …①

y 方向について： $0=\dfrac{h}{\lambda}\sin\theta-mv\sin\phi$ …②

光子のエネルギー E は，$c=\nu\lambda$ を用いて $E=h\nu=h\dfrac{c}{\lambda}$ のように表せるから，エネルギー保存則は，

$$h\frac{c}{\lambda_0}=h\frac{c}{\lambda}+\frac{1}{2}mv^2 \quad \cdots③$$

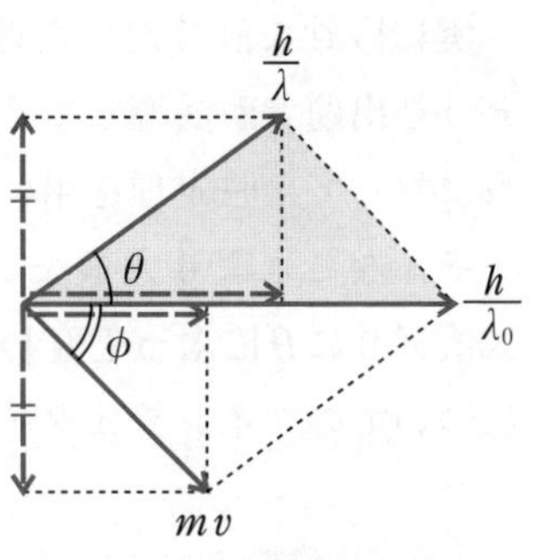

ベクトル和一定にも注目

物理としてはここまででオシマイ。あっけないでしょ。**$\lambda>\lambda_0$ となることは，エネルギー保存則だけで分かることです**。後は $\Delta\lambda$ の計算だけ――といっても，これがなかなかやっかいなんだ。

(2) **$\cos\phi$ と $\sin\phi$ が共に現れたときの，消去の仕方（しかた）はただ一手。** $\cos^2\phi+\sin^2\phi=1$ を用いること。そこで，①，②を用いて，

$$(mv\cos\phi)^2+(mv\sin\phi)^2=\left(\frac{h}{\lambda_0}-\frac{h}{\lambda}\cos\theta\right)^2+\left(\frac{h}{\lambda}\sin\theta\right)^2$$

$$\therefore \quad (mv)^2=\frac{h^2}{{\lambda_0}^2}+\frac{h^2}{\lambda^2}-\frac{2h^2}{\lambda_0\lambda}\cos\theta \quad \cdots④$$

このように，mv を含めて扱った方がやりやすい。なお，最後の段階で $\cos^2\theta+\sin^2\theta=1$ も使ったよ。この④を用いて，③の v を消してやればいいんだけど，その前に③を次のように変形しておくとやりやすいんだ。

$$hc\left(\frac{1}{\lambda_0}-\frac{1}{\lambda}\right)=\frac{1}{2}mv^2$$

$$hc\frac{\Delta\lambda}{\lambda_0\lambda}=\frac{(mv)^2}{2m}$$

テクニックというか，ややトリッキーだけどね。**$\Delta\lambda$ を登場させたいという気持ちからの発想なんだ**。後は右辺に④を代入して整理すると，

$$\Delta\lambda=\frac{h}{2mc}\left(\frac{\lambda}{\lambda_0}+\frac{\lambda_0}{\lambda}-2\cos\theta\right)$$

$$\fallingdotseq\frac{h}{mc}(1-\cos\theta) \quad \cdots⑤$$

原子
粒子性と波動性

最後に $\lambda \fallingdotseq \lambda_0$ の近似$(\lambda/\lambda_0+\lambda_0/\lambda \fallingdotseq 1+1=2)$を使いました。でも，$\Delta\lambda=\lambda-\lambda_0$ でこの近似を使っちゃダメだよ。0では話にならない。0に近いわずかな値を取り出したいんだからね。

実に微妙な計算だったけど，まあ，そんなに気にかけなくていいです。どうせ出題者が誘導してくれるからね。なお，④は前ページの灰色の三角形に対して余弦定理を用いると，ダイレクトに出せます。

そんなことより大事なことは，実験の結果，確かに**波長の伸び $\Delta\lambda$** が，⑤式通りに **θ によって変わっていること**が確認されたこと。光子の運動量についてのアインシュタインの予言は，ピタリと当たったんですね。

■ 光は圧力を及ぼす —— 光圧

分子運動論を思い出してほしいんだけど，圧力の原因は多くの分子の力積，つまり運動量の変化にあったわけです。同様に，多くの光子が壁に当たると，圧力を及ぼすはずですね。これを**光圧**(こうあつ)といいます。**物体に光を当てると，物体は力を受ける**んです。日常の世界では，他の力に比べてとても弱いから気がつかないけどね。

でも，帆船(はんせん)を宇宙に浮かべ，太陽の光を受けて地球から月まで行かせようという夢のような計画があるくらいなんですよ。

■ 二重性

さて，**光電効果とコンプトン効果によって，光の粒子性はゆるぎないものとなった**のですが，一方，**ヤングの実験をはじめとして，回折や干渉の現象では，波動だと考えざるを得ない**。結局のところ光は何なんだ？……当時の物理学者は大いに悩んだんですね。その結果，**光は波動性と粒子性という2つの性質をもっている**——**二重性**(にじゅうせい)といいます——と認めざるを得なかったのです。

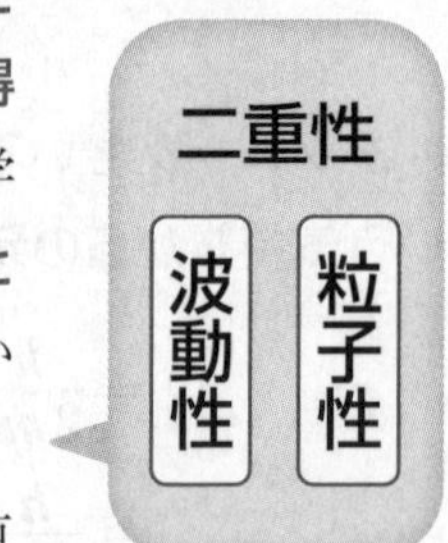

波動は空間的に広がっているものだし，粒子は1点

にあるもの。両者はまるで違うものです。しかし，よくよく考えてみれば，「波動」とか「粒子」は，われわれが日常接している世界，マクロな世界で成り立っている——というか，つくり上げた概念なんです。

したがって，原子のような小さなミクロの世界で，われわれの常識が通用しないのは，当然のことかもしれないんです。二重性の話はさらに続きます。

■ 電子が波の性質を示す?!

波動だとばかり思っていた光が，粒子の性質ももつことが示されたのは，実に意外なことでした。やや横道(よこみち)にそれるけど，アインシュタインがノーベル賞をもらったのは，光電効果の理論でです。相対性理論の方がはるかに有名だから，相対性理論でもらっていると思っている人が多いんだけどね。

ノーベル賞を２度もらっている人が複数います。そのうちの一人は，みんなもよく知っている人です。誰だか分かるかな？……

そう，キュリー夫人です。エッ，知らない人もいるの！　昔は本屋さんに行くと，「キュリー夫人伝」って必ず並べてあったんだけどね。

キュリー夫人は，物理学賞と化学賞をもらっています。伝記物はすっかりすたれてしまったんですね。私が物理を好きになった理由の１つは，「アインシュタイン伝」を読んだからなので，ちょっと残念だね。まあ，感傷(かんしょう)はこれぐらいにしてと……。

話を元に戻すと，波だとばかり思っていた光が粒子でもあった。そこで，なんと発想の逆転を試みた人がいたんですね。ド・ブロイという人で，「**粒子だとばかり思っている電子や陽子などが，波動の性質を示すこともあるんじゃないか？**」とね。コロンブスの卵みたいなものです。

そこで，もしそうなら，どんな波長の波として振る舞うのだろうかと考えてみた……そのとき，光子の運動量の式 $p=h/\lambda$ が目に入ったんですね。書き換えてみると，$\lambda=h/p$ となる。電子などの粒子なら運動量 p

は mv だから，「きっと $\lambda=\frac{h}{mv}$ の波長になるだろう」と予言した。そこで，半信半疑(はんしんはんぎ)で実験してみると，確かにそうだったというわけです。

たとえば，どんな実験によって波動性が示せるのかというと，スリットを2つ用意して，電子を次々に通します。これを電子線というんだけどね。そして，蛍光板(けいこうばん)で電子を検出する。

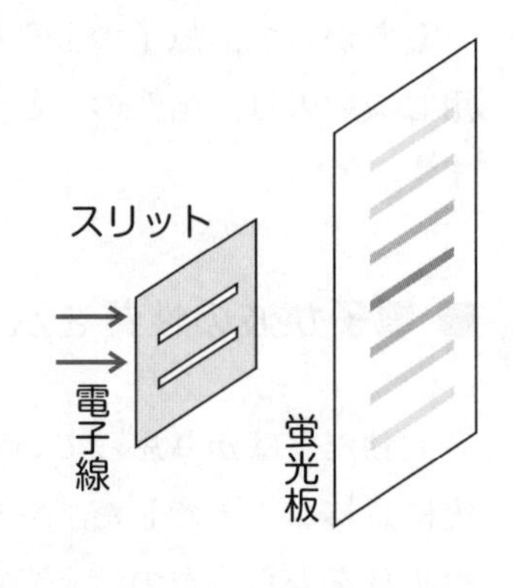

蛍光板ってテレビのブラウン管と同じで，電子が当たるとピカッと光る。電子が粒子なら，スリットの正面の位置しか蛍光板は光らないはずでしょ。でも，実際には，蛍光板上にたくさんの縞(しま)模様が現れるんですね。

もう気づいたでしょ。これ何の実験？……そう，光の場合のヤングの実験ですね。**スリットで回折された波が，蛍光板上で干渉しているん**ですね。縞模様の間隔から，波長 λ が決められます。それが $\lambda=\frac{h}{mv}$ の式通りになっているんです。

物質波

波長は $\frac{h}{mv}$

こうして，**電子が波動性をもつことが示された**んです。**物質波(ぶっしつは)**とか**ド・ブロイ波**といいます。「**物質を構成している粒子(電子，陽子，中性子など)も波の性質を示すゾ」と強調**した言葉ですね。でも，光子に対しては $\lambda=\frac{h}{mv}$ は通用しないよ。光子の質量は0だからね。

光の二重性が分かった段階で，電子も二重性をもつかも知れないという発想はすばらしい。皆さんはそのことをサラッと習ってしまうから，苦労と，そして感動が味わえないんですね。教科書というのは，確立した結果ばかり整然と書いてあるからね。プロセスが抜けているんです。

伝記や科学史を読む良さは，多くの失敗の上に築かれていく成功が，プロセスが味わえることにあるんですよ。

■ ブラッグ反射

X(エックス)線を結晶に当てると，いくつかの特定の方向だけで，強い反射が起こります。X線って，紫外線より波長が短い電磁波だったね。これからの話は，波動性による干渉の話です。

結晶をつくる原子は整然と並んでいて，間隔 d の原子面を構成しています。1つ1つの原子面では反射の法則に従って，照射角 θ と同じ θ の方向に反射します。

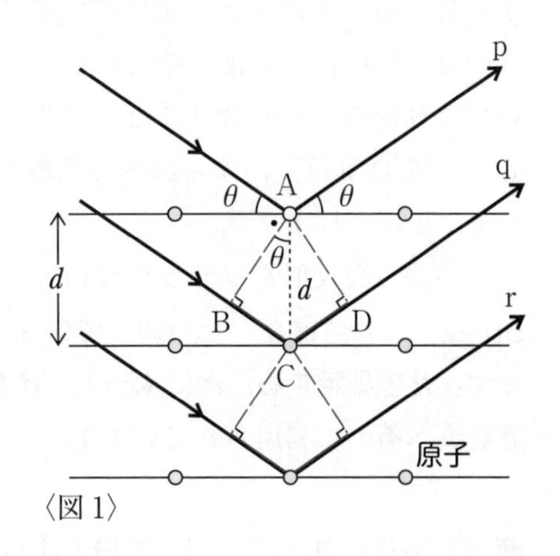

〈図1〉

そこで問題は，上下の原子面からの反射波が，強め合えるかどうかなんですね。pとqの経路差(けいろさ)を調べてみよう。道のりの差，あるいは距離差といってもいいけどね。

波動のところで話したように，平行光線を扱うときは，垂線を入れてみるのがキーポイントでした。図1では赤点線で示したけど，光源からAとBまでは同じ距離だし，AとDから測定装置までは同じ距離でしょ。だからpよりqの方が，BC + CDだけ回り道をすることになる。これが経路差だね(赤実線)。

∠BACは θ に等しい。── このあたりは幾何学になっちゃうけど，∠BACと・を付けた角の和が90°で，θ と・の和も90°。だから，$\angle BAC = \theta$ でしょ。えーと，それで，$BC = AC\sin\theta = d\sin\theta$ ですか。CDはBCと等しいから，結局，経路差は $2d\sin\theta$ となる。

だから強め合う条件は，$n = 1,\ 2,\ 3,\ \cdots\cdots$ として，

$$\text{ブラッグ条件}：2d\sin\theta = n\lambda$$

pとqが強め合えば，qとrも経路差が同じだから強め合う……結局，

すべての原子面からの反射波が強め合うわけだね。

波動をやってから日が経(た)っているせいか，ウツロな目の人がいるね。Aに山が来ているときBも山でしょ(図2)。赤点線は波面だよ。Aの山はBの山と一緒に旅してきたのだけど，ここで旅の相手を替える。Aの山と一緒に測定器に入るのは，Dの位置の波。そこに山(赤)がいてくれたら，強め合うことができるでしょ。BCD間は，山から山への距離だから$n\lambda$というわけです。

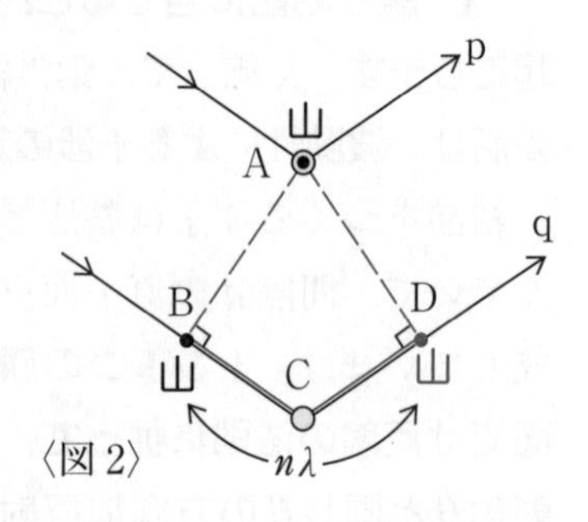

〈図2〉

このような反射を**ブラッグ反射**といいます。ブラック(黒)じゃないよ，Bragg。人の名前なんだ。親子で研究し，一緒(いっしょ)にノーベル賞をもらっています。**θを測定することによって，dが分かることがミソだね。結晶の構造を調べる**のに利用されています。

■ もう少し知っておいてほしいこと

もともとは，1つ1つの原子で散乱・回折された無数の球面波の干渉なんですが，**ブラッグ反射は各原子面で反射された波の干渉としてとらえていいのです**。だから，図1のように，原子がきちんと上下に並んでいる必要はないんですね。図3のような配列でも，原子面(赤線)の間隔は，やはりdでいいんですよ。

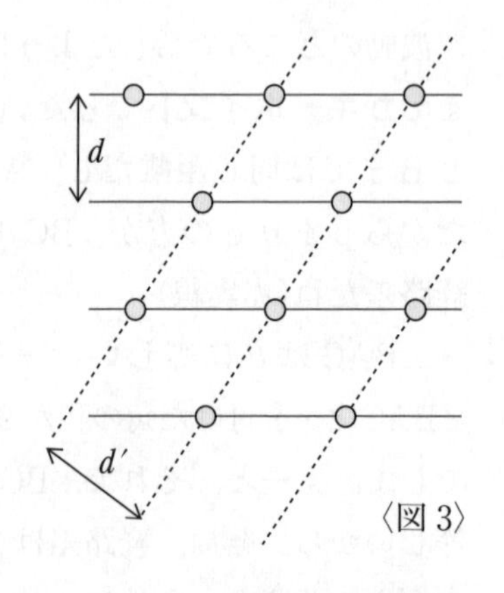

〈図3〉

1つの結晶では原子面はいろいろあって，図3なら点線のようにとることもでき，原子面間隔はd'となります。

原子面に着目

ところで，「**なぜX線を用いる必要があるんですか？　可視光線ではなぜダメなの？**」……

ほとんど誰も意識してくれていないけど，これは基本的な問いなんですよ。“基本”と言うと，すぐに“簡単”と置き換えてくれるから困るんだ。**“基本”は“本質”につながる**と思ってくれた方がいいんです。まあ，それはともかく，なぜX線？……

$2d\sin\theta = n\lambda$ の式を見てほしい。左辺の値は $2d$ 以下でしょ。**d は原子どうしの間隔だから 1 nm 以下。だから右辺も同程度**でなくちゃいけない。**n は1以上の整数だから，波長 λ はそれ以下**が要求されるんだよ。**そんな短い波長の電磁波は，**X線になってしまうんです。可視光線は，およそ 400 nm から 800 nm だから，話にならないわけ。

X線で説明してきたけど，**電子も波動性をもつので，電子線でもブラッグ反射は起こります。**次から次へと，たくさんの電子を結晶に当てるんですね。波長 λ は，もちろん物質波の波長 $\dfrac{h}{mv}$ です。

よくある質問が，「原子面で反射するとき，位相の変化はどうなるんですか？」というものです。光の反射では，それでずいぶん苦しめられたからね。でもブラッグ反射では，X線にしろ電子線にしろ，事実上考慮しなくていいんだ。というのは，反射するとき，もし位相がずれたとしても，各原子面で共通にずれるから影響しないんです。

つまらないことだけど，ブラッグ条件は回折格子の公式 $d\sin\theta = n\lambda$ と混同しやすいんです。“$2d\sin\theta$”の「2」を落とさないようにね。

さあ，注意はこれ位にして，問題に入ってみましょう。

問題 58　ブラッグ反射

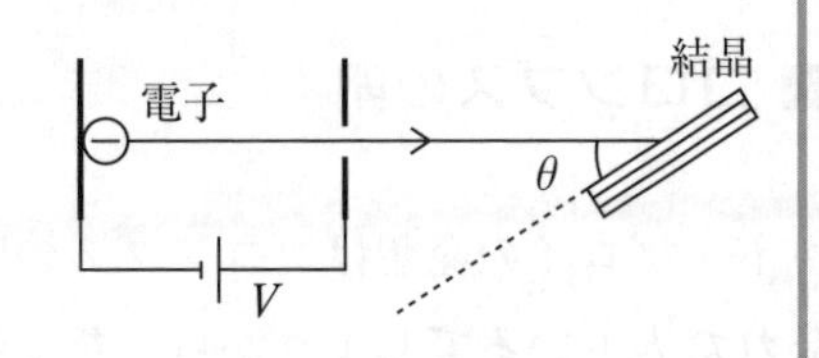

原子面間隔 $d = 4.0\times10^{-10}$〔m〕の結晶に電圧 $V = 20$〔V〕で加速した電子を当てる。電子の波としての波長は何〔m〕か。また，照射角 θ を $0 < \theta \leqq 90°$ の範囲で変えていくと，強い反射は何回起こるか。ただし，電子の質量 $m = 9.0\times10^{-31}$〔kg〕，電気素量 $e = 1.6\times10^{-19}$〔C〕，プランク定数 $h = 6.6\times10^{-34}$〔J･s〕とする。

電圧 V で加速された電子は eV だけの運動エネルギーをもつから，電子の速さを v とすると，

$$eV=\underline{\frac{1}{2}mv^2=\frac{(mv)^2}{2m}} \qquad \therefore \quad mv=\sqrt{2meV}$$

こんなふうに運動量 mv を出しておくと，後が便利なんだ。物質波の波長 $\lambda=\dfrac{h}{mv}$ で使いたいのは mv だからね。**むりやり運動量に顔を出させる，アンダーラインを付けた部分の式変形のテクニックは身につけるといいよ。**原子分野ではよく用いるから。運動エネルギー K と運動量 p は $K=\dfrac{p^2}{2m}$ の関係で結ばれるということですね。

じゃ，λ の計算に入ろう。

$$\lambda=\frac{h}{mv}=\frac{h}{\sqrt{2meV}}$$

$$=\frac{6.6\times10^{-34}}{\sqrt{2\times9.0\times10^{-31}\times1.6\times10^{-19}\times20}}$$

$$=2.75\times10^{-10}\fallingdotseq\mathbf{2.8\times10^{-10}}\,〔\mathrm{m}〕$$

与えられた数値の有効数字が 2 桁だから，答えは 2 桁にしています。**$4.\dot{0}$ とか $9.\dot{0}$ の 0 が，有効数字の注意信号**だね。

次は，公式 $2d\sin\theta=n\lambda$ より，

$$\sin\theta=\frac{n\lambda}{2d}=\frac{n\times2.8\times10^{-10}}{2\times4.0\times10^{-10}}=0.35n$$

$$0<\sin\theta\leqq1 \quad \text{より} \qquad 0<0.35n\leqq1$$

この式を満たせる自然数 n は，1 と 2 しかないね。だから，答えは **2 回**。

■ コロンブスの卵

ド・ブロイの発想はコロンブスの卵だと言ったけど，この言葉の由来(ゆらい)を忘れた人もいるでしょうから，ちょっと話しておきます。

アメリカを発見して帰国したコロンブスは，絶賛をもって迎えられました。ところが，祝賀パーティーの席上，ある人が「大西洋を西へ西へと航海して陸地に出合ったのが，それほどの手柄(てがら)だろうか」と冷笑(れいしょう)したんです。

そのとき，コロンブスは卵を取り上げ，「これをテーブルに立てることができるかね？」と言ったのです。

人々があっけにとられていると，コロンブスは卵の端をテーブルに軽く当ててつぶし，立ててしまう。そして，「これだって人のした後では，何の造作（ぞうさ）もないことだ」と，相手をギャフンと言わせたのです。

でも，話はこれで終わらない。第二次大戦後のことですが，中国の古書に「立春（りっしゅん）の日には卵が立つ」という記述が見つかって，実際に立春の日にやってみた人が出ました。そしたらなんと卵が立ったんです！　新聞でも取り上げられ，大騒ぎになりました。なぜ，立春の日には卵が立つのだろう？……

本当は……立春の日に限らず，いつでも卵は立つのです。皆さんもやってみてください。根気（こんき）よくやってみると卵は立つんですね。

コロンブス以来，というか人類誕生以来，卵は立たないものと誰もが思っていたんです。“コロンブスの卵”は，二重の意味でコロンブスの卵だったんだ。考えさせられる話です。『立春の卵』という中谷宇吉郎（なかやうきちろう）の随筆に詳しく書かれていますから，機会があったら読んでみてください。

第34回 原子構造(1)

原子の構造を解く鍵は２つ

■ スイカモデル vs 太陽系モデル

負電荷をもつ電子の存在が確かめられたのは，20 世紀直前のことです。ついに「アトム」，つまりギリシア語で“分割できない”という意味で名づけられた「原子」の扉を開けて，内部に立ち入る時が来たのです。**原子は電気的に中性ですから，正電荷をもつものがあるはずです。しかも電子は非常に軽いから，それは重いはずです。**

2 つのモデルが出されました。1 つは，正電荷は原子全体に広がっていて，電子はその中に点在している ── スイカの種のようにね ── というもの。もう 1 つは，正電荷は小さな粒子で，その周(まわ)りを電子が回っているというもの。こちらは太陽の周りを回る惑星のようなイメージですね。

その決着をつけたのが，**ラザフォードの実験です。 α(アルファ) 線(高速の α 粒子)を原子に当てると，ほんの一部ですが大きく曲げられるケースがあることを見つけた**のです。

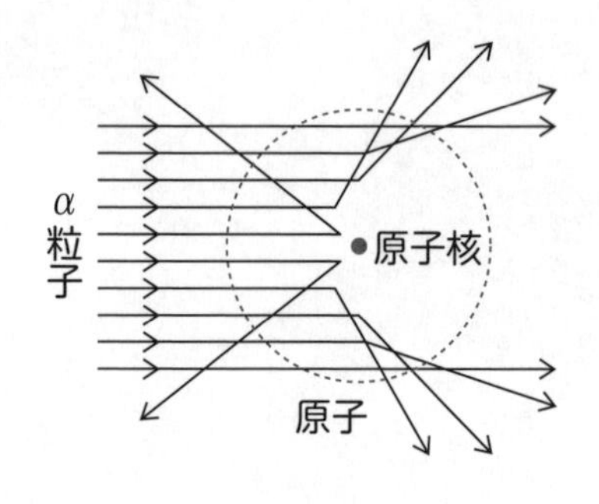

α 粒子は ── 後にヘリウムの原子核と判明(はんめい)しますが ── 当時でも，正の電荷をもつ重い粒子であることは分かっていました。それがグニャッと軌道を曲げられるためには，大きなクーロン力が働かなくてはいけない。クーロンの法則を思い出してみると，点電荷間の距離が近いほど，大きな力となったでしょ。

ラザフォードの実験は，**正電荷をもつ重い粒子が小さいこと**を，つまり，**太陽系モデルが正しいことを示していた**のです。スイカモデルでは，α 粒子が原子の中に飛び込んでも，相手は電子を含んでいてほとんど中性に近いので，軌道が大きく曲げられることはないのです。

宇宙のビッグバン理論の提唱者であるガモフが，面白いたとえをしています。アメリカから拳銃の密輸が企てられた。綿花の山の中に隠してある。どんなもんだ，捜す気がしないだろうというわけ。昔の話ですよ。今だったら金属探知機で一発で分かるけどね。

そこで検査官は何を思ったか，やおらマシンガンを取り出した。そして，ダッダッダッ……と，綿花の山に弾丸を雨あられと打ちこんだ。中に何もなければ弾丸は素通りするけれど，拳銃に当たればカーンと跳ね返ってくる。

綿花の山が原子で，隠された拳銃が原子核ですね。もし，拳銃を金属の粉にして綿花の山全体にバラまいたとしたら——スイカモデルのことだよ——，弾丸が軌道を曲げられるはずはないでしょ。

こうして，**原子は正電荷をもつ小さな原子核と，その周りを回る電子からできていることが分かりました**。では，いろいろな原子のうちでも，最もシンプルな水素原子の構造をくわしく解明した，ボーアの理論に入ろう。

■ 第1の鍵は粒子性

水素原子は，原子核の周りを1個の電子が等速で回っています。原子核といっても陽子1個だけで，陽子は$+e$，電子は$-e$の電荷をもっています。

円運動では向心力が必要だったね。この場合は，**電子が陽子から受けるクーロン力(静電気力)が向心力**となっています。では，円運動の式をつくってみよう。電子の質量をm，速さをv，軌道半径をrとして，

$$m\frac{v^2}{r}=k\frac{e^2}{r^2} \qquad \cdots❶$$

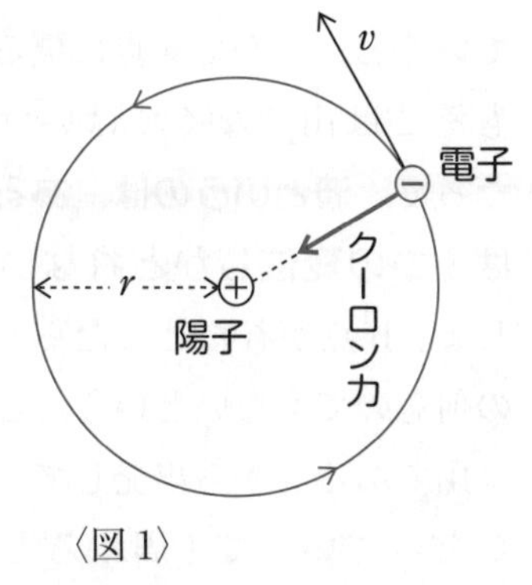

〈図1〉

力学の復習になっちゃうけど，この式を

つくるときの思いは二派に分かれるんですね。

ある人は，運動方程式 $ma=F$ をつくったつもり。向心加速度 $a=v^2/r$ を用い，右辺にはクーロンの法則によるクーロン力ですね。また，別の人は，左辺を丸ごと遠心力ととらえている。遠心力とクーロン力の力のつり合いと見ているわけです。どちらでもいいですが，認識をもってつくってほしいところだね。

■ 第2の鍵は波動性

さて，何気なく進んできたけど，以上は電子を粒子として扱っているわけです。でも，電子は波動の性質ももっていました。**電子が波だとすると，イメージは図2のような姿です。電子は軌道上一面に広がっていて，どこにいるとかいえなくなる。ボンヤリとした全体が電子**なんですね。「えっ，これが電子？」と思うでしょうが，波とは広がったものだからね。

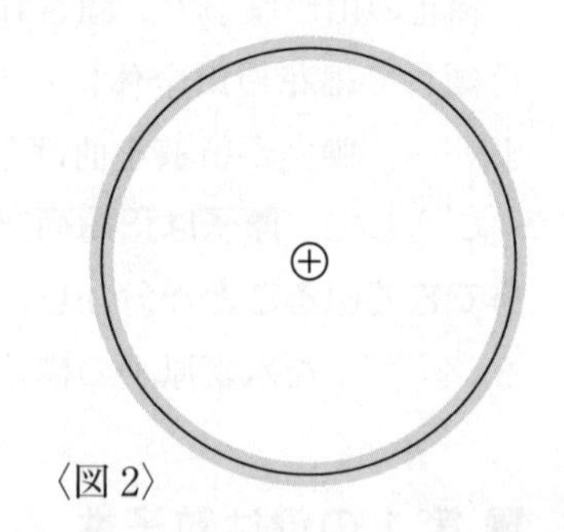

〈図2〉

波の波形を描いてみよう。山や谷を描いていくんですね。図3のa点から出発してみます。

aが山だとすると，谷や山が続いていくわけだけど，円周上をたどっていくと，やがてa点に戻る。しかもそこは山でなくてはいけない。**だって，波というのは，ある1点では1つの変位しかとれないわけでしょ。**b点が谷だとしたら，谷以外の何ものでもないということ。

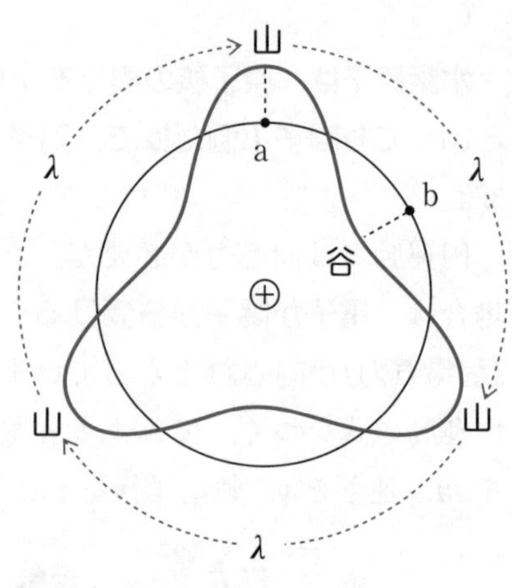

〈図3〉 $n=3$ のケース

山であるaから出発して，波形をたどっていって1周すると山に戻る。山から山までは1波長λの距離だから，**円周の長さ$2\pi r$がλの整数倍(n倍)のときしか，そんなことは起こり得ないんですね。**

間違ってほしくないのは，いまは波が伝わっていく様子ではなくて，ある瞬間の波形を描いているということ。「ある瞬間, 1つの点の変位は1つ」というのは，波としては当たり前のことでしょ。

$\lambda = \dfrac{h}{mv}$ だから,

量子条件： $2\pi r = n\dfrac{h}{mv}$ …❷

これを量子(りょうし)条件といい，n(＝1，2，……)を量子数といいます。**電子の波動性に基づいているんです。**

❶では電子を粒子として扱い，❷では波として扱っている。結局，水素原子内の電子は粒子性50%，波動性50%といったところだね。

電子の二重性が原子構造を決める

光は，光電効果やコンプトン効果では粒子性100%だったし，一方，ヤングの実験をはじめとする干渉の問題では波動性100%と，どっちかの性質だけを出していたんですが，**水素原子での電子は二重性そのもの**ですね。

状況に応じてどちらの性質がどの程度現れるかは，現在では量子力学という理論によって解決されています。いまのところは現象ごとに知っておいてください。

■ 驚くべき結果

さて，**❶，❷こそ，水素原子の構造を解く2つの鍵**なんですね。2つは**rとvを未知数にした連立方程式**になっています。vを消去してrを出してみると,

$$r = \frac{h^2 n^2}{4\pi^2 kme^2} (= r_n) \quad \cdots❸$$

この結果は驚くべきことを物語っているのです。**電子の回る軌道半径r**

は，特定の，**飛び飛びの軌道しか許されない**ということですね。nの値に応じてrが決まるからr_nとしたけど，軌道は右の図のようになります。

こんなふうに飛び飛び——**定常状態**といいますが——になってしまったのは……振り返ってみると，すべて❷式での量子数nの出現，つまり，**電子の波動性のせい**なんですね。

一番内側の軌道の半径r_1を，**ボーア半径**とよんでいます。r_1は約 0.05 nm(5×10^{-11}m)で，ふつう，電子はこの軌道を回っています。

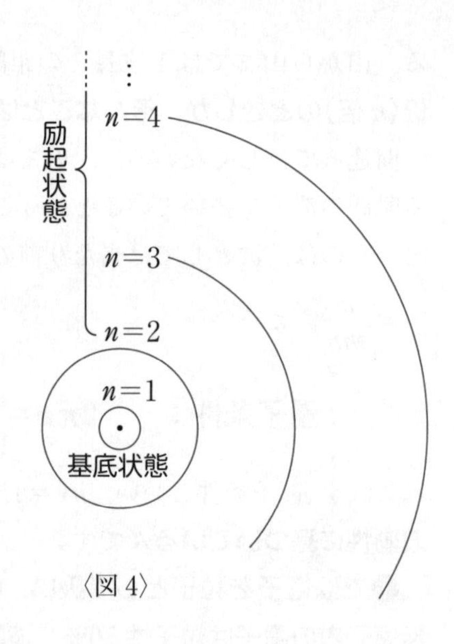

〈図 4〉

■ エネルギーの値も飛び飛び

さて，話を先に進めよう。**電子のエネルギーを求めてみたい**のです。エネルギーとしては，運動エネルギーと位置エネルギーUがあるね。Uはクーロン力による位置エネルギーだけど，式は自分でつくり出せるようにしてほしいんだ。

静電気(第 22 回)のところでやったことを思い出してみると，$U = qV$だったでしょ。Vは電位で，電荷qもVも**符号つきで扱う**んだったね。それと，点電荷Qの電位を表す$V = \frac{kQ}{r}$　ここでもQ**は符号つきで，基準(0 V)は無限遠点**だった。この 2 つを組み合わせてやればいい。

いま，$+e$の陽子がつくる電位Vの所に$-e$の電子がいるから，位置エネルギーUは，

$$U = (-e)\frac{ke}{r}$$

前の$-e$は電子の電荷，後の$+e$は陽子の電荷だよ。「えーい，メンドクサイ，$-\frac{ke^2}{r}$と覚えとこ」という人もいるけど，もしヘリウム原子で

出題されたらどうする？　困（こま）ってしまうよ。でも，さっきのように導ける人にとっては，何でもない。ヘリウムの原子核には陽子が2個いて，電荷は＋$2e$ だから，$U=(-e)\dfrac{k\cdot 2e}{r}$ とするだけのことだね。

電子の全エネルギー E，つまり力学的エネルギーは，

$$E=\frac{1}{2}mv^2+\left(-\frac{ke^2}{r}\right)=\frac{ke^2}{2r}-\frac{ke^2}{r}=-\frac{ke^2}{2r}$$

ここで，**v^2 の消去に❶を使ったことに注意してほしいんだ。これが計算上の大事なテクニック！**　❶と見比べて mv^2 を丸ごと消去してやると，さらに早いよ。もちろん，❶，❷から r と v を求めてから，計算してもいいんですよ。でも，たいへん手間（てま）がかかる。そこで，このテクニックを用いるんだ。v を求めなくてすむ。

ともかく E は r だけの関数で表されるから，さっきの❸を代入してみれば，

$$E=-\frac{ke^2}{2r}=-\frac{2\pi^2k^2me^4}{h^2n^2}\left(=E_n\right) \quad \cdots❹$$

n の値に応じて E の値が決まるから，E_n としています。このように，**エネルギーも飛（と）び飛（と）びの値をとる**んですね。**エネルギー準位（じゅんい）**といっています。‘準位’ は英語では level（レベル）です。この方がわかりやすいね。

$n=1$ が最もエネルギーの低い状態で基底状態（きてい）といい，**$n\geqq 2$ の状態を励起状態（れいき）**といいます。**n の値が大きくなるほど，エネルギーが大きくなっている**んです。

電子は特定の軌道を回り，それに応じた特定のエネルギーをもっています。通常は**$n=1$ の基底状態にいる**んですが，何らかの形で**エネルギーをもらうと，$n\geqq 2$ の軌道に移ります。**

たとえば水素を高温にすると，水素原子どうしの衝突が激しくなり，その衝突のエネルギーで，電子が励起状態に移るんですね。

以上の流れをまとめてみると，次のようになります。

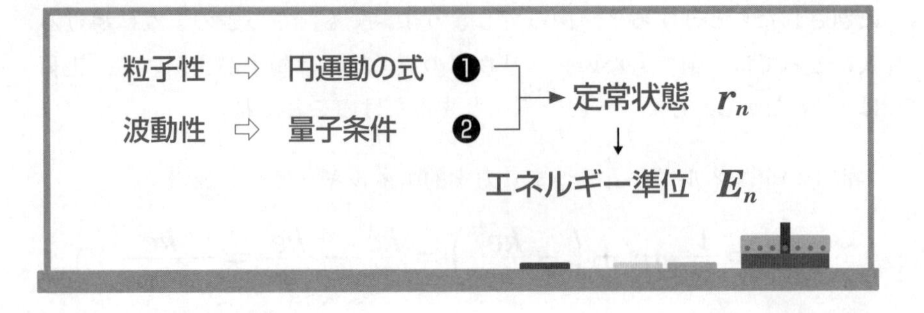

では，問題へ進みましょう。

問題 59 原子構造

原子番号Zの原子核の周りを，1つの電子（質量m，電荷$-e$）が速さvで回っている。自然数をnとして，半径rとエネルギー準位Eを求めよ。クーロン定数をk，プランク定数をhとする。

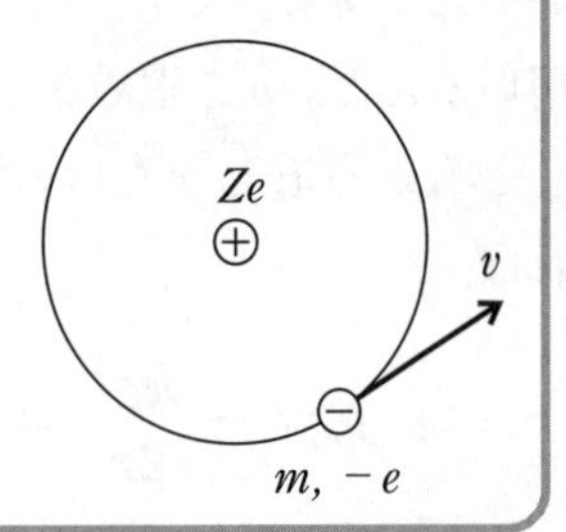

原子番号がZだから，原子核にはZ個の陽子が含まれていて，電荷は$+Ze$です。円運動の式は，

$$m\frac{v^2}{r}=k\frac{e\cdot Ze}{r^2}\quad\cdots①$$

円周$2\pi r$が電子波の波長$\dfrac{h}{mv}$の整数倍になっているんだったから，

$$2\pi r=n\frac{h}{mv}\quad\cdots②$$

①，②からvを消してと……。②からvを出して，①に代入してやればいいから，

$$r=\frac{h^2n^2}{4\pi^2kmZe^2}$$

次はEの計算。まず，位置エネルギーを用意しよう。$U=qV=(-e)V$

と，$V=\dfrac{kQ}{r}=\dfrac{k\cdot Ze}{r}$ を組み合わせれば，

$$U=(-e)\cdot\frac{kZe}{r}=-\frac{kZe^2}{r}$$

さあ，これで E の計算に入れる。①から $mv^2=kZe^2/r$ となるから，

$$E=\frac{1}{2}mv^2+\left(-\frac{kZe^2}{r}\right)=\frac{kZe^2}{2r}-\frac{kZe^2}{r}=-\frac{kZe^2}{2r}$$

上で求めた r を代入して，

$$E=-\frac{2\pi^2k^2mZ^2e^4}{h^2n^2}$$

どう？　たいしたことないでしょ。**流れをつかんでおけば，一本道と言っていい。**定数がいっぱい付いてくるので，結果はゴチャゴチャしてるけどね。

なお，E が負となるのは位置エネルギーの基準点を無限遠としたためです。高層ビルのてっぺんを mgh の基準にすれば，町の中を走る車の全エネルギーが負になってもおかしくないでしょ。

そういえば，水素の場合の r_n と E_n を覚えていた人もいました。でも，そんなの覚えるぐらいなら，物理なんかやめたいね。ましてやこの問題のように，一般の原子で出されたらお手上げ(てあ)だからね。えーっ！　Z も含めて覚え直すって？　もう，死んだ方がましだよ(笑)。

■ 電磁気学では手に負えなかった水素原子

さて，ここでひと休み。ボーアがこのような理論をつくる以前に，時計の針を戻(もど)してみよう。

当時，つまり 20 世紀の初めですが，電磁気学は完成され，それによって「荷電粒子が加速度運動をすると，電磁波を出す」ことが分かっていました。電気振動のとき，電磁波が出るという話をしたね。あれも回路に交流電流が流れる，つまり，電子が時計回りに加速されたり，反時計回りに加速されたり，という運動なんですね。だから電磁波が出た。

水素原子では，電子は等速円運動をしているわけだけど，円運動も加速

度運動だったでしょ。向心加速度があったからね。だから，**電磁波が出るはずなんです。すると電子はエネルギーを失っていくから，陽子に引きつけられ，円運動の半径がだんだん小さくなっていく。**そして**最後には陽子と合体(がったい)して，水素原子でなくなってしまうはず**なんです。

はっきり言ってしまえば，**水素原子は安定ではない**ということですね。それも，計算によると，10^{-11}秒しかもたない！ 1000億分の1秒ですよ。瞬間というのもはばかられるような短さ。でも，実際の水素原子は安定そのものです。これが疑問のまず第一点。

次に，**水素が出す電磁波**，つまり，**光の波長が問題**なんだ。電磁気学によると，光の振動数は円運動の周期の逆数になるはずなんです。電気振動の回路から出る電磁波の振動数も，周期の逆数だったでしょ。

でも，円運動の周期は半径によって決まるけど，電子はどんな半径で回ってもいい。つまり，**いろいろな振動数，波長の光が出てくる（連続スペクトルになる）はずなのが，実際には特定の波長でしか光を出さない（線スペクトルになる）**。水素に限らず，どの元素の原子も，その元素特有の波長でしか光を出しません。これが第二の問題点。

原子の安定性をどう説明するか，発光のとき線スペクトルになるのはなぜか，この二点に**電磁気学は答えられなかった**のでした。大きな矛盾(むじゅん)との出合いです。こんなときこそ，実は自然科学にとって，新たな飛躍(ひやく)の機会が熟しているんです。矛盾を乗り越えることによって，新しい理論が生まれる。そうしてボーアがさっそうと登場したのです。量子条件という武器を携(たずさ)えてね。

まず，水素の安定性については，**電子は $n=1$ の基底状態が最も内側の軌道であって，それより内側に入り込むことはない**ということで決着をつけました。**電子の波動性**のせいだったね。

次に，線スペクトルの説明をする必要があるんですが，そろそろ時間になりました。今回はここまでにしましょう。

第35回 原子構造(2)・X線

光子の放出，吸収のメカニズム

今回は前回の続きですから，記号や式の番号も続きでいきます。

■ 線スペクトルになるのはなぜか

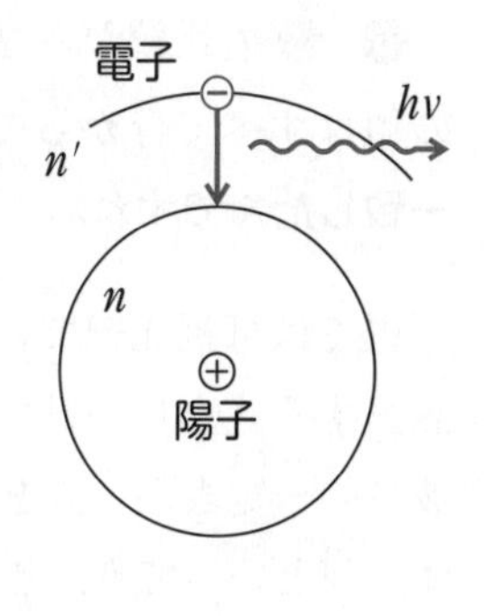

ボーアは，**水素原子が光を発するのは，外側の軌道にいる電子が内側の軌道に移るときだ**と考えました。**外側の方がエネルギーが大きいので，内側に移ると余りが出る。それを1個の光子として放出する**というのです。アインシュタインの光子説をさっそく取り入れたんですね。出てくる光子の振動数を ν として，n' の軌道から n の軌道に移るとすると，

$$h\nu = E_{n'} - E_n \quad \cdots❺$$

右辺はエネルギー準位の差で，n' と n で決まる定数。だから ν，いいかえれば**波長 λ は，水素特有の値**になります。こうして**線スペクトルの説明**をしたわけですね。電子を粒子とだけ見ているから，加速度運動をして電磁波を出すという，電磁気学の定理から逃れられない。その呪縛(じゅばく)を解いたのが，**電子は波でもあるという認識**ですね。

実際，❺に前回の❹(p. 169)と $c = \nu\lambda$ を用いてみると，

$$h\frac{c}{\lambda} = \frac{2\pi^2 k^2 m e^4}{h^2}\left(\frac{1}{n^2} - \frac{1}{n'^2}\right) \quad \cdots❻$$

この式で決まる λ は，実験の結果と見事に一致したんです。ボーアの正しさが示されたわけですね。

■ ボーアにバトンを渡したバルマー

ボーアより以前にスペクトルの実験データから,

$$\frac{1}{\lambda}=R\left(\frac{1}{n^2}-\frac{1}{n'^2}\right) \quad \cdots❼$$

という関係式が見つけられていました。波長 λ は2つの整数の組み合わせで決まるということです。R を**リュードベリ定数**といいますが，なぜこんな式が成り立つのか，理由はまったく分かっていなかったのです。ボーアの理論によって，初めて説明できたんですね。

❻，❼の比較から $R=\frac{2\pi^2k^2me^4}{ch^3}$ となります。右辺の1つ1つの定数の値はすべて分かっているから，**R を計算してみると，実験値とピタリ一致した**んですね。

古くは可視光線での実験結果から，バルマーという人が❼で $n=2$ に該当する式を見つけていたんです。バルマーは高校の数学の先生ですが，波長の一覧(いちらん)表から式を浮かび上がらせたんで，それはそれですごいことです。何といっても，無機質(むきしつ)な数値の羅列(られつ)から見つけたんだからね。

ボーアの理論によれば，**n' (≧3)から $n=2$ へ電子が移るとき放出される光**ですね。この一群(いちぐん)の波長を，**バルマー系列**とよんでいます。

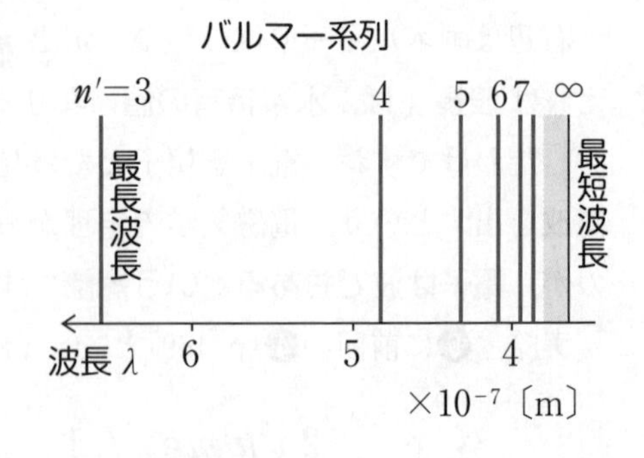

ケプラーを思い出しますね。ケプラーは膨大(ぼうだい)な観測データから，あのケプラーの法則を見つけ出したのでした。そして，その本質をあぶり出したのが，ニュートンだったね。万有引力の法則の発見でした。ここでは，ニュートンに対応するのがボーアです。

■ 線スペクトルはいくつかの系列に分けられる

バルマーの後には紫外線でも実験が行われて，❼で $n=1$ としたときの式に従うことが判明してきます。**ライマン系列**といいます。**$n=1$ へ電子が移るときに出す光**ですね。

たとえば，$n=3$ にいる電子が $n=2$ へ移るとバルマー系列の光を出し，次に $n=1$ へ移るとライマン系列の光を放つんです。でも，$n=3$ から直接 $n=1$ へ移ることもあり，その場合はライマン系列の光を出します。移り方はいろいろあるんですね。

ともかく，**$n=2$ へ移る場合に出る光はバルマー系列で，$n=1$ へ移る場合の光はライマン系列**と覚えておいてください。特にバルマー系列は大切です。

次の図は，エネルギー準位の大小関係を，模式的(もしき)に示したものです。**n が大きくなるほど間隔がつまっていきます。**バルマー系列に比べてライマン系列の方が，エネルギー準位の差が大きいことに目を向けてください。

エネルギー差が大きいほど，$h\nu$ の大きな光子が出る。ν が大きいから λ が小さい。**バルマーが可視光線だから，ライマンはそれより波長の短い，紫外線となること**が分かるでしょ。

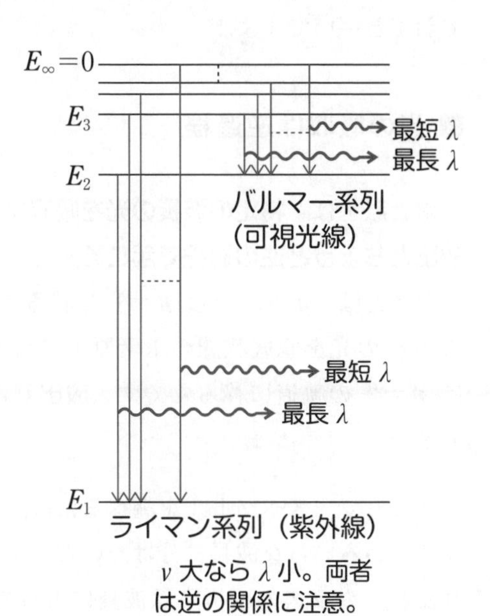

$n=3$ に移るとき出る一群の光を，パッシェン系列とよんでますが，図のようにエネルギー差が小さい。だから ν が小さく，λ が長い光になる。可視光線より波長が長いから，赤外線となります。

$n=1, 2, 3$ の順にライマン，バルマー，パッシェン。そこで

「ライバルはパー」という覚え方がある。それを聞いたとき，思ったものです。「ライバルはパッとせん」としたら，なおいいだろうって(笑)。でも，パッシェンは知らなくてもいいでしょう。

■ $n=\infty$ の状態とは何か

$n=\infty$ についてふれておこう。❸(p. 167)から分かるように，半径 r は無限大，つまり，電子は陽子から完全に離れた位置にいます。早い話が電離(でんり)状態ですね。そのエネルギーは，❹(p. 169)より $E_\infty=0$ です。無限遠の位置だから，電子の位置エネルギーは0。無限遠点は電位の基準(0V)だからね。そして，運動エネルギーも0。つまり，**電子は陽子から無限に離れて，静止している状態**ですね。

$n=1$ の基底状態の電子を電離するのに必要なエネルギー I を，イオン化エネルギーとか電離エネルギーとかいいますが，

$$I=E_\infty-E_1=0-E_1=-E_1$$

です。**E_1 の絶対値がイオン化エネルギーに等しい**ということは，意識しておくといいですよ。

■ 光の吸収は逆過程

水素原子は，**特定の波長の光を吸収することもあります**。それは，**光の放出とちょうど逆の過程で起こるんだ**。

たとえば，$n=2$ から $n=1$ に移るとき出る光の波長を λ_1 としようか。この λ_1 の光を基底状態の水素原子に当てると，原子は光を吸収し，電子は $n=2$ の軌道に移るんです。**放出できる波長の光は，吸収もできる**のです。

ところで，スペクトルを調べるには，どんな装置を用いるといいんですか？　いろいろな波長に分けたいんだから……うん，プリズムでも分けられるね。ガラスの屈折率は波長によってわずかに変わるから――分散(ぶんさん)と

いいますが――，プリズムを通すと，確かに光を分けられます。虹のように色づいて見えるのは，そのせいだね。

でも，ちゃんとした実験に用いるのは，以前やった**回折格子**(かいせつこうし)なんだ。回折角から正確に波長も決められるしね。**回折格子の大きな役割は，光をいろいろな波長に分けること，"分光"**(ぶんこう)**にある**んですよ。そんなことも知らずに，問題だけは解けるっていう人が多いんだから，少し嘆(なげ)かわしいね。

問題 60　光の放出と吸収

水素原子のエネルギー準位 E_n は，n を自然数，K を定数として，$E_n = -\dfrac{K}{n^2}$ と表される。プランク定数を h，光速を c とする。

(1) バルマー系列の最長波長 $\lambda_{\rm max}$ を求めよ。

(2) バルマー系列の最短波長 $\lambda_{\rm min}$ を求めよ。

(3) 基底状態の水素原子に光を当てて電離したい。そのために当てるべき光の波長はいくら以上，あるいはいくら以下にすればよいか。

この問題は，内容としては[問題 59]の続きですね。水素だから $Z=1$ であり，

$K = \dfrac{2\pi^2 k^2 m e^4}{h^2}$ とおくと，$E_n = -\dfrac{K}{n^2}$ と表せるのです。

(1)　まず**バルマー系列**だから，**電子が $n \geqq 3$ の軌道から $n=2$ へ移るときに出る光**だね。その中で**波長の最も長いもの**，いいかえれば**振動数の最も小さいものはどれだろうか？　振動数が小さいことはエネルギー準位の差が小さいことだから…… $n=3$ から移る場合**ですね。そこで，

$$h\frac{c}{\lambda_{\rm max}} = E_3 - E_2 = -\frac{K}{3^2} - \left(-\frac{K}{2^2}\right) = \frac{5}{36}K$$

$$\therefore\quad \lambda_{\rm max} = \frac{36hc}{5K}$$

(2)　こんどはエネルギー準位の差を最も大きくしたいんだから……
$n=\infty$ から移ってくればいい。

$$h\frac{c}{\lambda_{\min}} = E_{\infty} - E_2 = 0 - \left(-\frac{K}{2^2}\right)$$

$$\therefore \quad \lambda_{\min} = \frac{4hc}{K}$$

(3) **基底状態は $n=1$ で，電離状態は $n=\infty$ だったね。$n=1$ から $n=\infty$ へ電子を移せばいい。**そのために必要なエネルギーがイオン化エネルギーだったけど，いまはそれを光子のエネルギーでまかなおうというわけ。ぎりぎりの波長をλ_0とすると，

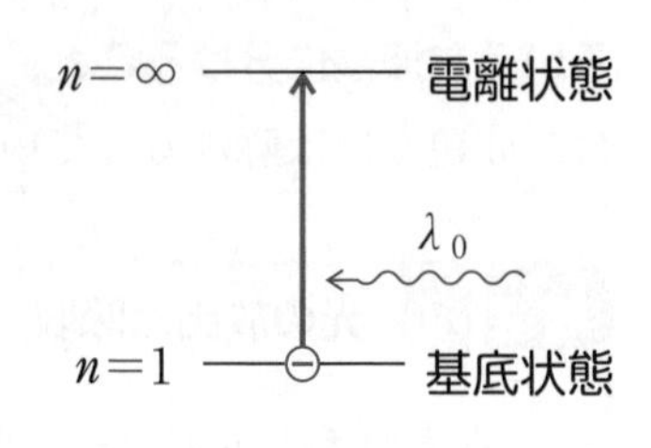

$$h\frac{c}{\lambda_0} = E_{\infty} - E_1 = 0 - \left(-\frac{K}{1^2}\right)$$

$$\therefore \quad \lambda_0 = \frac{hc}{K}$$

光子のエネルギーがこれ以上であれば電離が起こり，余ったエネルギーは電離した電子の運動エネルギーになる。だから，用いるべき波長はλ_0**以下**ですね。

ついでながら，「**このλ_0は何系列のどんな波長と同じ？**」……逆の，光の放出過程で考えれば，……ライマン系列の最短波長ですね。

■ 宇宙はどんな元素でできているか

化学で炎色(えんしょく)反応って習ったでしょ。ナトリウムなら黄色とかね。あれは原子の線スペクトルの違いで，色が違ってくるんです。日常語になっているネオンも，ネオン原子の出す赤色の線スペクトルが元祖(がんそ)ですね。花火の色もいろいろな元素の炎色反応を利用しています。

太陽の光を詳(くわ)しく調べてみると，吸収の線スペクトルがあることが分かります。フラウンホーファー線とよんでるけど，太陽から出る光が，表層(ひょうそう)の気体で吸収されてできたものです。主に水素によるものですが，ヘリウムなども含まれていることが分かります。

線スペクトルは元素の指紋

ヘリウムはもともと，太陽の観測から見つかった元素で，ギリシア神話の太陽神ヘリオスにちなんでつけられた名前なんですよ。地球上にもあることが分かったのは，その後のことです。

太陽に限らず線スペクトルを調べると，天体がどんな元素でできているか，地球に居(い)ながらにして分かってしまうんですね。すばらしいことです。

ちなみに，宇宙で最も多い元素は水素で，約90%を占めます。そしてヘリウムが10%ぐらい。残りは——といっても1%に満たないぐらいしか残らないけど，炭素，酸素などの元素ですから，宇宙って簡単にいえば，水素でできているようなものなんだね。そして，希(き)ガス，つまり“まれな”なんて言われているヘリウムが，ナンバー2の地位。地球上での常識とはかけ離れてますね。地球をもって宇宙の代表だなんて思ったら，“井(い)の中の蛙(かわず)”になってしまうよ。

■ X線を発生させる

コンプトン効果やブラッグ反射で用いるX(エックス)線は，どのようにして発生させるのか，というのが以下のテーマです。原子構造の話からガラッと変わってしまうように思えるけど，おいおい関係があることが分かってきます。

数万ボルトという**高電圧で，電子を加速して陽極にぶつけると，X線が発生**します。**そのメカニズムは2種類ある**ので，順次見ていこう。

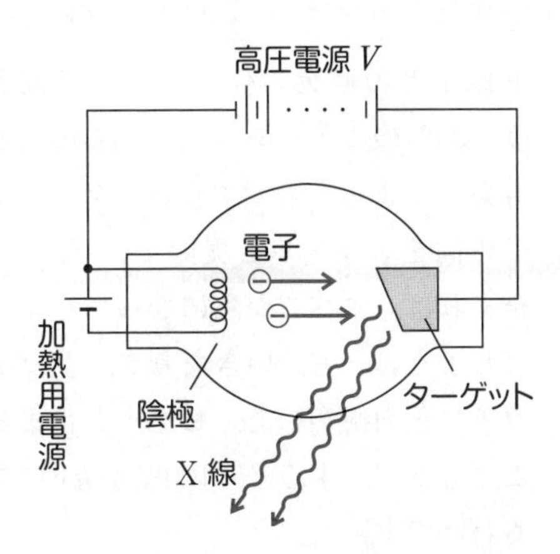

その前に，加速する電子はどのようにして用意すればよかった？

……以前に話したね。陰極を暖めてやって熱(ねつ)電子として取り出すか，あるいは光を当てて光(こう)電子として取り出せばいい。普通は熱電子を用います。その電子を，10 万ボルト近い高電圧 V で加速して，陽極に衝突させる。陽極のことを**ターゲット**とよんでいますが，“標的(ひょうてき)”という意味ですね。

このターゲットにぶつかるときの電子の運動エネルギーは，eV に等しい。すごい高電圧だから，電子の初速なんか無視していいからね。加熱フィラメントをそのまま陰極として用いて，電子を次から次へとバンバン，ターゲットにぶつけます。

■ 第 1 のメカニズム

高速の電子は，ターゲットをつくる金属原子と衝突して止まるんですが，その際，**電子がもっていた運動エネルギーの一部が，X 線光子 $h\nu$ となって放出される。**前に話したように，「荷電粒子に加速度運動をさせると電磁波が発生する」という，あれですね。運動エネルギーの残りは熱になって，ターゲットを熱くします。金属にめりこんでいくときの摩擦熱みたいな感じ。式にしてみると，

$$\frac{1}{2}mv^2 = h\nu + \text{熱}$$

運動エネルギー $\frac{1}{2}mv^2 (= eV)$ の何％が $h\nu$ になれるかは，ターゲット原子との衝突の仕方(しかた)によって変わり，20％のこともあれば，50％のこともあり，まちまちです。ターゲット原子の間をズルズルと奥深く侵入(しんにゅう)して止まれば，すべてが熱になってしまうでしょう。一方，いきなりターゲット原子に正面衝突して，ピタッと止まることもある。すると，100％が $h\nu$ になるわけです。

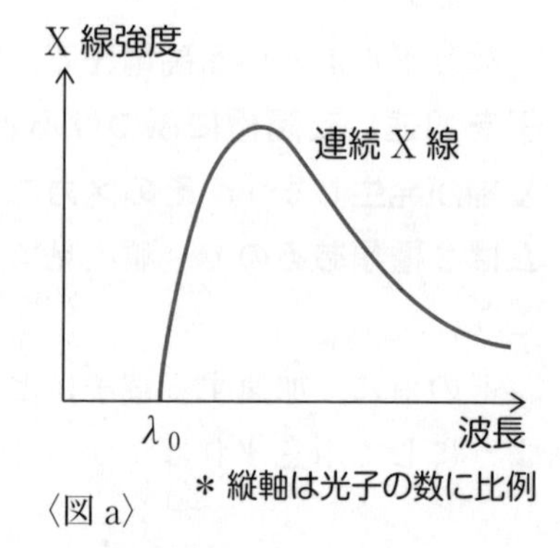

〈図 a〉

こうしていろいろなエネルギー $h\nu$ の光子が出てくる。いいかえれば，**いろいろな波長のX線が出ます**。出てくるX線の強度(強さ)――光でいえば明るさ――の波長による違いを示したのが，前ページの図aです。

これはスペクトルの図だね。連続スペクトルですが，この場合，**連続X線**とよんでいます。特に注目してほしいのが，**最短波長 λ_0** です。これは**電子の運動エネルギー eV のすべて，100％が，光子の $h\nu_0$ に変わる場合**です。このとき**X線光子のエネルギーは最大で，波長は最も短い**んですね。ただ，このケースは殆ど起こらないので，X線強度は0になっています。そこで，

$$eV = h\nu_0 = h\frac{c}{\lambda_0} \qquad \therefore \quad \lambda_0 = \frac{hc}{eV}$$

公式として覚えるより，考えて出せるようにしたいね。

ピッチャーがスピードボールをビュンビュン投げてくる。キャッチャーミットがバシッ，バシッと小気味(こきみ)よく音を立てる。……何を言いたいか分かる？――ボールが電子で，ミットがターゲット，そして……音がX線のたとえだね。

ボールを受け続けると，キャッチャーの手は熱くなるでしょ。実際，この装置(X線管)を長時間使うと，ターゲットが高温になります。教科書にはターゲットとして，モリブデン(Mo)やタングステン(W)という，なじみのない金属が顔を出すんですが，なぜ鉄や銅じゃないんだろうと，ずーっと不思議に思っていたものです。高温に耐えるため，融点(ゆうてん)の高いMoやWが選ばれていたんです。そういえばWは，電球のフィラメントにも使われてるね。

■ 第2のメカニズム

もう1つの発生機構に話を進めよう。ターゲット原子は，原子核の周りを何個もの電子が回っているんですが，**1つ1つの軌道には定員というか，回れる電子の数に制限があるん**です。一番内側の軌道だと，2個の電子し

か入れません。

さて，**高電圧で加速された電子が，一番内側の $n = 1$ の軌道(K 殻(かく))にいる電子に衝突して，はじき飛ばしてしまうことがあります。**自分も勢い余って原子外へ出て行ってしまい，後には $n=1$ の軌道に1個の電子が残っているだけ。つまり“空席(くうせき)”が1つできたわけ。

そこで，**次の $n = 2$ の軌道(L 殻)の電子がそこへ移ってくる。**そのとき，**エネルギー準位の差 $E_2 - E_1$ に等しい $h\nu$ をもった光子を放出する。**水素原子の発光と同じことだね。

固有X線はターゲット原子で決まる

ただ，金属原子では $E_2 - E_1$ が大きいので，X線光子です。$E_2 - E_1$ は各元素特有の値だから，ν や λ も特有の値になる。この線スペクトルを，**固有X線**とか**特性X線**とかよんでいます。

固有X線は図bのように2本出ることもあります。これは $n=1$ の軌道に空席ができたとき，$n=3$ の軌道上の電子が移ってくることもあるからです。

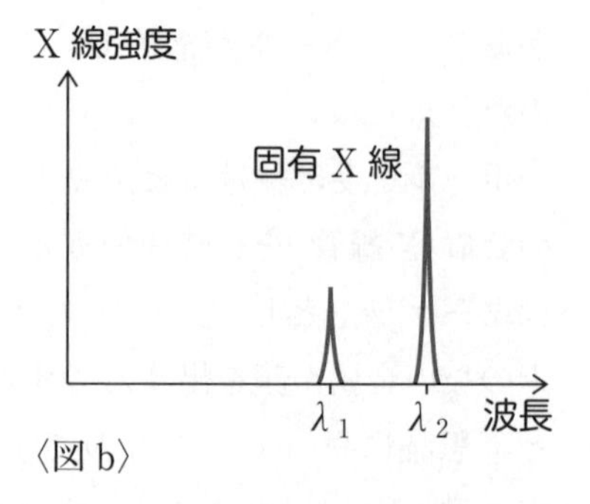

〈図 b〉

満席の映画館を思い浮かべてください。まわりには立ち見の人がいっぱいいる。いま，1つ席が空(あ)いた。すると，すぐそばにいた人がその席に座ることが多いでしょうが，離れた所にいた人が，サッと要領(ようりょう)よく席を占(し)めてしまうことだってあるでしょ。腹が立つね，あれは。でも，確率の問題なんですね。

分かった？　じゃあ，ちょっと考えてもらおうか。

「図bの λ_1，λ_2 のどちらが $n = 2$ から移った場合の固有X線？」

$n=2$ から移るときの方が，エネルギー準位の差が小さいから，$h\nu$ も小さい。つまり，λ は長い。だから λ_2 ですね。λ_1 は $n=3$ から移った場合に当たります。λ_2 の方が X 線強度が大きいでしょ。やはり確率的には $n=2$ からの方がよく起こるんですね。

固有 X 線の波長は，ターゲットの元素特有の値であることをしっかり理解してください。この性質は微量分析にも利用されています。いま，未知の微量物質があったとする。それを陽極に貼(は)り付けて電子を当てる。出てくる固有 X 線の波長から，元素が分かるという仕掛(しか)けです。**固有 X 線は波長が分かっているから，ブラッグ反射による結晶の解析にも利用できるね。**

■ そして……

以上 2 つのメカニズムで，連続 X 線と固有 X 線が次々に出てくるので，実際に実験してみると，図 c のようなスペクトルとなって観測されます。

〈図 c〉

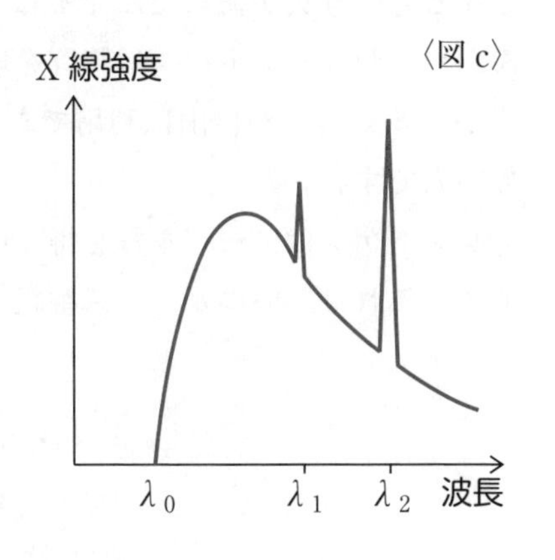

よく入試で尋ねられるのは，

> **「加速電圧 V を増していくと，λ_0，λ_1，λ_2 はそれぞれどのように変わるか。増加するか，減少するか，それとも一定か？」**

ということですね。どうですか？　もう分かりますね。

……………………

ターゲット原子で決まる固有 X 線 λ_1，λ_2 に変化はないですね。でも，**連続 X 線の最短波長 λ_0 は短くなる。V を増すと，電子の運動エネルギーが増すからね。**p. 181 の λ_0 の式を見るとはっきりしますね。V を 2 倍にすれば……λ_0 は 1/2 倍になる。

■ X 線の発見物語

X 線の利用となると，何といってもレントゲンでしょう。X 線は物体を透過しやすいので，レントゲン写真がとれます。

もともとレントゲンが電子の実験をしていたとき――当時はまだ，陰極から陽極へ向かって流れているのが電子の流れと分かっていなくて，陰極線といっていましたが――，たまたま，実験室の離れた場所に置いてあった蛍光物質が，光っていることに気づいたのです。まっ暗な部屋の中でした。実験装置から何かが出ているのです。そこで，とりあえず数学で用いる未知数 x にちなんで，X 線と名づけたのがそのまま定着したんですね。

X 線は，黒い布で覆った写真乾板を感光させるだけでなく，前に手をかざすと骨の写真が撮れたんですね。大発見でした。まさに“透視”ができたんだからね。レントゲンは特許を取って大金持ちになることもできたのですが，多くの人が自由に利用できるようにと，申請しなかったんですね。偉い人です。

レントゲンはノーベル賞を得ていますが，それも記念すべき第 1 回の賞です。これは，いつかクイズ番組に使われそうだね(笑)。

第36回 原子核(1)

超ミクロの世界の風景

■ 原子核はものすごく小さい

原子は原子核と，その周りを回るいくつかの電子でできています。原子核はプラスの電荷をもつ陽子と，電荷をもたない中性子とからできています。陽子の数 Z を原子番号といい，陽子の電荷は $+e$ だから，原子核は $+Ze$ の電荷となるね。そして原子は全体として電気的に中性だから，**電荷 $-e$ の電子が原子核の周りを Z 個回っていることになる。**

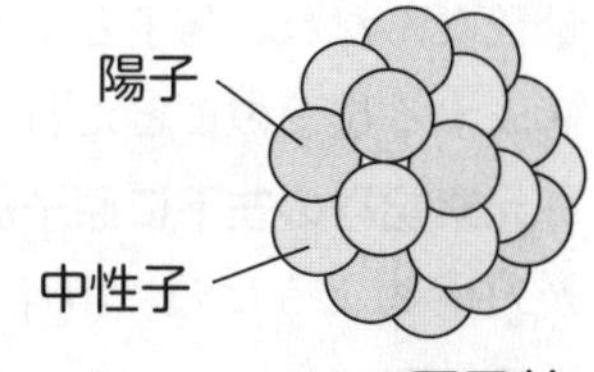

原子番号 Z に応じて元素が決まります。 $Z=1$ なら水素 H，$Z=2$ ならヘリウム He。$Z=6$ は炭素 C，7 は窒素 N，8 は酸素 O，ここまでは確実に覚えておくこと。3，4，5 はリチウム Li，ベリリウム Be，ホウ素 B ですが，まあいいでしょう。化学をとっている人は，$Z=20$ あたりまでは覚えさせられるんじゃないかな。それに比べれば楽なものです。

水素の場合は陽子 1 個で原子核。周りを 1 個の電子が回っている。ところで，原子核を……そうだね，パチンコ玉の大きさだとする。直径 1 cm ぐらいかな。このとき，電子はどれぐらいの円を描いて回っていると思いますか？　一番内側の軌道，基底状態にいるとして，その直径は？……

まあ，たいていの人が数 cm から数 10 cm の範囲で答えるんだけど，実はなんと 1 km！　その間はもちろん真空。原子ってスッカラカンなんですね。**原子核はメチャメチャ小さいんです。大きな原子核でも，サイズは原子の 10000 分の 1。**これからの話は，そんな小さな世界の話です。

みんなの意識の上では，原子も原子核も同じようなものじゃないかな。でも原子から原子核に移るのは，生物学でいえば，人間やクジラの研究から細胞(さいぼう)の研究に移るようなものなんだ。まるでレベルの違う世界に入るんだから，そのつもりで。

陽子と中性子の数の和 A を，質量数とよんでいる。陽子と中性子の質量はほぼ等しいから，**原子核の質量は質量数で決まる**といっていい。陽子や中性子に比べると電子は非常に軽く，その質量は無視できるから，原子の質量も事実上は質量数で決まることになる。質量に関係した数だから質量数なんだね。陽子と中性子は，まとめて**核子**(かくし)とよんでいます。原子核を構成する粒子のことだね。

元素記号の左下に原子番号 Z を，左上に質量数 A を明示します。$^1_1\mathrm{H}$ とか $^4_2\mathrm{He}$ のようにね。中性子の数は $A-Z$ です。$^4_2\mathrm{He}$ なら，陽子2個，中性子2個でできていることになる。

■ 同位体

ヘリウムは $^4_2\mathrm{He}$ が普通だけど，ごくわずかに $^3_2\mathrm{He}$ というのもある。陽子2個，中性子1個でできてるんですね。このように**原子番号が同じで，質量数の異なるものを同位体**(どういたい)**(アイソトープ)といいます。**陽子数が同じで，中性子数が異なるものといってもいい。普通の水素は $^1_1\mathrm{H}$ ですが，$^2_1\mathrm{H}$ や $^3_1\mathrm{H}$ といった同位体が存在します。

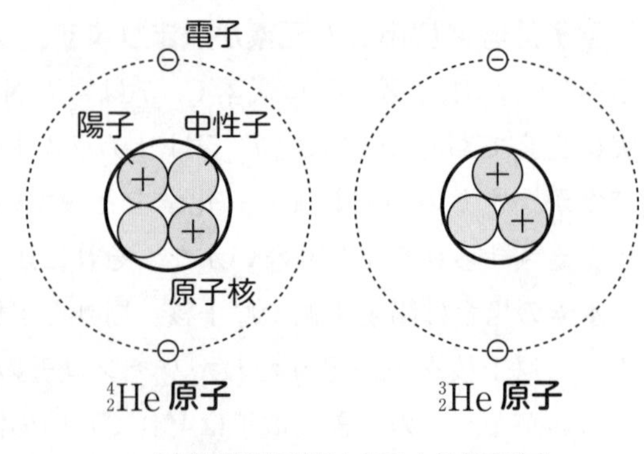

(本当は原子核は点のような存在)

同位体は化学的性質が同じで，物理的性質が異なります。化学的性質は，

原子核の周りの電子で決まるんです。化学反応をするのは電子だからね。物理的性質というと難しく聞こえるけど，単に**質量が違う**ということ。$^{4}_{2}$He と $^{3}_{2}$He は 4：3 の質量比です。「同位体」はよく書かされる用語ですよ。

■ 原子核をまとめる力 —— 核力

さて，陽子どうしはクーロン力で反発し合うはずなのに，なぜ原子核という小さな世界に同居（どうきょ）できるのか？　それは**核子間に核力（かくりょく）という引力が働く**からです。

核力は核子どうしが接するほどに近づくと，クーロン力を上回る大きな力となります。ただし，離れるにしたがって急激に弱くなります。原子核という小さな世界でしか問題にならない力。しかも，ほとんど隣どうしの核子間でしか働かない力です。この核力の研究で，日本人として初のノーベル賞の受賞者となったのが，湯川秀樹（ゆかわひでき）博士です。

陽子と陽子の間でさえ核力が働きますが，さすがに陽子だけではまとまりが悪く，中性子が糊付（のりづ）け役をしているんですね。**原子番号が小さいうちは，陽子と中性子の数が同じくらいだと安定**なんだ。$^{4}_{2}$He なら 2 個と 2 個だし，$^{12}_{6}$C なら 6 個と 6 個でしょ。$^{14}_{7}$N や $^{16}_{8}$O もそうだね。

ただ，原子番号の大きな原子核になると，陽子より，糊付け役の中性子の割合が少しずつ増していくけどね。

■ 放射性崩壊に 3 種あり

原子核の中には不安定なものがあり，放射線を出して，より安定な別の原子核に変わっていきます。**放射性崩壊（ほうかい）**とよんでますが，身近な言葉でいえば，放射能のことだね。

放射性崩壊には α（アルファ）崩壊，β（ベータ）崩壊，γ（ガンマ）崩壊の 3 種類があって，出てくる放射線を，それぞれ α 線，β 線，γ 線とよんでいます。放射線はたいへん危険なもので，体に当たると細胞そのものを壊（こわ）したり，細胞の中の遺伝子（いでんし）を傷つけ，がんを引き起こしたりします。じゃあ 3 つの崩壊について順次確認していこう。

(1)　α 崩壊 とは何か

まず α 崩壊。原子番号の大きな，つまり陽子数の多い原子核になると，さすがに陽子どうしのクーロン力による反発のため，不安定になるものが出てきます。核力の効果は，隣接(りんせつ)した核子どうしでしか効(き)かないからね。

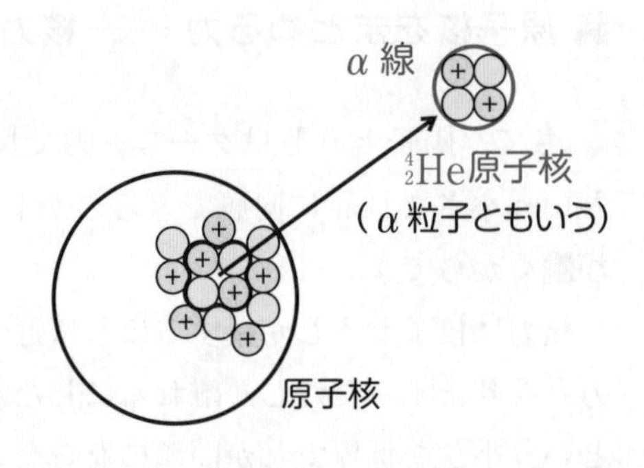

そこで陽子を追い出そうとする。でも，陽子は単独では出てってくれない。陽子２個，中性子２個の塊(かたまり)で飛び出していきます。$^4_2$He の原子核ですね。$^4_2$He は非常にまとまりがいいんです。

これを α 崩壊といい，**高速で飛び出した $^4_2$He 原子核を α 線**といいます。

だから，α 崩壊が起こると**原子核の原子番号は２だけ減り，質量数は４だけ減りますね**。たとえばラジウム $^{226}_{88}$Ra は，α 崩壊によりラドン $^{222}_{86}$Rn に変わっていきます。ラジウムはキュリー夫人が発見した元素です。

念のためにいっておくけど，$^4_2$He 原子核自体が危険なんじゃなくて，高速で飛んでいるから危険なんですね。弾丸だって，スピードをもってるから危険なんでしょ。

α，β，γ 崩壊は 現象のイメージが大切

(2)　β 崩壊 とは何か

次に β 崩壊。陽子を結び付けるのに中性子が必要だといったけど，中性子が多すぎてもいけない。そんな原子核の中で，**あるとき突然，中性子が陽子に変身します**。そのとき同時に，**電子が原子核から高速で飛び出していく**。それが β 線。この電子はそれまでどこにいたわけでもなく，β 崩壊で突

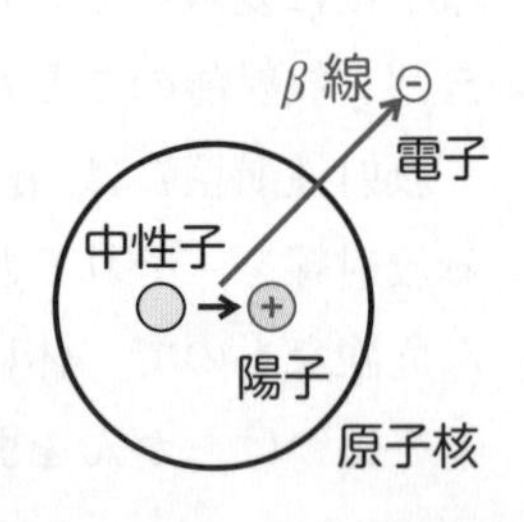

然出現するんだ。

すると**原子核の原子番号Zは1だけ増し，質量数Aは変わらない**ことになる。中性子1個が陽子1個になったんだからね。たとえば，炭素は$^{12}_{6}C$が安定なんだけど，$^{14}_{6}C$という同位体があって，β崩壊をして$^{14}_{7}N$になる。$^{14}_{7}N$なら，陽子7個と中性子7個で安定でしょ。

β崩壊で注意したいことは，**電荷(電気量)保存則が成り立っている**こと。中性子の電荷は0で，陽子は$+e$，電子は$-e$でしょ。だから，

$$0=(+e)+(-e)$$

電荷保存則はコンデンサーで習ったけど，実はどこまでミクロな世界に行っても，成り立っている法則なんです。

(3) γ崩壊 とは何か

最後にγ**崩壊**。これは，原子核がα崩壊やβ崩壊をした後で起こりやすい。

α，β崩壊の直後の原子核は，核子の運動が激しく，まだ不安定な状態にある。それが安定な状態になるとき，γ線を出す。**γ線はX線より波長の短い電磁波**です。

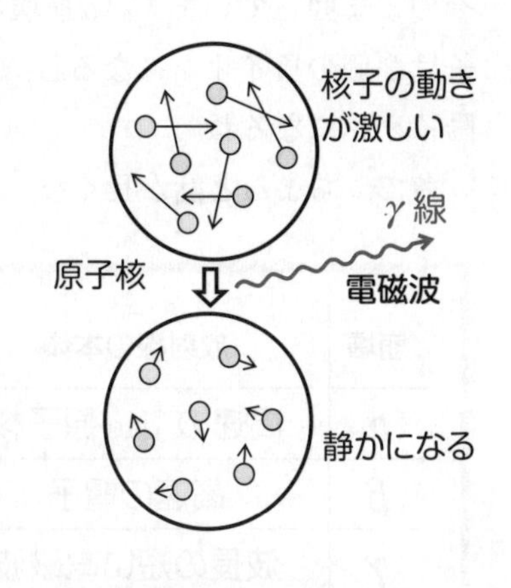

原子核にもエネルギー準位があるんだ。α，β崩壊後の原子核は励起(れいき)状態になっていて，それが基底状態に戻るとき，余ったエネルギーを光子として放り出すというわけ。水素の発光のメカニズムと似てるね。

ただし，原子と比べると，原子核のエネルギー準位の差ははるかに大きい。そうだね，原子の場合はeV(電子ボルト)程度，でも原子核だとMeV(メガ電子ボルト)程度。M(メガ)は10^6を表す記号だから，100万倍も大きいんだ。そこで，出てくる光子のエネルギーも100万倍で，波長は100万分の1。

水素のライマン系列で紫外線だったでしょ。X線の発生でやった金属原子ではX線。それらよりずっと波長が短いんだから，γ線が出て来るんだ。

でも，原子核を構成する核子に変わりはないから，**γ崩壊ではAもZ**

も不変だね。

たとえ話をしよう。教室の中に悪ガキグループがいて授業にならない。とうとう先生は追い出すことにした。「出てけ！」。先生はリーダーだけ追い出すつもりだったけど，悪ガキグループは，仲のいい4人で窓を蹴破って出て行った。分かる？ α崩壊のことだよ。

残りの生徒は動揺して，騒がしい状態になった。そこで先生が，「静かに！」と注意する。するとみんなシュンとする。教室のざわめきは音波となって遠ざかっていく。それがγ崩壊。言わずもがなのことだけど，音波というのはγ線のたとえだよ(笑)。

■ 放射性崩壊のまとめ

原子核が崩壊しても，周りを回っていた電子は預かり知らぬ話ですから，そのまま回っています。α崩壊なら，陽子が2個減るから新たに生じた原子は2価の負イオンになるし，β崩壊なら，陽子が1個増えるから1価の陽イオンになるね。

さて，ちょっと話が長くなったから，要点を黒板にまとめておこう。

崩壊	放射線の本体	Zの変化	Aの変化	電離作用	透過力
α	高速の $^{4}_{2}\mathrm{He}$ 原子核	2減	4減	大	小
β	高速の電子	1増	不変	中	中
γ	波長の短い電磁波	不変	不変	小	大

電離作用というのは，**放射線が飛ぶとまわりの原子の電子をはじき飛ばして，電離，つまりイオンにしていくこと。**

α線は電荷$2e$をもって質量が大きいから，飛んで行く際「そこのけ，そこのけ」という感じで，物質中の電子をポンポンはじき飛ばしてしまう。

電離作用が最も大きいので，エネルギーをすぐに失って止まる。厚めの紙1枚で止められる。で，透過力(とうかりょく)は小さい。

一方，γ線は電離作用が小さく，止めるにはぶ厚い鉛(なまり)のブロックが必要。β線は中ぐらい。

でも，こんなこと全部丸暗記することはないよ。**電離作用と透過力は逆の関係だからね。**だから，「α線は電離作用が大きい」とか，「γ線は透過力が大きい」とか，**要(かなめ)の1箇所だけ覚えておくんだ。**大・中・小は順番になってるから，それで再現できるからね。

■ 半減期 ―― 崩壊を支配する法則

放射性崩壊は，ある確率の下で起こっていきます。はじめN_0個の放射性原子核があったとすると，それがどんどん崩壊していって，半分の$N_0/2$個になるまでの時間を，半減期(はんげんき)といいます。その後また半減期Tの時間がたてば，$N_0/2$の半分，つまり$N_0/2^2$になり，またTだけたてば$N_0/2^3$というように，放射性原子核は数を減らしていきます。そこで，時間tが経過した後残っている放射性原子核の数Nは，一般に次のように表されます。

$$N = N_0\left(\frac{1}{2}\right)^{\frac{t}{T}}$$

t/Tが自然数なら上の話のままだけど，この式は実際には自然数でなくても成り立ちます。「1 s間当たりに崩壊する数は，そのときの原子核数に比例する」ということから，数学の微分方程式(びぶんほうていしき)という手法で導けるんですが，いまは結果だけ知っておいてください。減少する様子を表しているのが，右の図ですね。

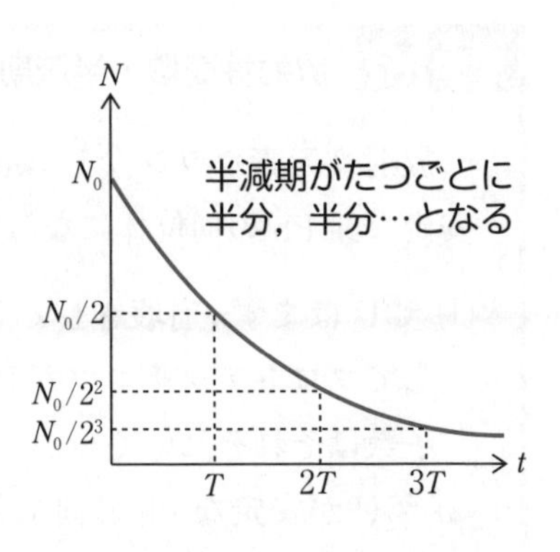

放射性原子核によって，半減期はまちまちです。1秒より短いものから，長いものになると何10億年というものまであります。先ほどの式を用い

るときの注意は，t と T の単位をそろえること，これはちゃんと守ってください。

N_0 と N は放射性原子核の数といったけど，**原子の数**としてもいいですし，**放射性物質の質量についても同様の式が成立**します。さらにいえば，**出てくる放射線の数や放射線の強さとしてもいいんですね**。ある量の放射性物質があって，半減期たつと，出てくる単位時間当たりの放射線の数は1/2になります。ところで，

「半減期の2倍の時間が経過した。崩壊したのは何%？」

「簡単，簡単。$(1/2)^2=1/4$，よって，25%」……とやらないようにね。**公式の N は崩壊せずに生き残っている数。**だから，崩壊したのは75%。引っかからないように，いいですね。

α 線，β 線は荷電粒子だから，電場や磁場で軌道を曲げられます。静電気力やローレンツ力を受けるからね。一方，γ 線は直進します。さて，**「図は磁場中の軌跡です。a，b，c は何？」**……

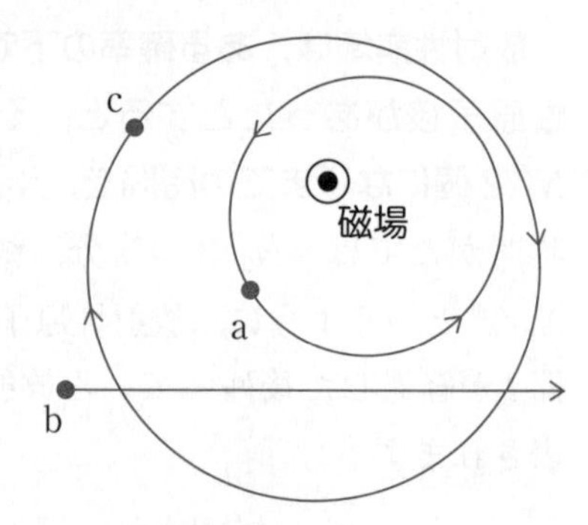

a が β 線，b が γ 線，c が α 線だね。

問題 61　放射性崩壊・半減期

放射性元素ウラン $^{235}_{92}\mathrm{U}$ は α 崩壊や β 崩壊を繰り返して，最後には安定な鉛 Pb の同位体になる（崩壊系列という）。

(1) $^{235}_{92}\mathrm{U}$ はまず α 崩壊をしてトリウム Th に変わり，続いて β 崩壊をしてプロトアクチニウム Pa に変わる。Pa 原子核の陽子数と中性子数はそれぞれいくらか。

(2) $^{235}_{92}\mathrm{U}$ が安定な Pb の同位体になる場合，その同位体は下記のうちのどれか。

$^{209}_{82}\mathrm{Pb}$　　$^{208}_{82}\mathrm{Pb}$　　$^{207}_{82}\mathrm{Pb}$　　$^{206}_{82}\mathrm{Pb}$　　$^{204}_{82}\mathrm{Pb}$

(3) ${}^{235}_{92}\mathrm{U}$ が安定な Pb になるまでに，α 崩壊と β 崩壊はそれぞれ何回ずつ行われるか。

(4) ${}^{235}_{92}\mathrm{U}$ の量がはじめの $\dfrac{1}{8}$ になるまでに 21 億年かかる。${}^{235}_{92}\mathrm{U}$ の半減期は何年か。また，はじめの $\dfrac{1}{10}$ になるまでには何年かかるか。$\log_{10}2 \fallingdotseq 0.3$ とする。

(1) まず，α 崩壊でヘリウム原子核 ${}^{4}_{2}\mathrm{He}$ が飛び出して行くんだから，質量数は 4 減り，原子番号は 2 減る。だからトリウムは ${}^{231}_{90}\mathrm{Th}$ だね。

次に β 崩壊が起こって，中性子が陽子に変わるから，質量数はそのままだけど，原子番号が 1 増す。するとプロトアクチニウム――舌(した)をかみそうな名前だね――は ${}^{231}_{91}\mathrm{Pa}$ だ。したがって，陽子数は **91** で，中性子数は $231-91=\mathbf{140}$ だね。

(2) この問題は，知識を尋(たず)ねてるわけじゃないですよ。私だってどれになるか，まったく知らないんだから。**解く鍵は，質量数は α 崩壊でしか減らないこと，それも 4 ずつしか減らないことにある。**

したがって，ウランの 235 から 4 ずつ引いていって，出合う数字を捜(さが)せばいい。もっと早い話が，235 との質量数の差が 4 の倍数になっていればいい。順次確かめてみるだけのことで，

$$235-207=28=4\times 7 \qquad \therefore \quad {}^{207}\mathbf{Pb}$$

差が 4 の倍数になるのが 2 つあったらどうしてくれるって？　そんなの出題されるわけないじゃない(笑)。

(3) α 崩壊の数は，前問で質量数の差を 4 で割ったとき顔を出した 7 だよね。で，**7 回**。**β 崩壊の方は，原子番号の変わり方に注目する。**ウランの 92 から鉛の 82 に変わっているけど，この間 α 崩壊を 7 回やってるから 2×7 だけ減り，β 崩壊 1 回について 1 増すから，求める数を x とすると，

$$92-2\times 7+1\times x=82$$

$$\therefore \quad x=4〔回〕$$

崩壊系列は
質量数の変化
にまず目をつける

要領は，まず質量数の変化からα崩壊の数を決めること。次に，原子番号の変化に注目して，β崩壊の数の計算に入ることだね。ただし，α，βがどんな順序で起こったかについては何もいえません。

(4)　$1/8=(1/2)^3$だから，はじめの1/8に減るまでには，半減期Tが3回経過すればいい。

$$3T=21 \qquad \therefore \quad T=\mathbf{7}\text{〔億年〕}$$

さて1/10となると，1/2の整数乗では表せないから，いよいよ公式に登場願おう。はじめのウランの数をN_0として式を立て，後は対数計算になる。

$$\frac{1}{10}N_0=N_0\left(\frac{1}{2}\right)^{\frac{t}{T}} \qquad \log_{10}\frac{1}{10}=\frac{t}{T}\log_{10}\frac{1}{2}$$

$$-1=-\frac{t}{T}\log_{10}2 \qquad \therefore \quad t=\frac{T}{\log_{10}2}=\frac{7}{0.3}\fallingdotseq\mathbf{23}\text{〔億年〕}$$

ウラン ^{235}U の半減期は7億年だったんですね。ふうー，メチャクチャ長いね。ところで，何か変だと思わない？……じゃあ聞こう。

「**一体，誰がこんな長い半減期を測定したんですか？**」

7億年も生きてきた人はいないよ(笑)。半減期を測るのに，本当に半分になるまで待つ必要はないんですね。公式を利用すればいいんです。

崩壊は確率的に起こる。いまここに1つの放射性原子があるとすると，半減期Tが経(た)った時，この原子が崩壊している確率が1/2，生き残っている確率が1/2なんだ。**いつ崩壊するかはまったく分からない。**

長い半減期が測りたければ，たくさんの原子を集めること。中にはすぐに崩壊するのもある。たくさんといっても大したことじゃない。1モル(ウランなら235グラム)もあれば十分。前に話したように，アボガドロ数は莫大(ばくだい)な数だからね。

計算してみると，1秒間に200万個のα粒子が出てくるよ。測定には十分すぎる数ですね。1 mgのウランでさえ，$T=7$億年と出せるでしょうね。

微妙な量の測定は，基本的には数多く集めること。たとえば，この本の紙1枚の厚みを測りたければ，100ページ分を測って50で割ればいい。紙1枚の表と裏に印刷されているので，2ページで1枚だからね。100で割るとひっかかるよ。単振り子の周期を測るのも，1回の振動時間はとても短いけど，10回振れる時間なら測りやすい，というようにね。微小量の測定の極意ですね。

■ 倍々ゲームの恐ろしさ

昔，曽呂利新左衛門という人がいて，豊臣秀吉にほうびをもらえることになった。望みの物をやろうと言われて，新左衛門は「一文でいい」と言うわけです。ただし，明日は2文，あさっては4文と，1日ごとに2倍にしていってほしい，1カ月だけでいいからと言うのです。一文は当時の最低のお金で，今なら20〜30円といったところかな。秀吉は「何と望みの小さなやつじゃわい」と，気楽に引き受けてしまう。……

これは実は大変なことなんですね。1，2，2^2，2^3，……といって，31日後には2^{30}になる。$2^{10}=1024 \fallingdotseq 10^3$ですから，$2^{30}=(2^{10})^3 \fallingdotseq (10^3)^3=10^9$と，10億文になるんですね。なんと200〜300億円！

こんな話を持ち出したのは，半減期はちょうど逆のケースなんですね。半減期の10倍の時間で，放射能は約1000分の1になる。99.9％はなくなってしまうわけです。半減期が30回も経過すれば，放射能は10億分の1に減ってしまう。まあ事実上なくなってしまうということですね。

半減期は年代測定に利用されています。有名なのは$^{14}\mathrm{C}$。生物の体には必ず炭素が含まれていますから，エジプトから出たミイラとか弥生時代の木の船などが，いまから何年前の物か知ることができます。

安定な$^{12}\mathrm{C}$との比率から調べるのですが，半減期が5700年ですから，10万年くらい前までに限られてしまいますね。それ以上前だと，$^{14}\mathrm{C}$は測定できるほどに残っていないんです。400万年前とかいわれるアウストラロピテクスに対しては使えないですね。

新左衛門の手をみんなも使ってみたら？「元旦のお年玉は1円でいい」って始めるわけ。お父さんはあっけに取られながらも，顔はホコロブでしょうね。「ただし」と，さっきの条件を付けておく。目先の得にとらわれて「OK！」と言ってくれたらシメタもの。月末には1日で10億円が手に入りますよ。それまでにもらった額の総計は気の遠くなる金額でしょうね。等比級数で求めてみるといいよ。“取らぬ狸の皮算用”そのものだけどね(笑)。

第37回 原子核(2)

核反応は4つの保存則が切り札

■ 質量はエネルギーの貯蔵庫

アインシュタインの相対性理論によると，質量とエネルギーは同等なんです。**質量 m が消滅すると，mc^2 だけのエネルギー E が生み出される。**
$E=mc^2$　質量はエネルギーの貯蔵庫だといってもいい。

質量 m の物体は mc^2 だけのエネルギーを蓄えている。静止エネルギーとよばれています。動いていれば運動エネルギーをもつけれど，「止まっていてもエネルギーをもってるぞ」という気持ちを込めて，静止エネルギーなんだね。

みんなは相対性理論を習っていないんだから，いまのところは，「そんなものかな」という程度でいいでしょう。相対性理論が出現したときは衝撃的でした。誰だって質量とエネルギーは別のものと思っていたんですから。いまでは**質量とエネルギーの等価性**とよんでいます。

もし人間一人が消滅したら，発生するエネルギーで大都市があとかたもなく消え去るでしょうね。広島に落とされた原子爆弾では60 kgのウラン ^{235}U が使われたけど，実際に消滅した質量は1 gほどだと思います。それでもあの被害だからね。

考えてみれば，みんなもすごいエネルギーを蓄えているんだ！　太った人ほど自慢していい。でもそれを取り出すには，原子核反応というkeyが必要だから，実際には何の役にも立たないけどね(笑)。

■ 質量欠損と結合エネルギーは兄弟の関係

原子核をバラバラにすると，陽子と中性子に分かれる。このバラバラ状態の質量を測ってみると，**原子核の質量より大きい**のです。バラバラ状態の方が重く，原子核の方が軽い。といっても，ほんのわずかの差だけどね。この差 $\varDelta m$ を**質量欠損**（けっそん）とよんでいる。とにかく，**質量保存の法則は，原子核の世界になると成り立っていないんだ。**

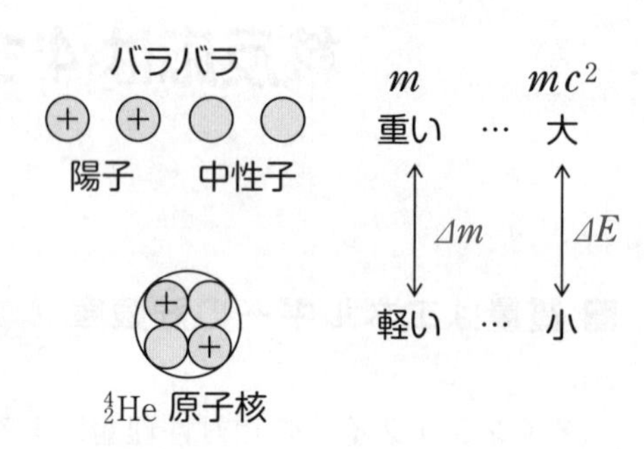

原子核よりバラバラ状態の方が，質量が $\varDelta m$ だけ大きい。つまり，静止エネルギーが大きい。このエネルギーの差 $\varDelta E$ を，**結合（けつごう）エネルギー**といいます。$\varDelta E = \varDelta m \cdot c^2$ だね。質量欠損 $\varDelta m$ と結合エネルギー $\varDelta m \cdot c^2$ は兄弟みたいな関係です。用語としても，ちゃんと漢字で書けるようにしておくこと。“損”の字を知らないと，まさに損するよ。

原子核をバラバラにするには，核力で引き合っている核子どうしを引き離す必要がある。核子に外力を加えて引き離す。この間，外力は仕事をする。つまり，エネルギーを与える。そのエネルギーを質量の形で蓄えたのがバラバラ状態。**結合エネルギーは，原子核の結合を解くために必要なエネルギー**です。

■ 原子核の安定性の目安（めやす）は何か？

原子核がどの程度安定なのかをみるのに，**結合エネルギーを核子数（質量数）A で割った値 $\dfrac{\varDelta E}{A}$** が利用されます。**この値が大きいほど安定**なんです。ちょっと考えると，$\varDelta E$ の大きなものほど安定と思えるでしょうね。壊（こわ）すのに大きなエネルギーが必要だからね。そうではないということを理解するために，たとえ話をしてみよう。

いま，会社を設立するとしよう。ゲームソフトの会社としようか。10人が集まって100万円ずつ出資（しゅっし）して，資本金1000万円の会社Aができた。一方，一人1万円ずつ出資して，10000人が集まり1億円の会社Bができた。さて，会社の規模は明らかにB社の方が大きい，10倍もね。

だけど，どちらの会社の方が結束力（けっそくりょく）が強いだろうか？　社員一人一人が新しいゲームソフトの秘密を知ってるとするよ。その秘密がもれると会社はつぶれる。どっちの会社がつぶしやすい？……もちろんB社だね。B社の社員に「50万円やるから秘密を教えろ」と言えば，もらす奴（やつ）も出てくる。でも，A社の社員に「50万円やるから」と言ってもダメだね。100万円も出しているんだから。

分かった？　会社全体を解散させようとしたら，B社の方が大きな金額が必要なんだけど，一人を引き抜くのはA社の方が大変なんだ。原子核全体をバラバラにするには，ΔEが必要。でも1個の核子を引き抜くには，$\dfrac{\Delta E}{A}$でいい。**原子核を壊すには，1個引き抜けばいいんだ。** たとえば酸素原子核$_8$Oから1個の陽子を引き抜けば，もはや酸素ではなくて窒素の原子核$_7$Nになってしまうでしょ。

$\dfrac{\Delta E}{A}$の値を調べてみると，原子番号26の鉄Feのあたりで最大になる。いいかえると鉄が最も安定で，**原子番号の小さな原子核は，集まって大きな原子核になった方が安定**になる。こうして起こる**原子核反応が核融合（かくゆうごう）**です。

水素4個からヘリウム1個がつくられる核融合反応が，太陽の中で起こっています。安定になるというのは，静止エネルギーの低い状態に移ること。余ったエネルギーは取り出せる。太陽の光は，こうして出てきたエネルギーだね。

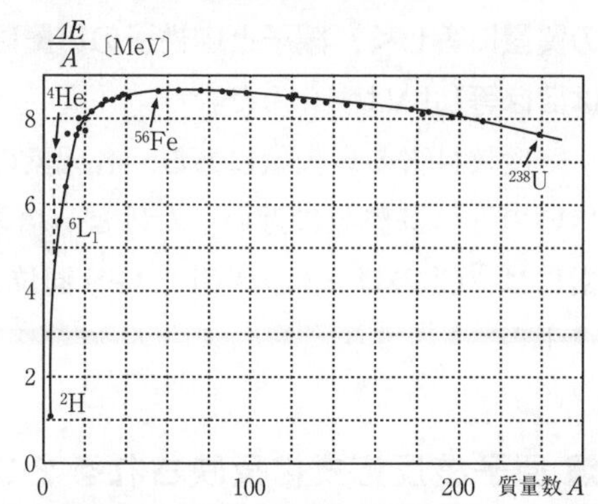

軽い気持ちで見ておけばよい図。$^{56}_{26}$Feが最も安定だが，$^4_2$Heが曲線よりかなり上にあることは，$^4_2$Heが小さい原子核としては非常に安定であることを意味している。

一方，ウランやプルトニウムのように，**大きな原子核は２つに分かれた方が安定になれるので，核分裂をする。**

■ 原子核に見合った小さな単位〔u〕

原子や原子核を扱うとき，質量を〔kg〕で表していると，10 のマイナス何 10 乗のようになって実に不便だから，小さな単位を用意したい。それが**原子質量単位〔u〕**。まあ簡単に言えば「核子１個の質量を１u としよう」というわけです。厳密には **$^{12}_{6}C$ 原子の質量の 12 分の１を１u** とします。いいかえれば，$^{12}_{6}C$ 原子１個の質量を 12 u としたのです。

$^{12}_{6}C$ 原子といえば，何か思い出さないかな？　化学で原子量の基準に用いた原子だね。**原子量は原子の質量の相対的な比を表していて，$^{12}_{6}C$ 原子の質量を 12 として基準にしている**。こうして基準を一致させたから，**原子の質量は原子量の値に〔u〕を付ければいい**ことになる。酸素の原子量は 16.00 だから，酸素原子１個は 16.00 u というようにね。そして，原子核の質量を知りたいときは，原子に含まれる電子の総質量を差し引いてやればいい。

前にも言ったように電子は非常に軽いから，**原子の質量は事実上原子核の質量に等しく，陽子と中性子の質量はほぼ等しいから，原子量と質量数はほぼ等しい**はずなんだ。

一度教科書の裏表紙にある，各元素の原子量を見てみるといいよ。たいていのものは整数に近い。だけど，塩素は 35.45 となっている。これは塩素には ^{35}Cl のほかに，^{37}Cl という同位体がかなりの割合で存在するためです。

■ 原子核反応式に反映される２つの保存則

原子核と原子核を衝突させると，陽子と中性子の組み合わせが変わって，別の原子核になることがあります。これを**原子核反応**といいます。

たとえば $^{14}_{7}N$ に $^{4}_{2}He$ をぶつけると，$^{17}_{8}O$ と $^{1}_{1}H$ が生じます。化学反応式のように表してみると，

$$^{14}_{7}N + ^{4}_{2}He \longrightarrow ^{17}_{8}O + ^{1}_{1}H \quad \cdots①$$

これを**原子核反応式**といいますが，注意してほしいのは，**質量数の和が反応の前後で変わっていないこと**。$14 + 4 = 17 + 1$ だね。それから**原子番号の和も変わっていない。**$7 + 2 = 8 + 1$ でしょ。

衝突の場合に限らず，ラジウム $^{226}_{88}Ra$ が α 崩壊してラドン $^{222}_{86}Rn$ になる場合も，

$$^{226}_{88}Ra \longrightarrow ^{222}_{86}Rn + ^{4}_{2}He \quad \cdots②$$

のように表せます。いずれにしろ，陽子と中性子の組み換えが行われているだけだから，原子番号の和と質量数の和が変わらないことは当然でしょう。

しかし，実は，いつも陽子数は不変に保たれるわけではないのです。β 崩壊を思い出してみると，原子核内の中性子１個が陽子になるわけだから，陽子数は１増えてしまう。

$$^{14}_{6}C \longrightarrow ^{14}_{7}N + e \quad \cdots③$$

のようにね。e は電子で，β 線です。**原子番号の和が不変に見えたのは，実は電荷保存則**なんです。①なら $7e + 2e = 8e + e$ なんですね。③では，$6e = 7e + (-e)$ です。そこで電子 e には，$^{0}_{-1}e$ というふうに数字を入れることもあります。

一方，質量数の和が不変になっているのは，背景としては核子数保存則という法則に基づいているんですが，入試の範囲を超えてしまうからいいでしょう。

核反応式に陽子が現れると，p という記号を用います。陽子は proton（プロトン）だからね。**p ときたらすぐ $^{1}_{1}H$ に置き換えて考えるし，中性子は neutron**（ニュートロン）**だから n で表していますが，$^{1}_{0}n$ とおく**ことですね。光子（γ 線光子）が登場してきたら γ で表すけど，あえて数字をつければ $^{0}_{0}\gamma$ ですね。

■ 原子核反応でのエネルギー保存則

さて，核反応で大切なのは**エネルギー保存則**だね。考えるべきエネルギーは，**運動エネルギーと静止エネルギー**です。光子が発生すれば，それも取り入れるのは当然ですが，そんなケースは少ないことと分かりやすさを重視して，いまは2種類のエネルギーだけで考えましょう。

それと，核反応を起こしている最中は，核力の位置エネルギーが関わってくるんですが，反応は一瞬の出来事。しかも，実際に生じた粒子を検出するのは，反応現場から十分離れたところだから，位置エネルギーは0としていいんですね。1 cm も離れていれば，原子核にとってはもう無限の距離です。

原子核反応では質量とエネルギーの間で転化が起こるから，静止エネルギーは絶対に含めなければいけません。そこで，

$$\sum\left(mc^2+\frac{1}{2}mv^2\right)=\text{一定}$$

Σは，反応前後のすべての原子核についての和をとるという，気持ちを表しているだけのこと。記号にびっくりしてはいけないよ。

でも，上の式はそのままでは結構(けっこう)扱いにくい。そこでですね，エネルギーの変換という観点でみる。力学のときだって慣れないうちは，「$\frac{1}{2}mv^2+mgh=$一定」とおくけれど，慣れたら**（失ったエネルギー）＝（現れたエネルギー）**という見方が便利だったね。あれを生かしたいんだ。

まず，**反応で失われた質量 Δm** を調べる。

$$\Delta m=(\text{反応前の全質量})-(\text{反応後の全質量})$$

です。すると **$\Delta m\cdot c^2$ だけ静止エネルギーが減るから，それは運動エネルギーに回る**ことになるね。$\Delta m\cdot c^2$ を「反応で発生したエネルギー」とか，「反応で解放されたエネルギー」とかよんでいるけど，その分だけ運動エネルギーが反応前より増えることになる。

核反応は失われた質量に注目

われわれが利用できるのは運動エネルギーであって，静止エネルギーのままでは利用できないわけ。だから目は自然に運動エネルギーに向く。第6回で話した**エネルギーコップ**を思い出してください(→第1巻，p. 73)。$\frac{1}{2}mv^2$ コップだけを見ていると，mc^2 コップから注がれた水が入ってくる ──$\Delta m \cdot c^2$ だけのエネルギーがね。得(とく)したという感じが「**反応で発生した**」と表現したくなるんですね。

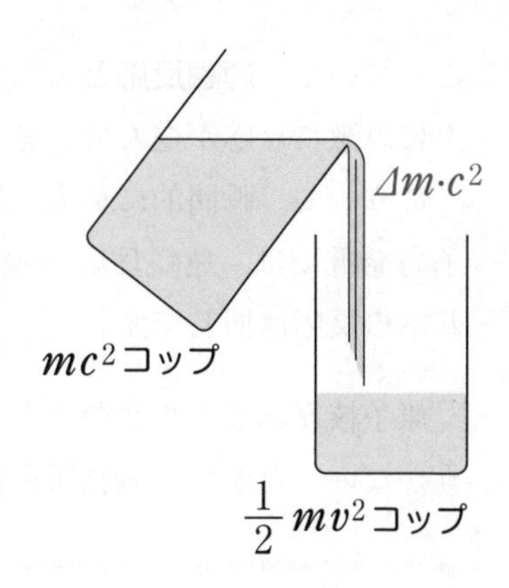

■ 原子核にはメブがよく似合う

原子の世界，つまり，原子核の周りを回る電子が起こす化学反応を扱うときの単位は，〔eV〕がぴったりでした。たとえば，光電効果でやった仕事関数は数 eV 位だし，水素原子のエネルギー準位の差も同じぐらい。イオン化エネルギーでも 13.6 eV というようにね。

だけど，原子核の世界では，もっと大きなエネルギーが関わってきます。そのため**〔eV〕を 100 万倍した〔MeV〕が用いられます**。MeV は“メガ電子ボルト”と読んでもいいけど，簡単に“メブ”と読んでいます。

原子は eV の世界
原子核は MeV の世界

原子や分子がおこなう化学反応では，**1 つの反応で eV 程度のエネルギーが発生する**んですが，**原子核がおこなう核反応**では，**MeV 程度のエネルギーが発生**します。化学反応で爆発するダイナマイトや TNT 爆弾に比べて，核爆弾が 100 万倍も強力だというのも，この M(メガ) の違いに起因(きいん)しているんだ。

ウラン ^{235}U に中性子をぶつけると，ウランは壊(こわ)れて 2 つの原子核に分かれる。その際，2 個ないしは 3 個の中性子が発生するんだけど，それらが別のウランにぶつかっていく。そうして核分裂反応はネズミ算的に起こっていく。**連鎖反応**とよんでるやつだね。例の倍々ゲーム，いやそれ以上に急激に反応が進んでいきます。

こうして，瞬間的に莫大な数の核分裂反応が起こる。それが核爆弾。原子力発電では，連鎖反応がゆっくり起こるように工夫しているんですが，基本の反応は同じです。

原子核反応は，当然のことながら真空中で行われるので，外力の働きようがない。だから，**運動量保存則も成り立ちます**。まとめておくと，

核反応
- A の和不変
- Z の和不変 ← **電荷保存則**

エネルギー保存則 と 運動量保存則 が成立

問題62　α 崩壊

静止しているラジウム $^{226}_{88}\mathrm{Ra}$ 原子核が α 崩壊をしてラドン $^{222}_{86}\mathrm{Rn}$ 原子核に変わる。このとき，反動で Rn 原子核も動き出す。

(1) この反応で発生するエネルギー Q は何〔MeV〕か。ただし，各粒子の質量〔u〕は次の通りであり，1 u は 9.3×10^2 MeV に相当する。

Ra：225.9772　　Rn：221.9704　　α：4.0015

(2) α 粒子の質量を m，速さを v とし，Rn 原子核の質量を M，速さを V として，

(ア) 運動量保存則を表す式を書け。

(イ) エネルギー保存則を表す式を Q を用いて書け。

(3) α 粒子の運動エネルギーは何〔MeV〕か。数値で求めよ。

(1)　**α粒子というのは $^4_2$He 原子核のこと**です。まず，反応で失われた質量 $\varDelta m$ を求めてみると，

$$\varDelta m = 225.9772 - (221.9704 + 4.0015) = 0.0053\,〔\mathrm{u}〕$$

失われた質量は全粒子で考える

この $\varDelta m$ を質量欠損という人がいるけど，それは間違い。質量欠損は，1つの原子核を陽子と中性子にバラしたときの質量の差だったでしょ。いまは**反応の前後での，トータルの質量の差を求めているんだからね。**

入試問題でも時々間違えて使っているぐらいだから，君たちが間違えるのも無理ないけどね。「Ra が Rn とαにバラされたんだから，質量は増えるんじゃないですか？」という質問もよく受けますが，やはり質量欠損の話と混同してるんだね。

さて，$\varDelta m$ をエネルギーに換算するには，普通なら〔u〕を〔kg〕にし，$Q = \varDelta m \cdot c^2$ の関係を用いて〔J〕に直し，最後に〔MeV〕にするという手間がかかるんだけど，ここではその換算関係が与えられているので，ありがたく使わせてもらおう。

$$Q = 0.0053 \times 9.3 \times 10^2 \fallingdotseq \mathbf{4.9}\,〔\mathrm{MeV}〕$$

与えられた数字 9.3×10^2 が有効数字2桁だし，$\varDelta m$ も2桁で出てくるから，答えは2桁にしています。

(2)－(ア)　**Ra は静止していたので全運動量が 0** だから，図のようにα粒子が右へ飛べば，Rn は左へ動くことになる。**2つは正反対の向きに動くことに注意。**これは力学でやったね。$0 = -MV + mv$ としてもいいけど，**両者の運動量の大きさが等しい**はずだから，

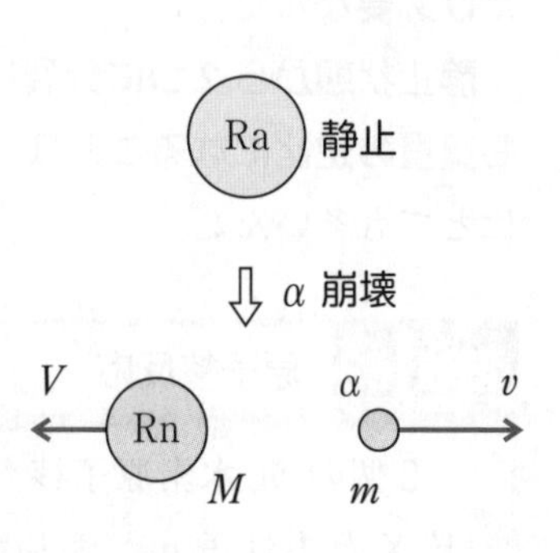

$$\boldsymbol{MV = mv} \quad \cdots①$$

(2)－(イ)　反応で発生したエネルギー Q は，αと Rn の運動エネルギーとなっているから，

$$Q=\frac{1}{2}mv^2+\frac{1}{2}MV^2 \quad \cdots②$$

(3)　①，②からVを消去していってもいいけど，もっとスマートな解き方でやってみよう。αとRnの運動エネルギーの比を求めてみると，

$$\frac{\frac{1}{2}mv^2}{\frac{1}{2}MV^2}=\frac{(mv)^2}{(MV)^2}\cdot\frac{M}{m}=\frac{M}{m}$$

最後に①を使っているよ。**運動エネルギーの比は，質量の逆比になっているというわけです。**全運動エネルギー $Q=4.9$〔MeV〕を，質量の逆比に分配すればいいから，

$$4.9\times\frac{222}{4+222}\fallingdotseq\mathbf{4.8}\text{〔MeV〕}$$

このような**力学的な計算では，質量の比は質量数の比で代用していいん**ですよ。(1)で与えられた詳(くわ)しい値を用いてもいいけど，計算がやっかいになるでしょ。用いるとしても，求める有効数字が2桁だから，$m=4.0015$とすることはない。$m\fallingdotseq4.00$ と3桁取れば十分。

同様に $M\fallingdotseq222$ だから，質量数を用いたのと同じことになってしまう。**(1)のような詳しい値は，反応で失われるわずかな質量Δmを出すためにだけ必要なんだ。**

静止状態から2つに分裂した場合には，速さだけでなく運動エネルギーも質量の逆比になることは，覚えておくと便利ですよ。このタイプの問題はとても多いんだ。

問題 63　原子核反応

2個の重(じゅう)水素(すいそ)原子核$^2_1$Hが同じ速さV_0で正面衝突し，ある原子核Xと中性子nが生じた。$^2_1$H，X，nの質量をそれぞれM_0，M，mとし，光速をcとする。

(1) Xを特定し，原子核反応式を書け。

(2) 反応で放出されるエネルギーQを求めよ。

(3) X と n の運動エネルギーの和 $K_{\rm all}$ を求めよ。Q を用いてよい。
(4) n の運動エネルギーを求めよ。Q を用いてよい。

(1)　X の質量数と原子番号を A, Z とおいて，核反応式を書いてみよう。中性子は ${}^1_0\text{n}$ と表せるから，

$${}^2_1\text{H} + {}^2_1\text{H} \longrightarrow {}^A_Z\text{X} + {}^1_0\text{n}$$

質量数の和と原子番号の和が反応の前後で変わらないことから，

$$2 + 2 = A + 1 \qquad \therefore \quad A = 3$$
$$1 + 1 = Z + 0 \qquad \therefore \quad Z = 2$$

$Z = 2$ だから X はヘリウム ${}^3_2\text{He}$ だね。よって，　$\mathbf{{}^2_1H + {}^2_1H \longrightarrow {}^3_2He + n}$

(2)　まず失われた質量 Δm を調べ，発生する(解放される)エネルギー Q を求めていこう。

$$\Delta m = (M_0 + M_0) - (M + m)$$
$$Q = \Delta m \cdot c^2 = \boldsymbol{(2M_0 - M - m)c^2}$$

(3)　この Q に加えて，はじめに 2 つの ^{2}H がもっていた運動エネルギーが，He と n の運動エネルギーとして使えるんだ。おや？　首をかしげているね。

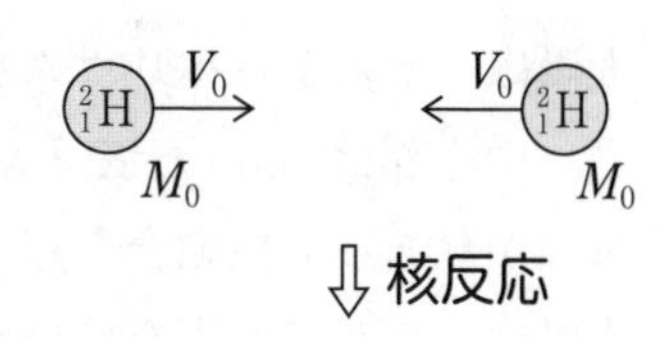

いいかい，考えるべきエネルギーは，**静止エネルギーと運動エネルギー**の 2 種類。はじめから運動エネルギーコップには，

$\dfrac{1}{2}M_0{V_0}^2 \times 2$ だけのエネルギーがたまっていたわけでしょ。そこへさらに，静止エネルギーコップから減った分 $Q = \Delta m \cdot c^2$ が入ってくる。

$$K_{\rm all} = \frac{1}{2}M_0{V_0}^2 \times 2 + Q = \boldsymbol{M_0{V_0}^2 + Q}$$

[問題 62]と比較してほしいんだ。**はじめに運動エネルギーがあれば，反応後はその分も利用できる。**別の見方をすれば，力学の弾性衝突の問題

(もちろん $Q=0$)なら，衝突前後で運動エネルギーの和は変わらないとしてたでしょ。いまはそれに Q が加わるわけ。分かった？

(4) **質量の等しい ^{2}H が同じ速さで正面衝突すると，全運動量はいくら？ ……0！ だね。これがポイント。**

静止からの分裂と同じように，He と n は正反対の向きに飛び出る。そして運動量の大きさが等しく，$MV=mv$ でしょ。こうなれば[問題 62]でやったように，**各粒子の運動エネルギーは質量の逆比で分配されるから，**

$$\frac{1}{2}mv^2 = K_{\text{all}} \times \frac{M}{M+m} = \frac{M(M_0V_0^2+Q)}{M+m}$$

2つの(重)水素からヘリウムを作ったのだから，これは核融合(かくゆうごう)反応の一種です。**重水素核どうしはクーロン力で反発し合うから，核反応を起こす(核力に活躍させる)ために近づけてやる必要がある。それで初速 V_0 でぶつけているんです。**

■ 元素の起源

太陽は，水素からヘリウムをつくる核融合でエネルギーを生み出しています。中心部は1000万Kという超高温になっているから，原子核が激しくぶつかりあって核融合を起こしているんですね。

太陽は，やがて水素を使い果たすとヘリウムを核融合させ，炭素C，窒素N，酸素Oなどをつくっていきます。こうして最終的には鉄Feまでがつくられます。原子核の安定性のところで話したように，Feが最も安定だから，これ以上は核融合は進まないんですね。

宇宙がビッグバンで始まったとき，陽子，中性子，電子が生み出されました。宇宙の温度が冷えるとともに，陽子と電子が結びついて水素原子ができてきます。しかし，C，N，O，…，Feは，水素原子が集まって星をつくり，星の内部で起こる核融合で合成された元素ですね。

「でも，世の中には鉄 $_{26}$Fe より原子番号の大きい銀 $_{47}$Ag や，金 $_{79}$Au，鉛 $_{82}$Pb などいろいろあるじゃない？」── もっともな疑問です。それらは実は，超新星（ちょうしんせい）の爆発でできた元素です。太陽はいずれは核融合を終え，白色（はくしょく）わい星となって光を失い，静かに一生を終えますが，太陽の何倍もの重さの星になると，最後に大爆発を起こします。そのときのエネルギーを使って生み出された元素ですね。

みんなの体をつくってる元素はC，H，Oが主で，ヨウ素$_{53}$Iや鉛$_{82}$Pbなども含まれている……ということは？……体をつくっている原子は，少なくとも一度は星の内部を通ってきたんです。星ができ，爆発し，また星ができ……と，多分いくつもの星を構成してきた原子なんですね。みんな文字通り“星の王子様”だし，“星の王女様”なんだ(笑)。

さあ，これでこの講義も終わりです。力学に始まり，原子までの大変長い道のりでしたが，よくここまで頑張（がんば）ってやってきましたね。物理の骨格（こっかく）と肉づけができたといっていい段階です。後は筋肉の強化をしていってください。いま一度，第１巻の「物理を学ぶにあたって」を読み直してくれると，今後何をすべきかが見えてくると思います。

一言（ひとこと）で言えば，**できるだけ多くの良問に出合っていってほしい**のです。**物理の実力は解いた問題の数に比例する**からです。いまや皆さんの吸収力は飛躍的に増大しているはずです。

私にとっては理想に近い講義ができました。大いに雑談やたとえ話ができたからです。普段（ふだん）は時間に追われてそんな機会はなかなかないんですが，この講義では時間の許す限り取り入れてみました。雑談の中にこそサイエンスの面白さが顔を出してくれるような気がするのです。皆さんは楽しめましたか？　何事もそうですが，「楽しい」，「面白い」と感じられたら，それは上達への大きな一歩なんです。

皆さんの前には進むべき道が続いています。苦しい時もあるかもしれません。でも，進もうとしている限り必ず道は開けていくものです。では，みんな元気で！　(拍手)

索引

浜島 清利　*Kiyotoshi HAMAJIMA*

河合塾講師

名古屋大学大学院卒

理学博士

物理の面白さを伝えたいとの一心で教壇に立つ。「分かった！ と叫び出したくなるような感動を味わってほしいですね。それが科学の醍醐味（だいごみ）です」と語る先生の授業は，図を描いて，直観的・定性的に説明することを重視する“手作りの物理”と塾生に大好評だ。

趣味は囲碁など。そして，黄昏時（たそがれどき）の散歩，美しい夕焼けに出会うと日の沈むまで見入ってしまうというロマンチストである。ただ，そんな時間がなかなかとれないのが悩みとか――。

主な著書：『物理のエッセンス』，『良問の風 / 物理』，『名問の森 / 物理』（以上，河合出版）。『らくらくマスター物理』（共著・河合出版）。

著者ホームページ：物理のエッセンスの広場
https://hamajimakiyotoshi.web.fc2.com/

物理授業の実況中継 2

2024年4月30日　初版発行
著　者　浜島清利
発行人　井村　敦
編集人　藤原和則
発　行　(株)語学春秋社
　東京都新宿区新宿 1-10-3
　TEL 03-5315-4210
本文デザイン　トーキョー工房
カバーデザイン　(株)アイム
印刷・製本　壮光舎印刷

ISBN 978-4-87568-841-9

MEMO